廚藝祕訣
超圖解

POURQUOI LES SPAGHETTI BOLOGNESE N'EXISTENT PAS ?

Arthur Le Caisne
亞瑟．凱納
著

林惠敏——譯

亞尼斯．瓦盧西克斯（Yannis Varoutsikos）——繪

前言

為什麼？又為什麼？但是為什麼？！

如果你有小孩，你就會經歷過這一萬個為什麼的階段：「為什麼天空是藍的？」、「為什麼會下雨？」、「為什麼四季豆是綠色的？」、「為什麼煮麵的水會溢出來？」……這個「為什麼」階段非常神奇，因為我們會開始深思過去從未想過的事，突然間，我們就從思考中學到了很多。而當我們開始關心廚房裡的這些為什麼，才會意識到，我們並不是真的什麼都懂，而且開始對我們視為真理傳授的做法（通常是錯誤的）提出質疑。我們就是這麼學會為什麼煮麵的水會溢出（以及要如何避免），以及為什麼用大量的水來煮是沒有用的、為何草莓和蘋果是蔬菜、為什麼肉流出的紅色汁液不是血、為什麼大部分的魚肉是白肉、為什麼巴薩米克醋不是醋、為什麼為了避免熱衝擊而提前將肉拿出來是很愚蠢的事……

啊！還有為什麼波隆那肉醬義大利麵不存在！

目錄 TABLE DES MATIÈRES

魚類與海鮮
LES POISSONS ET LES FRUITS DE MER

蔬菜
LES LEGUMES

備料
LES PREPARATIONS

烹調技巧
LES CUISSONS

「為什麼會有
牛肉火腿？」

不可或缺的工具

廚房用具

麵棍不是用來將婆婆打昏，鋁箔紙也不是用來染髮的。
我們可以用打蛋器拌勻食材，
但卻不是每一種都可以……請選擇正確的工具！

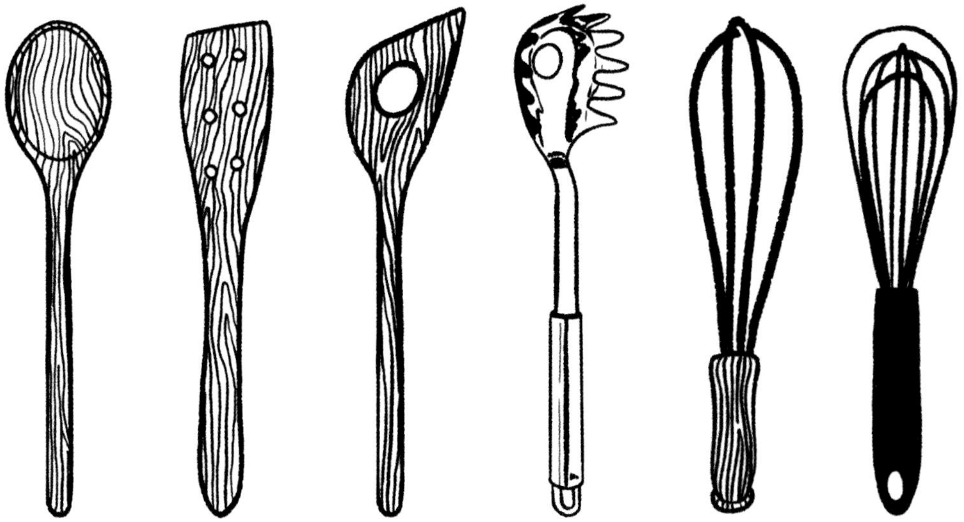

木湯匙　洞鏟　攪拌濾匙　義大利麵杓　木製打蛋器　矽膠打蛋器

是真是假

為什麼人們常說要用木湯匙攪拌？

有一種有趣的說法是，不鏽鋼會產生不好的味道……但不鏽鋼是中性材質，不會產生任何味道。木湯匙除了無法劃出紋路外，用木湯匙或不鏽鋼湯匙攪拌並沒有任何差別。材料不會因此攪拌得更均勻、更滑順，也不會更蓬鬆……

為什麼有些刮刀和木湯匙上有孔洞？

當你用這類的湯匙或刮刀攪拌材料時，孔洞會讓液體得以通過，但卻會攔住固體物質。這是用來將蔬菜、魚和肉翻面，或是撈取食材時盡可能不挾帶湯汁的理想道具。

為什麼有些湯匙中央有個大洞？

在用一般湯匙攪拌時，部分食物會卡在湯匙底部並黏住。
洞形湯匙有兩大好處：孔洞可避免食物黏在一起，而且孔洞邊緣攪拌材料的速度會有兩倍快。在義大利，人們稱之為「燉飯匙」，法國則稱為「攪拌匙」。

為什麼鋼線數決定了打蛋器的品質？

攪拌時，打蛋器的每條鋼圈都能將材料打散並產生氣泡。打蛋器的鋼圈越多，每次攪打時就會產生越多的氣泡，因此也越有效率。

為什麼最好選擇金屬製打蛋器，而要避免木製和矽膠打蛋器？

金屬打蛋器的鋼圈很平滑，可完美地將材料切開。而木製打蛋器的鋼圈則不夠平滑，材料會緊緊附著在粗糙表面上難以分離。至於矽膠打蛋器則是太軟，無法有效率地操作。

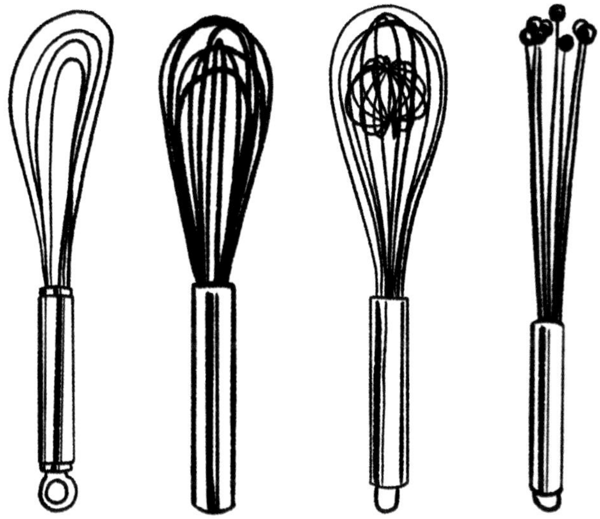

平面打蛋器　瓜型打蛋器　內置球打蛋器　彈珠打蛋器

聚焦

為什麼彈珠打蛋器對乳化這麼有幫助？

請注意！彈珠打蛋器雖然對於某些備料程序很有幫助，例如油醋醬的乳化，但卻不能用來將蛋白打發。這玩意兒的運作原理很簡單：軟鋼線和彈珠在攪打時會混入少量空氣，但會將空氣打散成小氣泡，並將食材打碎。這種打蛋器非常適合用來打散結塊，形成平滑無氣泡的均勻質地。

為什麼義大利麵杓中間有孔洞，邊緣還有鋸齒？

啊，又是這有名的洞！它有兩種作用：用來量出 1 人份的生麵條，同時也能在撈起煮熟麵條時，將沸水濾除。鋸齒狀的邊緣可攔截並纏住麵條，使撈取更方便。

為什麼會有平面打蛋器？

用來製作少量的醬汁，同時還可以用來刮取附著在平底鍋上的湯汁、用來攪打乳化含有易碎食材的醬汁，或是可避免在製作炒蛋時混入過多的空氣。

不可不知

為什麼有些打蛋器內會有1顆球？

這看起來很像花招，但有些金屬打蛋器中央的小球，的確可以更快速地將材料攪打起泡，跟增加鋼圈數的效果一樣。而且接觸材料的鋼圈越多，起泡速度也越快。唯一的擔憂是：清潔上比較麻煩。

廚房用具

為什麼不鏽鋼盆的底部是圓的？

我們經常會發現已充分打發的蛋白表面是泡沫，但在平坦的容器底部卻還有一些液狀蛋白？這是因為圓形的打蛋器無法接觸到容器的死角。而不鏽鋼盆的圓底可使打蛋器在打發時零死角，所以可以使材料攪拌得更均勻。使用訣竅是在不鏽鋼盆下方墊一條濕毛巾，再用另一條濕毛巾包裹盆底周圍使其固定，便可完美地打發蛋白！

不會亂跑的不鏽鋼盆

不可不知

為什麼木製砧板比塑膠砧板衛生？

細菌主要都躲藏在刀切造成的缺口中。經過科學測試，我們發現木製砧板中所含的單寧可殺死細菌，而在塑膠砧板上的細菌則依舊活躍，而且會繼續繁殖……

為什麼絕不該使用玻璃或花崗岩製的砧板？

這兩種材質對刀刃來說太硬，會對刀造成一些缺口。柔軟許多的木製砧板則讓刀刃可以深入，而不會造成損壞。

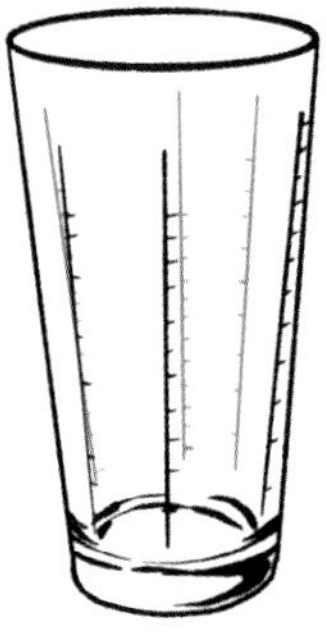

注意！

為什麼量杯不如磅秤準確？

量杯是用來測量體積的，而非重量。它非常適合用來測量液體，但如果是糖或麵粉等固體，總體積則與顆粒大小有關：顆粒越大，彼此間的空隙就越大，同樣重量所占據的體積也就越大。

關於擀麵棍的2大疑問

❶ 為什麼擀麵棍的材質不是很重要？

不論是木製、金屬、聚乙烯還是矽膠，擀麵棍幾乎大同小異。金屬擀麵棍唯一的缺點是，在用手接觸時會稍微變熱，並讓麵團略為軟化，因此應先冷藏 30 分鐘後再使用。然而有些人可能會因為材質天然而使用木製擀麵棍，或是使用容易保養的矽膠擀麵棍。要用什麼樣的擀麵棍其實都隨你開心，畢竟你才是主廚！

❷ 最重要的是直徑？

直徑越大，和麵團的接觸面就越大，麵皮也能擀得越均勻。你能想像用竹籤來擀麵團，但這支竹籤卻長得圓圓胖胖的？一般來說，直徑5～6公分的擀麵棍就很實用了。

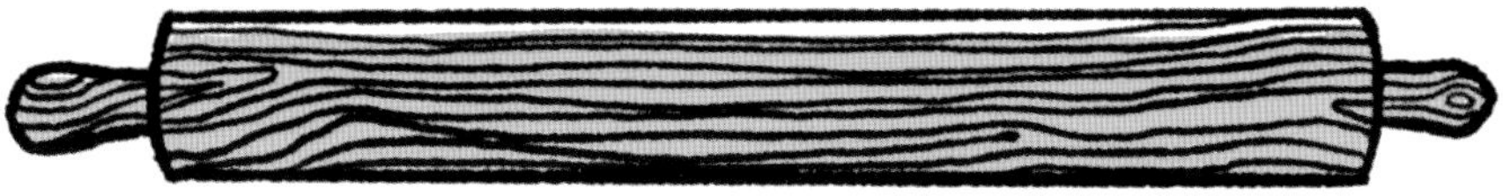

為什麼廚房裡少不了探針計時溫度計？

想要確認蔬菜的熟度，吃吃看就知道了。但若是羊腿、烤肉或鹽烤魚，問題就複雜許多！為了確認熟度，沒有比直接知道內部溫度更有效的方法。只要將溫度計設定好，溫度到達時就會有小鈴聲通知你。這確實是可以送給婆婆，以免她的週日料理煮過頭或太乾的小道具。

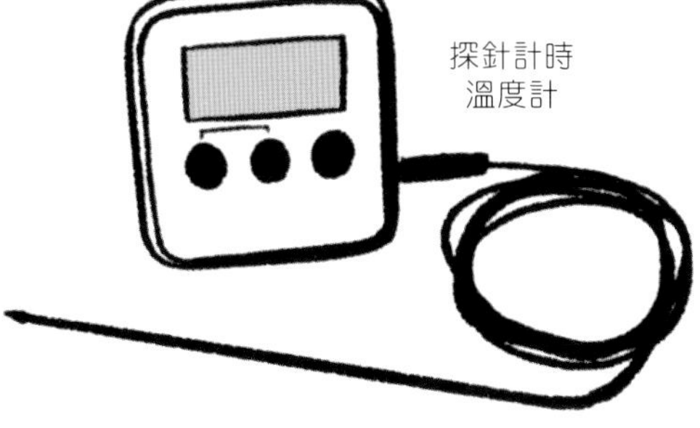

專業訣竅

為什麼你該準備探針計時溫度計？

烤箱的溫控器不夠精準，因為它們位於內壁，無法測量烘烤食材的份量和密度。同時加熱兩大隻雞加上焗烤馬鈴薯千層派，會比烘烤單純的檸檬塔來得難度更高。探針溫度計可以幫你校準烤箱的溫控器，如此一來，即使烤箱顯示 180℃，你也能知道個別的食物實際上是加熱到 160℃或 200℃。所以，只要善用探針溫度計，就能讓你同時料理好幾道菜。

廚房用具

為什麼烘焙紙不會黏在食物上？

硫酸烘焙紙經過硫酸處理，有助溶解長纖維，並形成纖維凝膠。這樣的凝膠可防止食物附著。矽膠烘焙紙覆蓋著一層薄薄的矽膠，同樣是不沾材質，而且在未過度加熱的情況下，還可以重複使用數次。

為什麼鋁箔紙一面是亮面，一面是霧面？

鋁箔紙在製造時，會將 2 張重疊在一起，以免在以滾筒延展時被撕裂。鋁箔紙之間相互摩擦會形成霧面，而和滾筒的接觸面則保持光滑。兩面在使用上其實沒有差別。

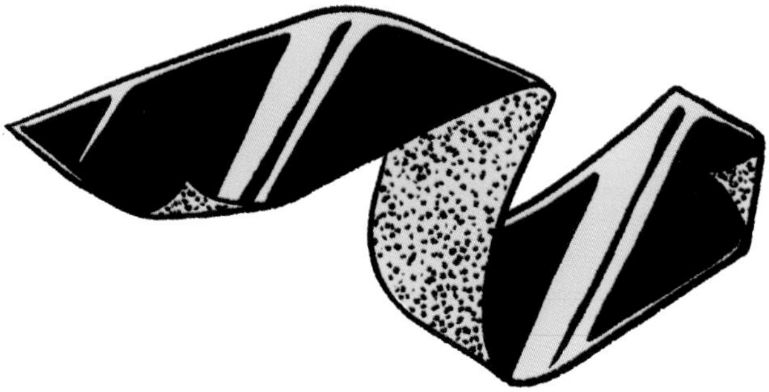

健康！

為什麼加熱時應避免使用鋁箔紙？

鋁箔紙非常不耐熱，也不適合接觸酸性食物，否則可能會釋出神經毒素到食物中。如果要使用，請用烘焙紙將鋁箔紙和食物隔開來保護食物。相反地，若用於保冷則沒有任何禁忌。

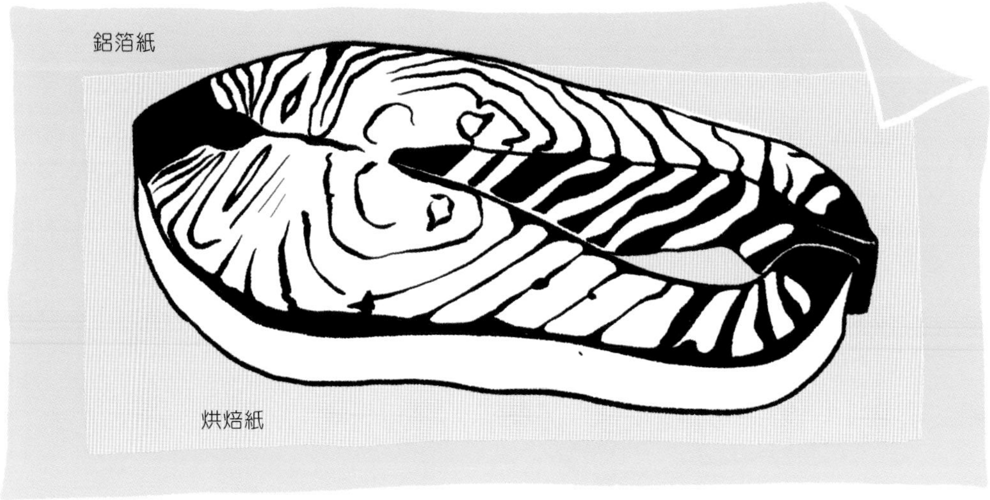

關於矽膠的4大疑問

❶ 為什麼矽膠工具往往不如金屬材質好用……

因為矽膠比金屬軟，使用起來較不精準、不好切割，也不利於轉動等等。它們的唯一好處，而且真的只有這個好處，
就是不會將不沾鍋的底部刮傷。

❷ ……而且比真毛毛刷更難塗抹均勻？

矽膠的刷毛非常厚、數量少，而且極為柔軟，結果會吸收大量的液體（融化的奶油、蛋黃液、鏡面淋醬等）。真毛做的細毛刷會吸收較少的液體，所以能刷得更均勻。給我把矽膠刷扔掉，你值得更好的！

❸ 為什麼矽膠模型在使用前不該上油？

實際上，你應該在第一次使用時上油，之後就完全不必再上油了。上油後的模型內側會一直維持一層極薄的油膜，讓矽膠具有不沾效果。這也是我們會在烘焙紙上發現的那層、可避免食物沾黏的油膜。

❹ 也不該放在烤箱烤架的下方？

烤架下方重要的不是溫度，而是紅外線功率。矽膠模型完全不適合擺在這裡：因為即使溫度不超過 200℃，它也會直接融化。用矽膠模型烤蛋糕時，千萬不要想烤到上色，否則你會在烤箱底部找到大部分的麵糊。

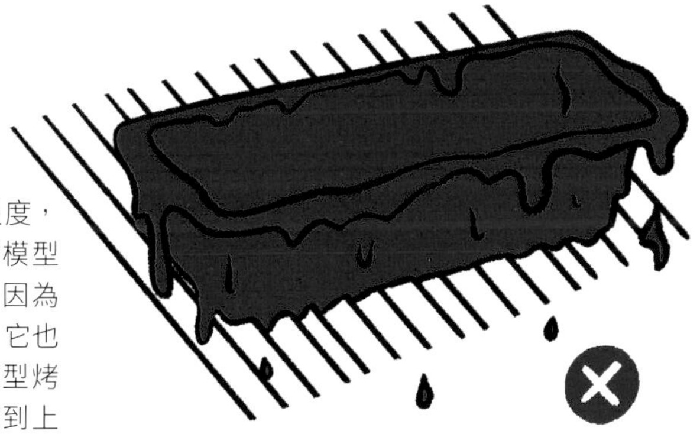

經紅外線照射且超過200℃的矽膠模型。

刀具

刀就是拿來切東西的。在那之前，太陽底下沒有什麼新鮮事！
但你知道要如何辨識好刀，以及怎麼保養嗎？
你用刀的方式會對食物造成什麼影響？要如何收納才不會割傷自己？

為什麼刀身有不同的形狀？

每種形狀的刀都有它特定的用法。。

刀刃略凸的刀
最常見的刀。包括切片刀、水果刀、主廚刀等。若是小型刀，刀刃可精確地切割蔬果或小塊的肉。若是大型刀，則可用來為蔬果切片，或是將肉分切成大片。

凹刃刀
用於精準切割的小刀，可削切蔬菜並切出形狀。

刀刃先凹後凸的刀
通常用於剔除肉的骨頭，或是取下魚片。

平刃刀
也是用於精準切割的小刀，但是用來切割較小的食材，例如蔬果、小型家禽或小型魚類。

鋸齒刀
可切割軟食材，或是以鋸齒用力加壓，便可切割極硬的食材。

番茄刀　主廚刀　第 2 把主廚刀　切片刀　麵包刀

刀具

注意，這是技巧！

為什麼用麵包刀切的肉，味道較為豐富？

用鋒利的刀切割的肉切面平滑完整，平坦的表面讓肉與烤盤之間的熱交流表面面積減至最小。但用麵包刀切出的切面較不平整，表面略為粗糙，纖維呈散開狀。這會大大增加熱交流表面面積，因而在煎肉時產生更多的梅納反應，帶來更多的燒烤香味和酥脆口感；在製作澆汁肉時可保留更多的肉汁；製作醬煮肉時，粗糙面也可吸附更多的醬汁。

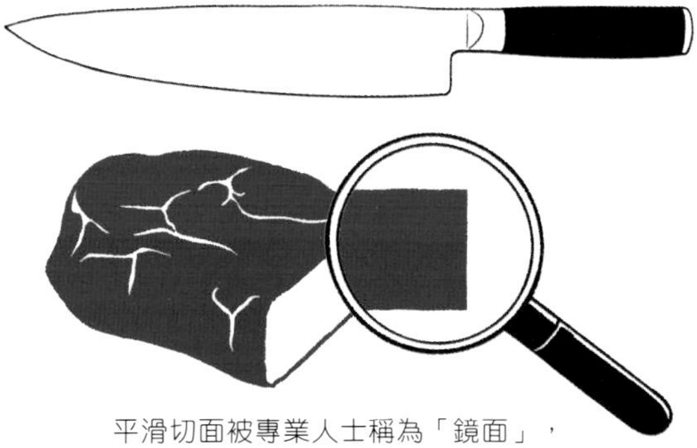

平滑切面被專業人士稱為「鏡面」，
形成極小的熱交流表面面積。

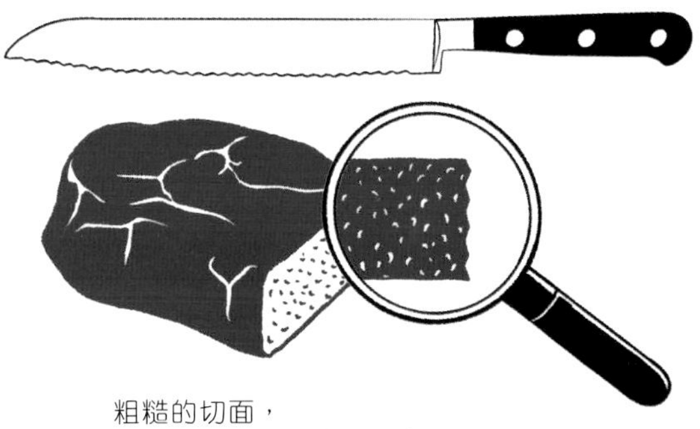

粗糙的切面，
大大地增加了熱交流的表面面積。

為什麼主廚刀的刀身比其他的刀要大？

刀身大的好處之一，是可以靠著較大的刀刃面進行切割，因此可切出形狀較整齊的大片食材。

為什麼麵包刀要做成鋸齒狀？

平滑的刀刃在切割時，壓力會施加在整個刀刃的接觸面上。但鋸齒刀在進行切割時，同樣的壓力只會施加在鋸齒尖端；由於接觸面積小得多，所承受的壓力也大上許多。鋸齒讓刀子得以在進行切割之前，輕易地深入軟硬食物的組織之中。

和平滑刀相較之下，用麵包刀切的肉具有更多的粗糙表面，味道也較為豐富。

為什麼鮭魚火腿刀有凹槽？

在我們切火腿或煙燻鮭魚時，富含油脂的柔軟肉片往往會黏在刀刃上。火腿刀上的凹槽可將空氣帶進刀刃和肉片之間，使肉片與刀刃分離並自行脫落。

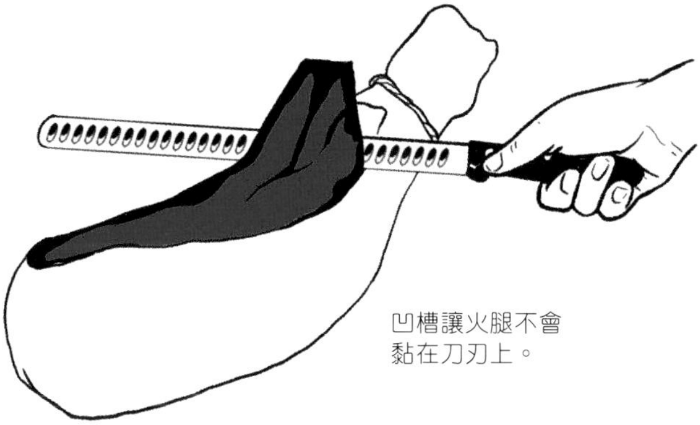

凹槽讓火腿不會黏在刀刃上。

重點提示

為什麼番茄刀有著細密的小鋸齒？

番茄的外皮很軟，但即使是用鋒利的刀也很難切開。解決辦法就跟麵包一樣，在切割時利用刀刃上的小鋸齒施加高壓。但我們的番茄不會因而受到一絲傷害：因為刀刃只會穿過，而不會將成熟的果肉壓爛。

為什麼奶油刀通常都是木製的？

木製刀「刃」略為扁平的邊可輕鬆地將奶油刮起，而不會形成難看的奶油團塊。另外，用木製奶油刀取用品質好的奶油時，感覺會比金屬刀刃要輕柔且「天然」。

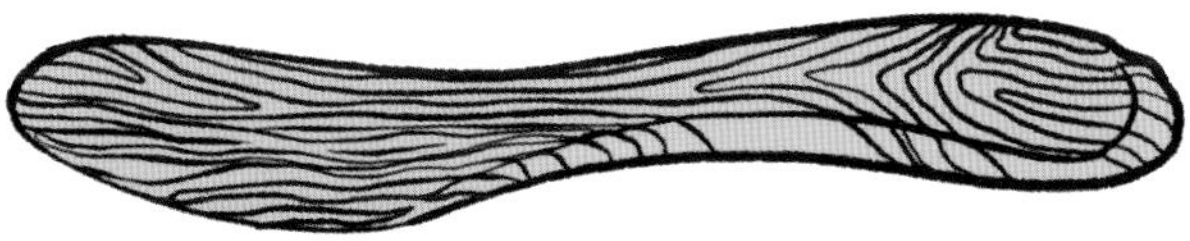

為什麼片魚刀的刀刃非常軟？

為了取下魚片而不傷到魚肉，刀子必須要靠著中央的魚骨，同時又能貼合其他骨頭的形狀。硬的刀刃無法彎曲，因此無法貼著骨頭來片肉。而「片魚刀」的彈性刀刃可順著魚骨並依環境來調整，並非以蠻力強行切割。然後你就可以像專業的廚師一樣，片出漂亮的魚片！

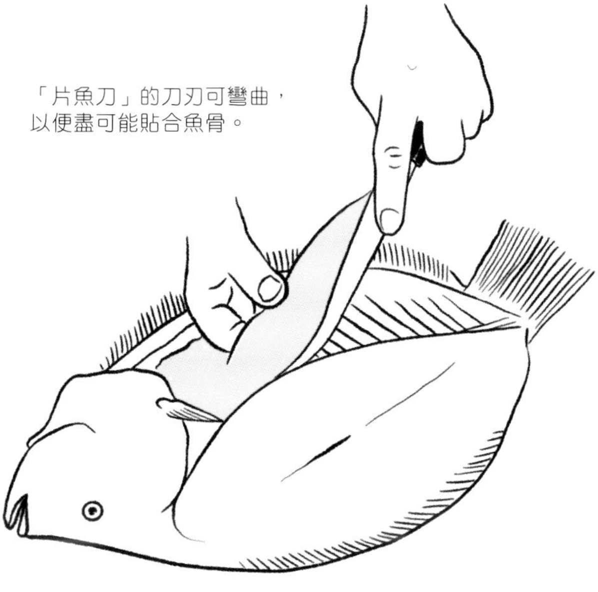

「片魚刀」的刀刃可彎曲，以便盡可能貼合魚骨。

刀具

為什麼要避免使用磁化的金屬刀具架？

刀是很脆弱的！刀刃薄如鋼絲，如果撞擊到其他物品，就會造成缺損。金屬刀具架比精密的刀刃堅硬許多。如果你一定要將刀掛在牆上，可選擇表面以木頭覆蓋，不會使刀刃受損、材質相對較軟的配件。同樣地，絕對要避免插孔處裝有滾珠軸承的刀具架。這些金屬滾珠也會因為過硬而使刀刃損傷。這些裝置只適合廉價的刀具！

我知道這些預防措施非常麻煩，但一把好刀值得認真對待。結論是：你只需要木製的刀具架。

為什麼不要將好刀放入洗碗機中？

請不要用洗碗機清洗你的好刀！刀刃，也就是刀身的切面，它是如此地鋒利，厚度只有幾微米。即使是最堅硬的鋼刀，細緻的刀刃也極其脆弱，一點點的撞擊都會造成扭曲或缺口。當然，這是非常細微的損害，但刀刃會逐漸失去它的鋒利和精準度，而且要修補扭曲或有缺口的刀是非常困難的。當你將刀子放入洗碗機時總會碰撞到其他餐具（玻璃杯、餐具、盤子等），這會對刀刃造成難以挽救的損傷並降低刀具品質。請效法知名主廚的做法：好好呵護你的刀，因為刀子等於你雙手的一部分！

像這樣排列，刀具就不會互相碰撞，也能維持刀刃的完整。

關於刀刃硬度的3大疑問

❶ 為什麼刀刃的材質如此重要？

構成刀刃的鋼材品質不盡相同。含碳量越高，刀刃就越硬。

碳鋼刀是最硬的，而且可以長期保持鋒利，但它們的硬度也讓磨刀難以進行。在歐洲，這些鋼的含碳量從最軟的 0.3% 到最硬的 1.2% 都有；在日本，最高可達到 3%。碳鋼刀很容易生鏽，因此需要細心照料。

不鏽鋼刀是最常見的，因為很堅硬又容易保養。只要加入一點碳、鉻或其他金屬，刀刃就會比較軟。

陶瓷刀極為鋒利、輕盈，但也很脆弱，因為只要小小的變形或撞擊就會斷裂。此外，廚師往往棄而不用，因為陶瓷刀的手感不如鋼刀細緻。

❷ 為什麼要用堅硬的薄刀來切軟的食材，反之亦然？

刀刃越是薄硬就會越鋒利，但也越難磨利。這樣的刀就像剃刀一樣銳利，但很脆弱，專門用來切割「軟」食材，例如蔬菜、水果或魚，以免刀刃過快損壞。相反地，刀刃越是厚軟，便會越快被磨平，變得不夠鋒利。這樣的刀很容易磨利，但也需要經常打磨。用來切割像是帶骨的肉時，一旦刀刃切到骨頭，就很容易造成損傷。

❸ 為什麼刀子刻有HRC的數字？

這個介於 52～66 之間的數字，代表刀刃使用的鋼材硬度。數字越小，鋼越軟；數字越大，鋼越硬。

硬鋼在製造時較費工，因而造價也較為昂貴。

硬度對刀刃的品質會有直接的影響：越軟，就越無法精準切割，但越容易磨利。相反地，越硬，刀刃就越薄且脆弱，也越難磨利。

56 以下：一般常見刀的硬度等級，便宜，品質中等。很容易磨利，但也需要經常打磨。

56 ～ 58：德國專業刀具的硬度等級。依舊容易磨利，但需要經常打磨。

58 ～ 60：日本刀常見的硬度等級。刀刃可長時間保存，但比較不容易磨利，適合業餘愛好者使用。

60 ～ 62：用來製作可極為精準切割的刀，但因為硬度高，難以磨利。到達這個硬度可說是刀具界的聖杯等級，需要精妙的技術才能駕馭。

62 以上：供真正的狂熱分子使用。以極硬的鋼材製成，刀刃極為脆弱，磨刀方式非常複雜。

為什麼刀刃有鍛造也有壓鑄的？

鋒利的刀為壓鑄製造，也就是以大片的鋼材進行切割後再磨利。

優質的刀則為鍛造，即以手工將金屬微粒壓扁，再加工成更小的結晶。刀刃會經過反覆加熱後再急速冷卻的程序，以增加硬度。

不可或缺的工具

刀具

關於日本刀的2大疑問

❶ 為什麼有些日本刀的刀刃不對稱？

絕大多數的刀具有鋒利的雙面刃，但有些日本刀的刀刃卻不對稱（只有單刃）：一邊尖銳鋒利，一邊平坦但不銳利。刀刃的形狀會對切割造成影響，因而連帶影響食物的味道：單刃刀只會對銳利面施壓，而雙刃刀則會對兩側都施壓。因此，以單刃刀切出的食材味道會較為純粹。

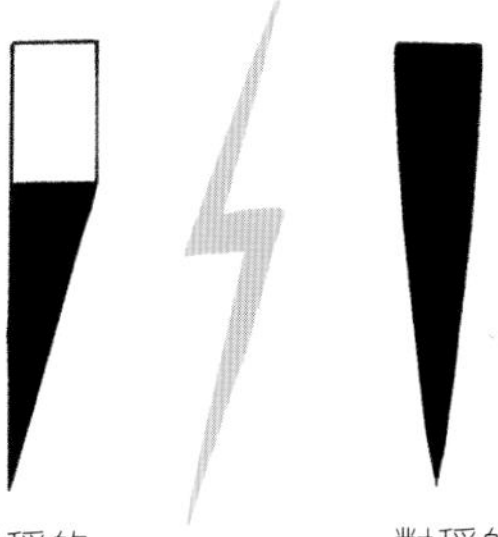

不對稱的單刃刀，可進行比一般的雙刃刀更細緻且精準的切割，主要用來片魚，特別是用來製作握壽司：用平坦但不鋒利的刀面抵住魚骨，再用鋒利面慢慢將魚肉剝離。製作握壽司時，會將以平坦刀面所切出來的魚肉平滑面朝上擺放，讓較不平整的鋒利切割面接觸米飯，同時也有利於抓握米飯。

握壽司生魚片的切法

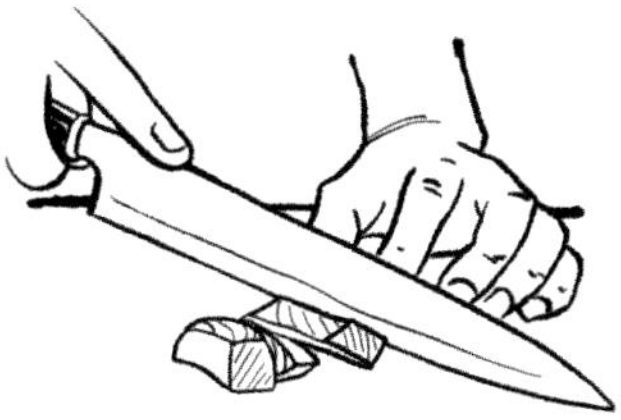

單刃刀也用於去除魚皮，因為魚皮含有不能與魚肉接觸的黏液，否則上頭的細菌會使魚肉變質。用平坦面接觸魚肉，鋒利面深入魚皮底下，如此才能完美地剝離魚皮。日本美食是如此挑剔，光是片魚就是一門藝術！

❷ 為什麼使用日本平刃刀時，要先往下、再往前切割？

用歐式（西式）的切片料理刀在切食材時，是將刀刃的前半部靠在砧板上，接著由後往前（或是反方向）進行規律的平衡擺動。為了方便進行這樣的動作，刀刃是弧形的。日本料理刀的用法則截然不同：我們不會將刀刃前身靠在砧板上，而是在往下切的同時也往前推（或是反方向移動）。由於刀刃不會靠在砧板上，因此不需前後擺動，刀刃也不必是弧形的；我們可觀察到，日本刀的刀刃幾乎是筆直的。

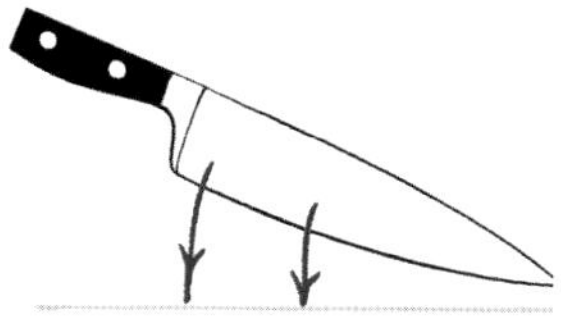

歐洲刀

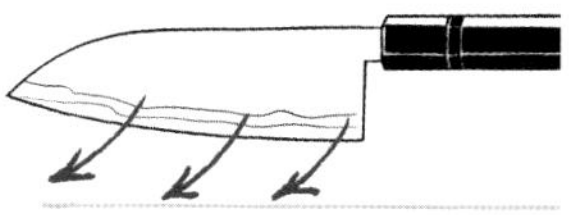

日本刀

為什麼有分右撇子和左撇子用的刀？

有些高品質刀具的刀柄具有些微不對稱的角度設計，有利於抓握和更精準的切割。這個角度會朝向固定刀柄的指節，因此右撇子的刀會朝右，左撇子的刀會朝左。

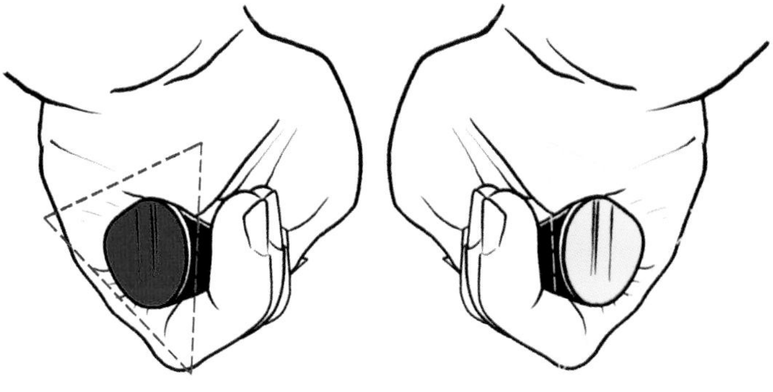

左撇子的刀柄　　右撇子的刀柄

正確作法

為什麼在切割時應避免將食指放在刀背上……

當你將食指放在刀背上時，往往會由上往下施壓，以助於將刀刃切進食材。用這種方式施力時，大部分的食材會被壓碎，而不是被切開，結果也使得食材的品質變差：細胞被壓碎、湯汁流失、食材被撕裂而非切開。

將拇指擺在刀側可進行更精準的切割？

將拇指擺在刀側，便可控制刀刃要向右還是向左傾斜，同時其他手指可負責前後傾斜。如此你便可完全掌控你的工具。這才是優秀主廚的握刀法。

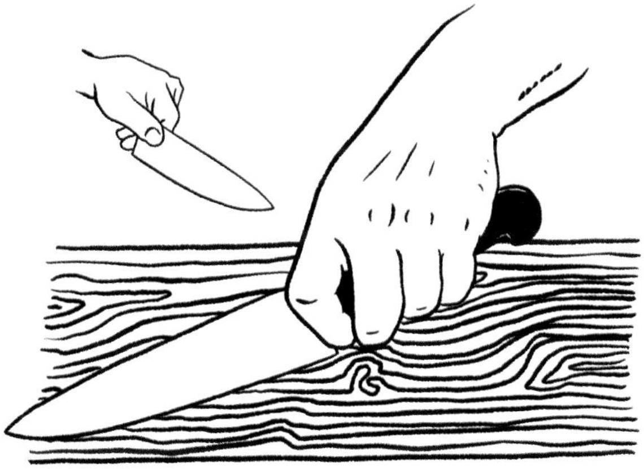

正確的握法可避免刀具不當傾斜。

為什麼應該輕輕地前後移動？

啊，可是每當我看到有人為了切食物而將力氣施加在刀刃上，就會感到很痛苦！切割應該是細緻、感性的，需要溫柔以待。我們絕不要用蠻力來切，千萬不要！前後移動刀刃便可俐落地進行切割，用力向下切只會壓碎食材。你手中握著的是一把刀，而非電鋸。所以，請溫柔一點……

磨刀器與磨刀石

磨利和修整……兩者未必有很大的差別。
但如果想精準且有效率地處理食材，就要好好學習如何保養你的好刀！

磨刀棒、磨刀器、磨刀石或修整棒的作用相同嗎？

磨刀器

放在枱面上使用。操作容易，但結果也馬馬虎虎：只能大概的磨利，並不耐用，只適用於廉價的刀具。

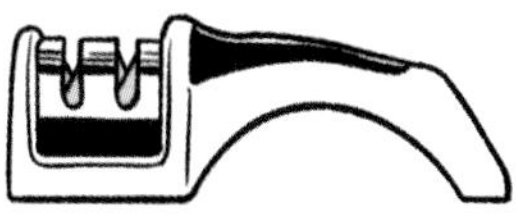

電動磨刀器

適合懶惰蟲！簡單、快速，效果還不差，但會磨去較多的鋼材，因此也大大縮短了刀具的壽命。

磨刀石

好吧，我們直接來介紹頂尖的磨刀工具——磨刀石！它可以將刀子磨尖和磨利，是頂尖中的頂尖！使用上不會很複雜，但需要非常仔細且精確的動作。

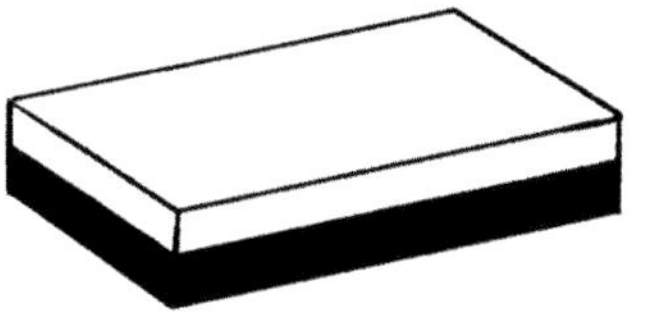

磨刀棒

有金屬、陶瓷和含鑽石成分三種。金屬製較陶瓷的軟，而陶瓷則比含鑽石的軟，含鑽石的磨刀棒效果最佳。這三種磨刀棒都適合每天使用。

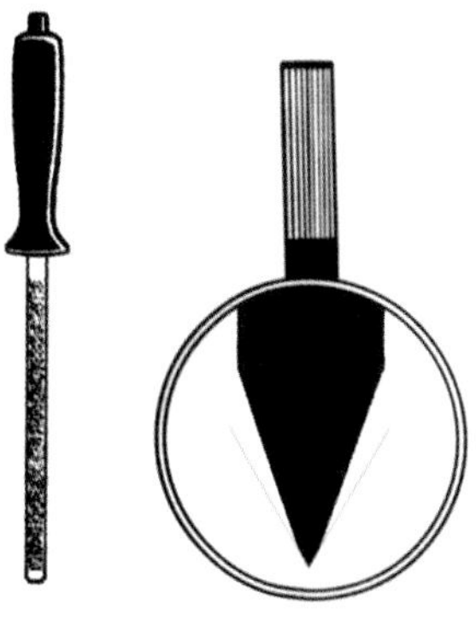

修整棒

和磨刀棒是不同的工具，它是專門用來將刀刃厚度挫得更薄，以重新形成鋒利的刀口。使用上不如磨刀棒常見。

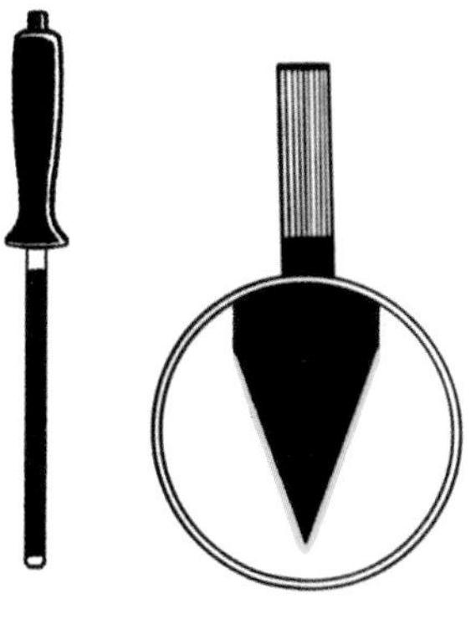

為何磨刀石如此特別？

用磨刀石打磨時，能夠以小於 15° 的角度來磨刀。通常會從極粗顆粒，即研磨係數 300～1000 的磨刀石開始，最後以 3000～6000 的係數收尾，就可打磨得有如剃刀般完美。用磨刀石磨刀，需要非常精準地將磨刀角度一直維持在 15°。無論如何，主廚不會讓其他人負責磨他的日本刀——因為他們和自己刀子的關係非常親密。

為什麼磨刀器具的形狀如此重要？

圓形磨刀棒和刀刃的接觸面較小。在磨刀的過程中，刀刃和磨刀棒所形成的角度可能會有所變化，因而使磨刀品質變差。

橢圓形磨刀棒提供較大的接觸面積，因而較容易在磨刀全程維持相同的角度，可打磨出不錯的鋒利度。

平面的磨刀石提供和刀刃間較大的接觸面積，這也有利於維持相同的磨刀角度，打磨出的鋒利度更優於前者。

為什麼磨刀棒和修整棒可相輔相成？

隨著磨刀的過程，會使刀刃的角度逐漸變大，而角度越大，可切割的鋒利面就越少。因此每隔一段時間，就必須將刀刃的厚度剉薄，才能重新在刀刃較高的位置打磨出更鋒利的角度。而修整棒的功能就是將刀刃的厚度剉得更薄。

剛購買時，
刀刃非常鋒利。

使用一段時間後，
刀刃逐漸被磨平。

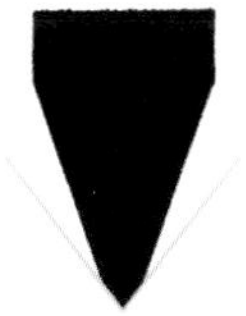

打磨之後，
刀刃形成了稜角。

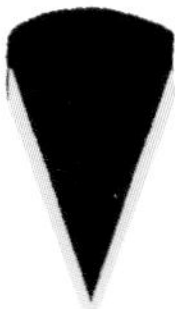

因此應該磨去刀刃一部分的厚度，以免形成稜角，以便更順利地進行切割。這時我們就需要修整棒！

正確作法

為什麼我們可以用不同的方式來磨刀？

磨刀器有兩種磨刀方式：
❶手持磨刀器。
❷將磨刀棒垂直立在工作枱面上。

用這兩種方法磨刀的效果相同，因為磨刀方式是一樣的，請選擇適合自己的方法即可。無論選擇哪一種方法，都是以 20° 的角度來磨刀。將刀刃靠在磨刀棒上並對刀刃稍微施壓，讓刀刃以半圓形的弧度在磨刀棒上滑移出去，接著將刀刃的另一面靠在磨刀棒上，重複上述相同的動作 10 幾次即可。

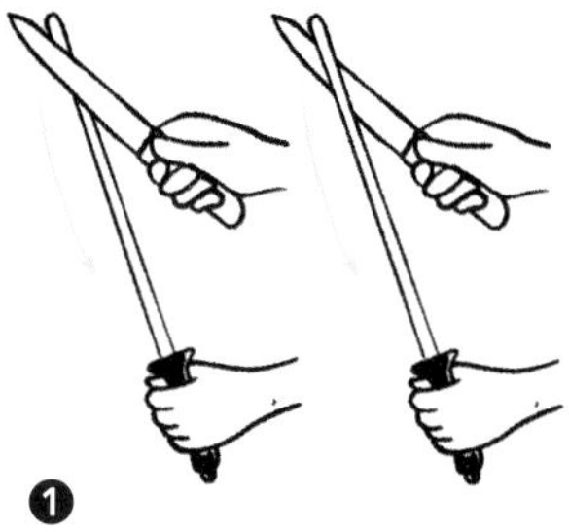

❶

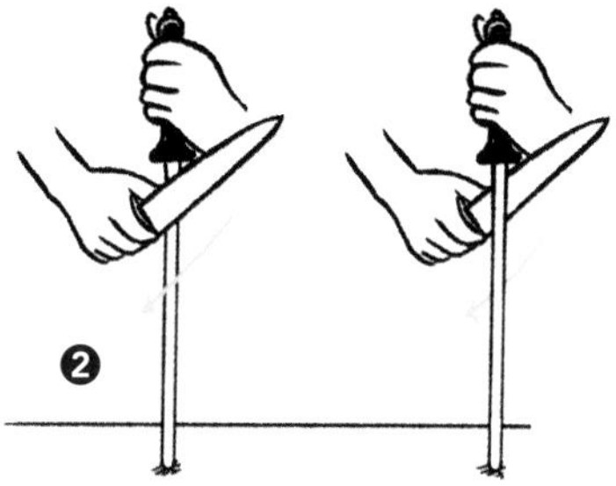

❷

鍋具

鍋具不是用來演奏音樂的……但它們的確就跟樂器一樣：
因為壞鍋煮不了好湯！

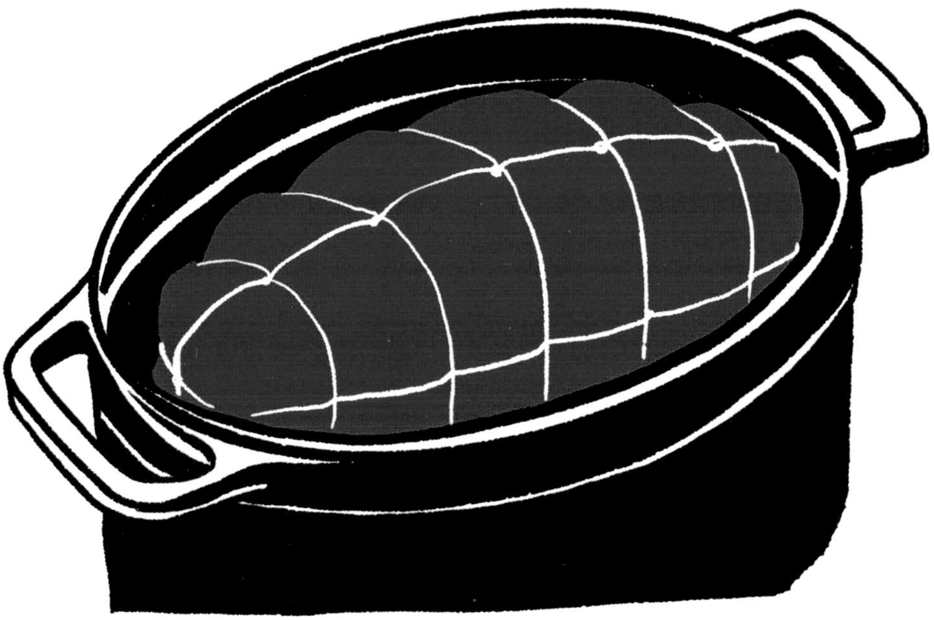

為什麼平底煎鍋和深煎鍋的大小非常重要……

當你用平底煎鍋或深煎鍋來加熱時，熱源會傳導到鍋面，但食材也會使溫度下降。如果鍋面沒有完全被食材所覆蓋，空著的區域就不會降溫，也會比其它的表面更熱，因此可能會使之後放在這裡的食物燒焦。所以務必要依照食材的份量來選擇鍋具，加熱才會均勻。

鍋子的形狀也很重要……

請選擇符合食材形狀的鍋具：圓形鍋具適合炒菜，但卻不適合烹煮雞肉或烤肉。後者最好以燉鍋或橢圓形的鍋具來烹煮，因為盡可能貼合它們的形狀和大小，才能均勻地加熱。

厚度也是？

鍋具愈厚，金屬的鍋身就能吸收越多的熱能，然後再傳導到與食物接觸的表面，也能使食材更均勻地受熱。這點非常重要，因為它可以讓食物在以小火慢燉時，不需要不停攪拌。但它的缺點是，鍋底越厚，對溫度變化的反應越慢，因此在烹煮時也必須考慮到這些變化。

為什麼鍋具材質也會影響烹調結果？

不同的材質不會以相同的方式傳熱：鐵和不鏽鋼只會在接受熱源的部位進行熱傳導，而鑄鐵則會先吸收熱，然後再將熱能重新傳導至整個鍋具表面，甚至也包含鍋緣。

鐵和**不鏽鋼**只會在接收熱源的部位進行加熱，也就是鍋面下方，而且是以較直接激烈的方式，即使火力很微弱也是一樣。可以大火快煮，適用於煎牛排，而且也會快速逼出肉汁。

不沾塗層則傳熱不易，而且只能煮出極少的湯汁，較適合以極小火烹煮，例如魚、蔬菜或煎蛋，而且絕對要避免用來烹煮肉塊。

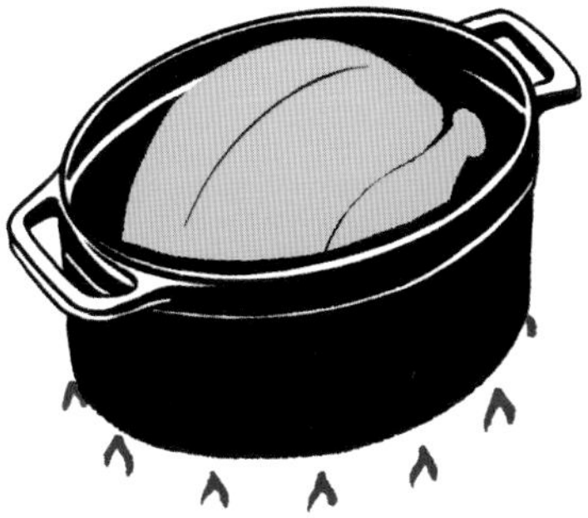

鑄鐵會從受熱處（鍋面下方）緩慢地進行熱傳導。但由於它會先吸收熱能並蓄積在具厚度的鍋身之中，再傳導至整個鍋底表面及側面，因此鑄鐵材質提供了較緩和的加熱形式。很適合用來燉肉、烹煮肉質細緻的魚肉或蔬菜，也能緩慢地煮出湯汁。

結論！

為什麼使用平底煎鍋和深鍋時，加熱的火力大小也極其重要？

即使你使用的是導熱性極佳的材質，但厚底鍋需要時間累積熱度才能再傳導出去，如果沒有使用適當的火力來加熱，就不會有好結果。不然你可以用 5 公分大的火，來加熱直徑 30 公分的平底煎鍋試試看！火力大小越接近鍋面的尺寸，表面的熱度就越平均，你的食物也能加熱得更均勻。

火源太小時，只有鍋子中心被加熱。

符合鍋子尺寸的火源，可均勻加熱整個鍋面。

鍋具

關於不沾塗層的2大疑問

❶ 為什麼不沾煎鍋可以不沾黏？

這些煎鍋覆蓋著一種可避免食物沾黏的塗層，但也使食材無法煮出美味的湯汁。此外要留意的是，不沾塗層不耐高溫：超過250℃，鐵氟龍就會變質，超過340℃時就會釋出有毒氣體！這種鍋子也很容易刮傷，很快就會損壞。

❷ 為什麼應避免購買不沾炒鍋？

應該把發明不沾炒鍋的傢伙給關起來！這人病得不輕！炒鍋的烹煮原則就是用極快的速度烹煮食物，而且是以極高的溫度。

不沾塗層經不起250℃以上的高溫，然而導熱良好且置於大火上的炒鍋，輕輕鬆鬆就能突破700℃！這就是為什麼炒鍋適合用來烹煮需快煮的小塊食材，而且要不停翻炒以免燒焦……具有不沾塗層的炒鍋，簡直是荒謬的設計！

為什麼平底煎鍋的邊緣有弧度，而深煎鍋和燉鍋是直角？

用平底煎鍋煎炒時，意即以極高的溫度快煮食物，讓湯汁可以儘快蒸發，並形成可口的酥脆表面。這種烹煮法需要不斷地翻炒食材，以避免燒焦，就跟中式炒鍋的煮法一樣。有弧度的圓形鍋邊，可以讓食物上下前後繞圈移動，並在鍋子裡翻面。為了方便這樣的操作，平底煎鍋設有握柄；至於食物會乖乖待在鍋裡的深煎鍋和燉鍋，它的邊緣是直角，握柄則是方便用雙手搬移。

為什麼平底煎鍋或深煎鍋的底部有一層銅，是品質的象徵？

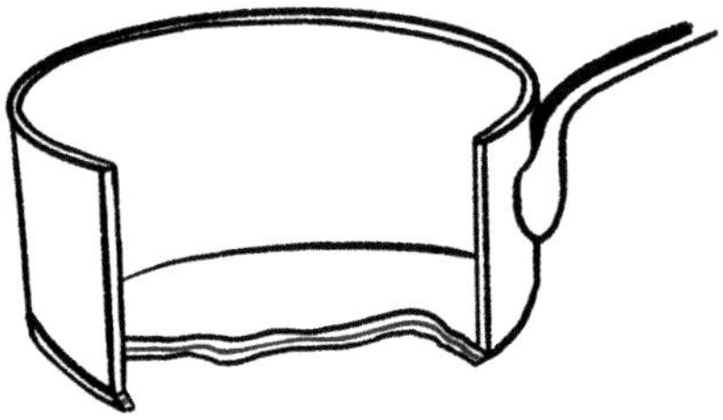

銅是導熱性極佳的材質。如果爐火和鍋底之間有這麼一層薄薄的銅，熱能就會先被鍋子吸收，然後再重新傳導至整個鍋底表面。假如少了這層銅，就只有與火源接觸的區域才能受熱。

為什麼鋼製的平底煎鍋要「鍍上一層油膜」……

為了擁有真正優質的平底煎鍋（非表面有塗層的不沾鍋），名廚們有一個訣竅：他們會替鋼製平底煎鍋「開鍋」，也就是讓鍋子表面形成薄薄的一層油膜，這麼一來鍋子就會變成不沾鍋，同時也保留了金屬加熱的特性。這是為了能料理出上等的煎牛排、某些魚肉和蔬菜，或是表面香酥的半熟煎蛋的最佳方法。

以下是開鍋的詳細步驟：

❶在新的平底煎鍋底部塗上薄薄一層油，加熱至略為冒煙。

❷將油倒掉，用廚房紙巾將鍋子擦乾。

鍋子冷卻後，然後重複上述相同的程序 3～4 次，才能用來進行第一次的食物烹煮。

❸每次烹煮過後，在鍋中倒入少量的水，煮沸 1 分鐘，以便清理沾黏在鍋面的湯汁；接著以熱水沖洗鍋子，不要用刮的，而是用擦的，記得永遠都是用廚房紙巾來擦拭。

再倒入 1 小匙的油，讓油布滿整個鍋子表面，一樣用廚房紙巾擦拭。

隨著烹煮次數的增加，鍋子顏色也會變得越深，表層也就越能不沾黏。

你的平底煎鍋一旦形成油膜，就不會再黏鍋了。接下來十幾年的時間，你就能擁有最好的料理品質！

❶
鍋中塗上一層薄油並加熱。
❷
讓油布滿整個鍋面，接著用廚房紙巾擦拭。重複進行這兩個步驟 3～4 次。
❸
每次烹煮後，倒入少量的水煮沸後沖洗乾淨，並將鍋子完全擦乾。
❹
倒入 1 小匙油並用紙巾擦拭均勻，將你的鍋子收好。

鍋子不能泡水，也不要放入洗碗機？

已經為鍋子鍍上油膜了，當然要禁止一切可能會破壞這層油膜的事物！尤其當你的平底煎鍋在經過多次使用後顏色已變得很深，請不惜一切地保護這層油膜！此外，當你的鍋子顏色越深，就表示這層油膜的品質越好。如果你將鍋子拿去泡水，鍋子可能會生鏽，而且油膜也會被破壞。如果放進洗碗機，油膜也會被破壞，一切只能從零開始。油膜帶來的一切好處全部化為烏有，這是多麼地令人悲傷啊！

焗烤盤

你擁有大的、小的、玻璃的、陶瓷的、不鏽鋼的，甚至是陶製的焗烤盤⋯⋯
但你甚至不明白為什麼要買這麼多的焗烤盤？
請不要驚慌，讓我說明給你聽。

為什麼焗烤盤的材質會影響烹調結果？

跟電磁爐不同，烤箱在烘烤時的熱度來自四面八方。因此，烤箱的熱空氣很難將熱傳導到食物上：你可以輕鬆地將手放入 100℃的烤箱中幾分鐘，但卻無法將手放入同樣溫度的沸水超過 1 秒鐘。確切地說，烤盤的材質影響了熱能傳導到食物的方式：比起以空氣導熱，烤盤會先吸收熱能，接著再強力導熱到直接接觸的食物上，便能更快地烤熟。但可能發生的災難是：某部分會熟得比其他地方更快⋯⋯但只要烤盤能以更細緻的方式導熱，你的食物從裡到外都能被均勻烤熟。

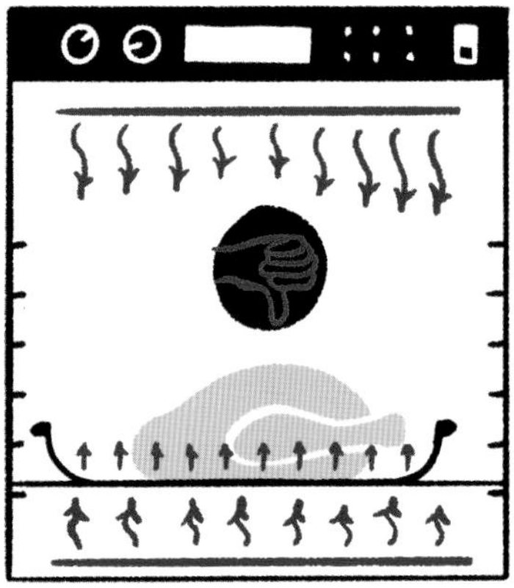

比起來自烤箱上方的熱空氣傳導，
從烤箱下方強力加熱的烤盤，
會讓雞肉的下方更快受熱。

關於鑄鐵鍋的2大疑問

❶ 為什麼鑄鐵鍋很適合長時間低溫烹煮？

我一再表示：鑄鐵較適合各式各樣需要長時間加熱的烹煮法，其中也包含烤箱加熱。因為鑄鐵會先吸熱，然後再將熱能傳導至整個鍋子：包括鍋底、鍋身側邊，以及鍋蓋。

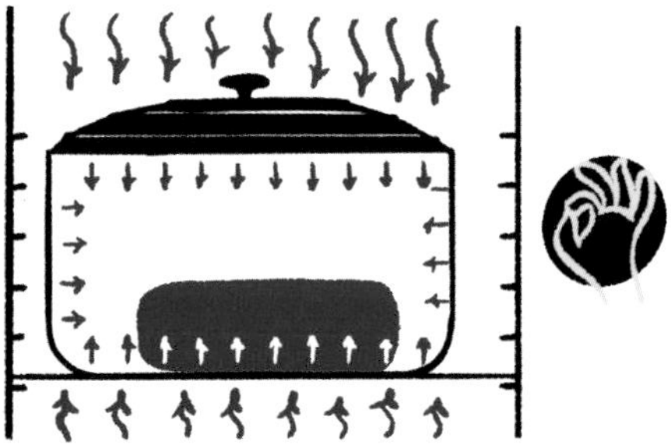

❷ 而且也很適合烤大塊肉或雞肉？

我們已經知道鑄鐵會將熱重新傳導至整個鍋身表面，如果你將烤肉或雞肉放在鑄鐵鍋中，再放入烤箱，鍋身周邊會散發不同於單一空氣傳導的輻射熱。唯一要做的，是將燉鍋擺在烤箱中較高的位置，用略高的「空氣溫度」來加熱表面，便可進行相當均勻且美味的烹煮。.

不可不知

為什麼鐵製、鋼製、鋁製或不鏽鋼製的烤盤，只能用於某些烹調時？

這些材質會強力吸熱，然後再導熱。裝在這些盤子裡烘烤的食物，會比單靠烤箱內的熱空氣烘烤來得更快熟。它們真正的好處在於製造美味湯汁的能力，而且可以快速使食物上色。因此它們非常適合小塊食材的高溫快煮（例如魚肉、某些肉類、切塊的蔬菜），但要避免以長時間高溫烹煮大塊食材（例如烤肉、雞肉），否則在表面達到理想的熟度之前，底部就會先焦掉了。

鐵製或不鏽鋼製的烤盤導熱得很快。

什麼時候要使用瓷烤盤和玻璃烤盤？

與金屬烤盤不同，這兩種材質會先吸熱，接著再緩慢放熱，形成均勻且優質的烹煮。唯一的缺點是，產生的湯汁較金屬烤盤來得少。

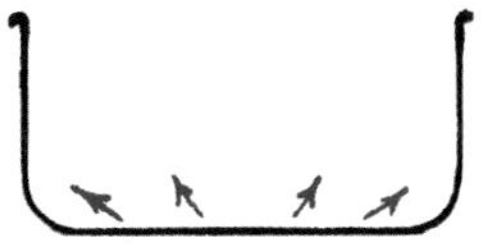

瓷烤盤和玻璃烤盤會更以細緻的方式導熱。

什麼情況下適合使用陶製燉鍋？

原則在於要先將鍋具泡水約 10 分鐘後再烹煮。陶土會吸收少許的水分，並且會在烤箱中變成水蒸氣。因此食物會在帶有「濕氣」的環境下烹煮，這可加快烹煮速度，同時也避免食物變乾。但缺點是，空氣中的水分讓食物幾乎無法上色。陶鍋非常適合用來燉煮軟嫩多汁的雞肉（但幾乎不會形成脆皮）、烤豬肉或烤小牛肉，或甚至是整條魚，它很適合烹煮容易變乾的菜餚。

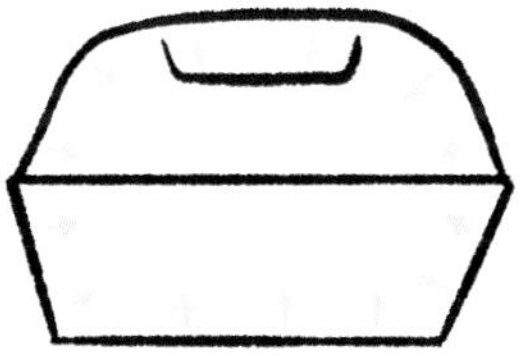

陶製鍋具可讓食物處於帶有濕氣的環境下烹煮。

為什麼有些烤盤附有內置烤架？

這些烤架可避免食物與烤盤直接接觸：這使得熱空氣可以毫無阻礙地在食物的四面八方循環，使加熱更均勻。

烤盤底部的烤架，讓熱空氣可以在食物下方循環。

為什麼應該禁止將不沾塗層烤盤放入烤箱中烘烤？

我們已在先前的章節看到：不沾塗層超過 250℃ 就會損壞並造成危險，甚至有致癌的風險，因此絕不要使用這樣的烤盤。請用溫和加熱的加式來使用這些烤盤，像是用小火煮魚和雞蛋；如此一來，它們也可以發揮出色的功能！

基本食材

鹽

鹽大概是廚房裡最常被忽略的食材。
對於鹽該如何使用有如此多毫無根據的偏見，每個人都有自己的立場（而且通常是錯誤的）。即使是最知名的主廚，各自也有不同的看法……

為什麼鹽和我們想像的不同？

當我們為食物撒鹽時會發生什麼事？只要進行科學的精準測量，就能了解鹽所帶來的影響，並不完全跟我們以往認定的一樣。
各國的研究人員分析了鹽對食物分子結構的影響、鹽從食物纖維進入食物內部的速度。我們將他們的發現應用在日常使用鹽的方式之中，因為這些結果在沒有做測試之前，是難以想像的。
請注意，別人告訴你關於鹽的一切，或是你以為對鹽所知的一切想法，都將被打破！

關於鹽的4項實驗

以下是 4 個非常簡單的小實驗，而且花不到 10 分鐘。不要覺得做實驗很愚蠢，你可以因此了解鹽會用什麼方式對食物產生作用，也能明白關於料理鹽的一切描述。如果是不想做實驗的大懶鬼，可以把書倒過來看實驗結果……但老實說，你應該要做做這些實驗，這將徹底改變你在食物中加鹽的方式。

實驗一

將 1 大撮鹽放入 1/2 杯的水中，觀察鹽溶解的時間。

解答

精鹽和粗鹽除了分子結構這一點不同之外，鹽都會快速吸濕，但仍需 6～30 分鐘才能完全溶解。時間長短會依鹽的品質而有所不同（含碘食鹽、鹽之花、海鹽等）。
這是非常重要的重點，因為人們總以為鹽在接觸到食物的瞬間就會快速溶解，並被吸收到食材內部。但如果鹽在水中只是緩慢地溶解，你就想像得到，鹽得花多久時間才能溶於食物並被吸收？這將需要一段瘋狂的時間，遠比烹煮的時間還要長……

實驗二

將1大撮鹽放入1/2杯的油中，
觀察鹽溶解的時間。

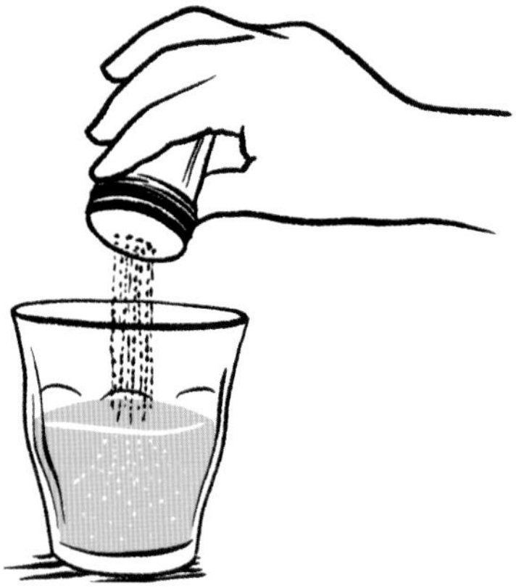

解答

好吧，你可能要等上好幾世紀了，因為鹽根本不會溶於油中！從這裡也觀察得到的一個重點是：如果我們在添加了油或奶油的食物中加鹽，油脂會覆蓋部分的鹽粒並延緩鹽溶解的時間，甚至是阻礙鹽的溶解。

實驗三

用大拇指和食指捏著1撮鹽，
接著將手指打開。

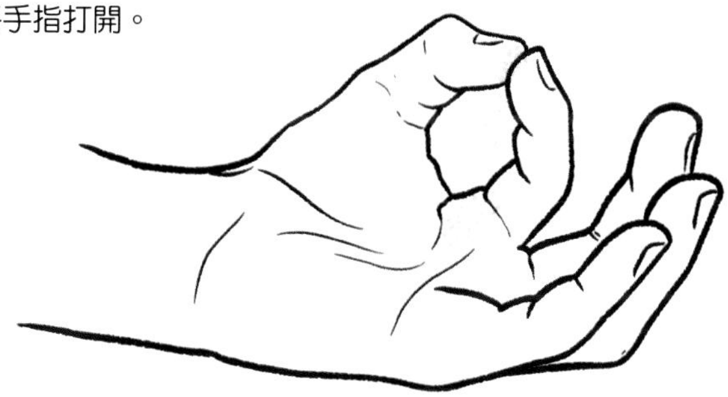

解答

鹽粒會掉落。我知道，邏輯上會如此，但沒有人想到的是……這只是表示鹽有重量，而且當你在翻攪食物時，大部分的鹽粒會沉在鍋底。實際上，你的鹽粒並不會用它們有力的小手臂，緊緊攀附在食物上！

實驗四

將一些鹽粒放在盤子裡，
從表面吹氣。

解答

鹽會因你吹氣而後退。與吹氣相同的道理，當我們在為食物加熱上色時，表面含有的水分會爆炸，轉變成水蒸氣，這時產生的爆炸也經常會導致食物中所含的部分油脂微粒四處噴濺。所以你還會希望你的鹽粒，能用它有力的小手臂緊緊住食物，而不會被噴飛嗎？

結論

鹽與食物接觸溶解所需的時間，比煮牛排或魚排的時間還要長得多。如果料理時加油烹煮，鹽會維持結晶顆粒，幾乎很難溶解。烹煮時翻動食物，以及食材本身在加熱產產生的水蒸氣，都會使鹽粒掉落。

基本食材

鹽

為什麼我們對鹽的認識，並非完全正確？

我們自以為對鹽無所不知，然而相關的「真相」卻顯示出，這些想法一個比一個錯得離譜。
以下僅是一小部分需要拋棄的信念……

> 在煮大塊的肉時，
> 應撒上大量的鹽！

為什麼這不完全正確？

這個想法大概是認為——「鹽會溶解，而且會快速滲入肉的纖維中，所以大塊的肉就需要大量的鹽……」但，事實並不是這樣的！我們剛剛得知，鹽會非常緩慢地溶於水中（超過 5 分鐘）。因此若是直接撒在肉上，即使過了 20 分鐘，鹽粒還是無法完全溶解。那麼接下來應該會滲入內部？當然不會！如果煮得不夠久，鹽滲進肉塊的深度連 0.1 公分都不到……但這個我們留到後面再討論。總之，這個觀念是錯誤的！

> 千萬別在煮肉之前就撒鹽，
> 否則肉汁會流失，
> 肉也會變得又乾又柴！

為什麼這是假的？

這個想法大概是認為——「鹽會在幾分鐘內使肉塊脫水……」我們剛才知道了，鹽需要花很多時間才能溶解，那鹽要吸收肉汁應該也是相同道理？此外，肉的表面會在烹煮時變乾，這會使鹽更難溶解，因為已經幾乎沒有水分了……因此，讓我們忘記這件蠢事吧！

> 應該在烹煮前一刻
> 再為肉和魚撒鹽，
> 鹽才能被鎖在即將形成的
> 酥脆外皮之中。

為什麼這很可笑？

這個想法大概是認為——「外表的脆皮會縮在一起，然後將周圍的東西都鎖住……」噗！鍋具周圍會不斷產生飛濺的湯汁，這樣你懂了嗎？這些濺出的湯汁，是食物中的水分在接觸到滾燙的鍋具時發生了爆炸，同時轉變為蒸氣所造成的。這些爆炸會將極小的油滴四處噴濺，同時也將大部分的鹽粒從食材上噴飛。你從沒想過鹽粒是否會沾附在食材上？其實頂多只剩幾顆鹽粒會留在收乾的醬汁上。但不管是什麼情況，鹽都不會持續「被鎖在脆皮之中」……嘿，這是個不值得一提的糟糕概念！

千萬不要在
煮肉之前就加鹽，
否則肉塊會在自己的肉汁
中煮沸。

為什麼這個觀念完全錯誤？

這個想法大概是認為——「鹽分會使肉脫水出汁，而烹煮時這些肉汁會留在肉塊底部，將肉煮沸……」事實上在烹煮時，鹽沒有時間溶解，也沒時間吸收部分的肉汁，因此肉塊不會在自己釋出的肉汁中煮沸。如果你的肉塊會在自己的肉汁中煮沸，那肯定是別的原因造成的，關於這點我們之後再討論。所以這個概念也不成立！

應該在禽肉的身體內部
塗抹鹽巴，
鹽分才能滲入肉裡。

為什麼這個作法很愚蠢？

這個想法大概是認為——「將鹽塗抹在禽肉內部，鹽分就會被吸收擴散到肉的組織中……」

你觀察過禽肉的胸腔內部了嗎？鳥禽類的胸腔四周大多是由骨頭所構成，而你希望鹽能在烹煮時穿透骨頭？哇！除此之外，鹽會停留在胸腔的底側，也就是背部，因為那裡的骨頭最多。所以你希望鹽粒能用小翅膀飛到空中，然後附著在其他地方，接著再滲入到肉裡？你的想像力真的很豐富…… :-) 好了啦，讓我們忘了這件事吧！

應該避免在煮
牛肉蔬菜湯和魚湯時
在湯裡加鹽，
否則肉會失去味道。

為什麼這也不正確？

這個想法大概是認為——「鹽會吸收肉或魚的部分肉汁……」呃，正確地說，實際情況正好相反：水的密度越高（鹽會增加水的密度），就越難使湯汁變濃稠，因此鹽也更難吸收肉或魚的湯汁……

加鹽應該只是為了提味；
鹽是香味添加劑。

為什麼這是謬誤？

這個想法大概是認為——「食物加了鹽會更有味道……」鹽並非人們經常說的香味添加劑，而是風味修飾劑：它可減輕某些食物的苦澀味或酸味。鹽也會增加唾液分泌，你嘴裡的口水越多，對味道的感受就有越多的變化，因為有些味道會受到液體的抑制，而有些則反而會增強。來吧，讓我們再次忘掉這個概念！

以上全部的說法都是錯誤的，全部！然而我們每天卻都會聽到這樣的說法……
基本概念未必是荒謬的，但總因為有至少一個變因沒有考慮到，結果砰的一聲，
起始概念便站不住腳，然後就碎了一地。

鹽

為什麼提前為肉撒鹽，可以讓肉更加柔嫩多汁？

當然，鹽會為食物增添鹹味，但鹽還有其他好處，而且具有非常重要的作用：可在食物烹煮時減少湯汁的流失，讓食物保持軟嫩。以下就讓我們來為你證明。

沒錯，煮肉前撒鹽會使肉汁流失，但流失的分量極少！

這是真的，但（有「但」書）最終流失的肉汁極少，比人們想像的要少得多。你可以試著在牛排肉上撒鹽，過 30 分鐘後，看牛排是否會浸泡在肉汁中，你將發現並不會如此。因此，撒了鹽的肉會流失的肉汁是極少的。

接下來也是重點所在，肉塊會重新將這些流失的肉汁吸收回去。將撒鹽的牛排用保鮮膜蓋起來放置 24 小時，你會發現盤底幾乎沒有肉汁。當我們提前為肉撒鹽，肉所流失的肉汁極少，而且還會重新吸收肉汁，回到和一開始相同的重量，誤差不超過 1～2%。

不，魚肉浸泡鹽水20分鐘並不會流失肉汁！

鹽滷（水和鹽的混合）的原理是使鹽分深入食物之中。將食材浸泡在鹽滷中，接著食材會開始吸收鹽滷中的水分，然後再釋出。但只有 20 分鐘，鹽滷都來不及滲透進魚肉裡，更別說是讓魚肉脫水了。

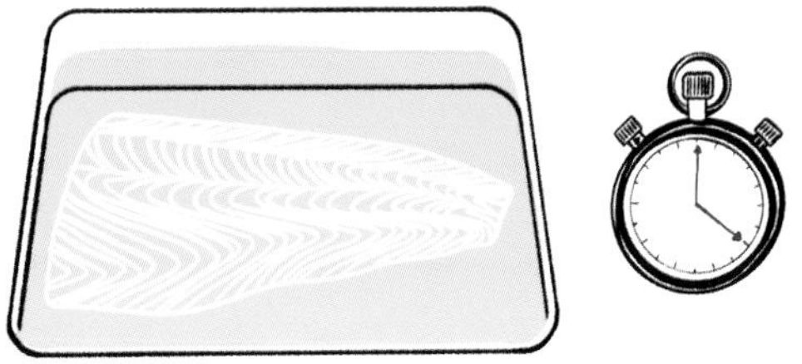

關於鹽漬的例子

優質的豬肉商會在用來製作肉醬和法式陶罐派（法式肉凍）的肉餡中加鹽，並在 24 小時後才烹煮，我們將這種做法稱為「鹽漬」，而這並非近代的玩意兒。確切地說，這是早在中世紀就流傳下來的作法。

你認為這是為了讓肉餡有鹹味？同意。但為什麼要在前一天就加鹽？只要在烹煮前加鹽就夠了，而且效果也很好不是嗎？你錯了！在前一天加鹽會改變一切，因為在烹煮前鹽漬 24 小時，可以讓肉餡更多汁。

鹽滷的例子

過去有幾名知名主廚，習慣在上菜前將白肉魚片泡在海水裡，讓魚肉在烹煮後仍能維持較為半透明的色澤，而且魚肉也較不乾柴的狀態。今日，魚肉料理的專家會將白肉魚片浸泡在鹽水中約 20 分鐘後再進行烹煮。而結果令人難以置信：魚肉居然變得更加軟嫩多汁，表面也更加潤澤。簡單地說，這樣的備料方式能讓料理變得更加美味！

注意，這是科學原理！

肉和魚在烹煮受熱時，其中所含的蛋白質會收縮扭曲。收縮時會釋出部分水分，因此也包含肉汁，就像我們將濕毛巾擰乾那樣。

就像水分被擰乾的濕毛巾一樣，加熱後的蛋白質會收縮扭曲，然後釋出水分。

流失的湯汁可能會非常大量：肉類會流失達重量 20% 的湯汁（燉煮甚至會流失達 40%），而魚類則會流失達 25%。

鹽具有一項非常重要但卻鮮為人知的特性：**讓蛋白質結構變性。**

蛋白質結構一旦變性，就會很難被扭曲，因此也難以釋出湯汁。請注意，這麼做還可帶來額外的好處：既然蛋白質在烹煮時較不容易收縮，肉質就不會變得那麼硬，仍能維持較為軟嫩的狀態。對魚肉來說的第三項好處是：鹽會阻止魚肉所含的蛋白質上升和凝結，在表面形成白色的浮沫。正因為如此，才能維持漂亮的半透明的珠光潤澤。魔鬼藏在細節裡，不是嗎？

以鹽漬烤肉為例

想像一下，你向你最愛的肉販購買了一塊 1 公斤的烤牛肉。烘烤過後，它的重量只剩下約 800～850 公克，這就是因為它流失了大量的肉汁。但如果你在烘烤前一、兩天就先在烤肉上醃鹽，烘烤後它的重量將會有 900～950 公克左右。因此，烘烤後減輕的重量會減少 2 倍，因為你的烤肉額外保留了 100 公克的湯汁。更別說烤肉還會變得更加軟嫩！

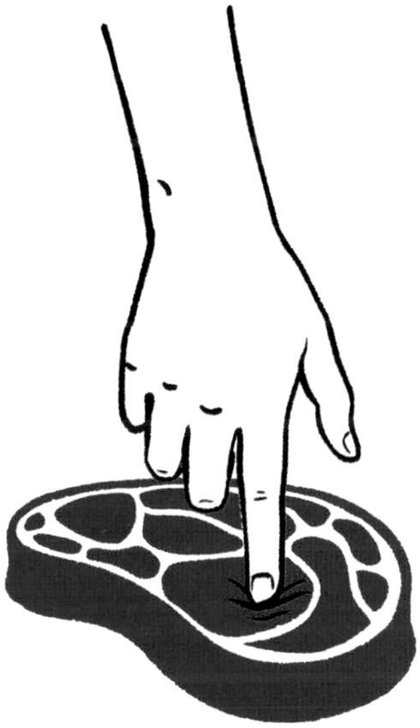

結果：肉或魚肉在烹煮後會更為多汁，也更加軟嫩。

但為什麼沒有人說要提前撒鹽？

首先，很少人知道鹽的真正效果，而且一些知情的知名主廚也想保留他們的小祕密。再說，要去質疑電視或雜誌多年來一再告訴我們的事情，始終非常複雜……就像過去人們一直認為地球是平的，但科學家很久以前就證明地球是圓的一樣。

鹽

為什麼鹽要花這麼長的時間，才能滲進肉的組織裡？

鹽在肉中溶解後，還必須透過纖維移動，而這需要很長的時間。因為肉類所含的水分位於細胞之中，細胞在肌肉纖維裡面，肌肉纖維又被包在纖維束之中，纖維束又被整捆的纖維束包著，然後好幾捆的纖維束又聚成一束……。因此要將鹽分移動到肉類水分所在的內部，需要比想像中還要長的時間。

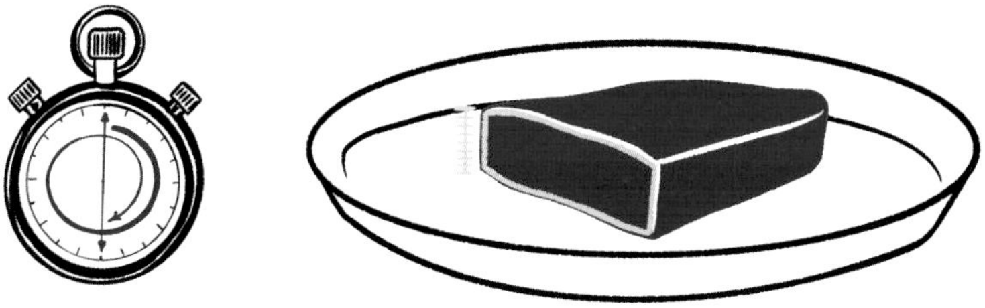

但鹽被魚肉吸收的時間卻短得多？

魚肉纖維的排列方式和肉類不同。魚肉含有極少的膠原蛋白，而且結構細緻得多。因此鹽分滲進魚肉的所需的時間會比肉類短得多。

鹽滲進魚肉組織裡的時間，
會比肉類快得多。

為什麼鹽漬對蔬菜的效果不大？

蔬菜所含的蛋白質很少，因此鹽使水分滯留在蔬菜中的效果非常有限。此外，蔬菜擁有非常強大的保護表層，可抵禦一切入侵。即使去皮和切碎，鹽也只是吸收蔬菜所含的水分，就像為黃瓜或茄子脫水一樣。

但為什麼運用在蛋時，會快速生效？

蛋的液態結構含有大量的水分，讓鹽得以溶解，並且以比肉和魚更快的速度滲進蛋液裡。以炒蛋和煎蛋為例，只需在烹煮前 15 分鐘加鹽，就能讓蛋料理具有多汁的口感。

鹽分滲入肉類和魚類所需的時間

要讓鹽滲透進肉裡 1 公釐，需要這麼多時間：

滲透進肉類中

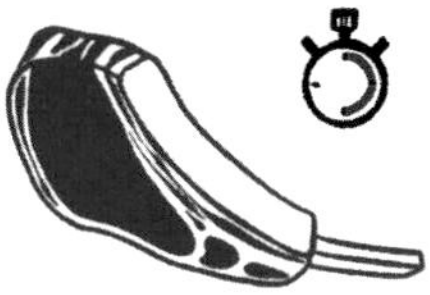

30 分鐘。適用於豬排、羔羊排和羊頸肉（肉面朝下時），或是無皮雞胸肉。

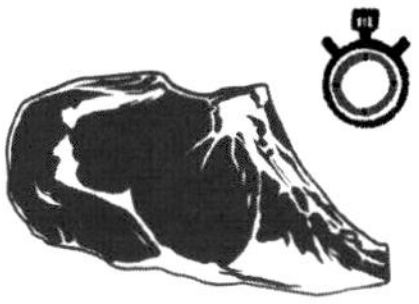

1 小時。適用於牛排、羊肩肉、菲力牛排、小牛排以及牛腿排肉片。

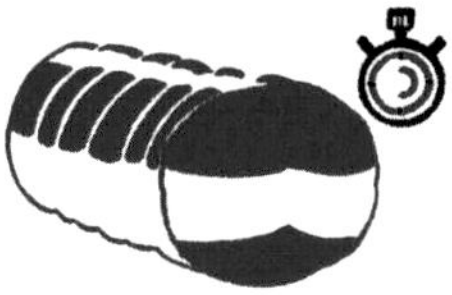

90 分鐘。適用於烤小牛肉、牛或豬的里脊肉，或者烤肉、牛腰腹肉或羊腿肉。

數天。需穿透家禽或火腿的皮，以及肉類所含的脂肪。

滲透進魚類中

大約 5 分鐘。將鹽抹在切片的魚肉表面時。

數天。將鹽抹在魚皮那一面，鹽分滲進魚肉所需的時間。

那要在什麼時候加鹽？

肉類

應該在烹煮的前一天加鹽，讓鹽有時間滲入肉裡，並對蛋白質發揮作用，讓肉質軟嫩多汁。加鹽的量和烹煮時會添加的鹽量相同就好，不要更多，也不能更少。

魚類

理想上，白肉魚片最好以每公升水加 60 公克鹽的鹽水浸泡 20 分鐘。

鹽

為什麼會有海鹽和非海鹽？

這兩種鹽都來自海水，但海鹽源自鹽田，是讓海水蒸發後再進行收集；非海鹽則是岩鹽，源自數百萬年前便已蒸發的海水。鹽的形狀有片狀，也有塊狀。其他種類的鹽也都是從這兩種鹽中衍生而來。

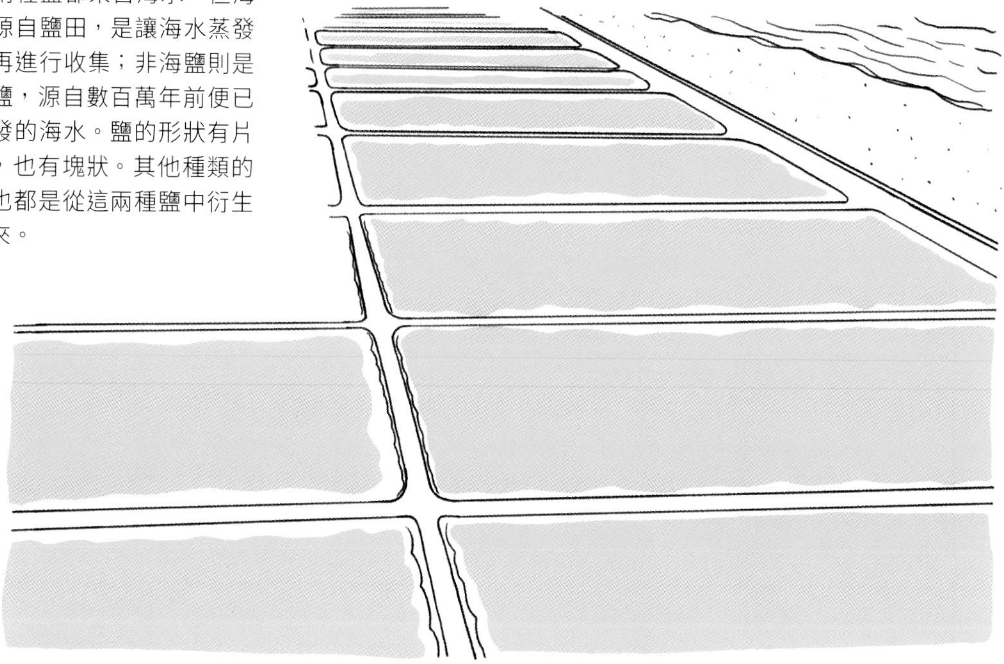

鹽田

為什麼鹽粒會有不同的粗細和形狀？

結晶體的形狀與大小和研磨有關。經過越多的研磨，鹽就會越細。有些鹽，例如鹽之花，是從鹽田的表面收集而來；而粗鹽則是從鹽田底部收集而來，未經過研磨，以保存特殊的結晶形狀。

粗鹽

鹽之花

精鹽

而且顏色也大不相同？

除了天生雪白的鹽之花，海鹽是略帶灰色的。鹽的精製程度越高，顏色就越白。

但也有因為天然環境而染色的鹽：夏威夷的黑鹽，因為來自火山岩的黑沙而染色；以及夏威夷的紅鹽，因為曬鹽時加入的黏土而形成紅色。

還有一些鹽因為經過煙燻而略呈栗色，例如夏多內（Chardonnay）或哈倫蒙煙燻鹽。

至於岩鹽，例如喜馬拉雅玫瑰鹽或波斯藍鹽，它們的顏色則依其中所含的礦物質而定：前者含鐵，後者則含鉀。

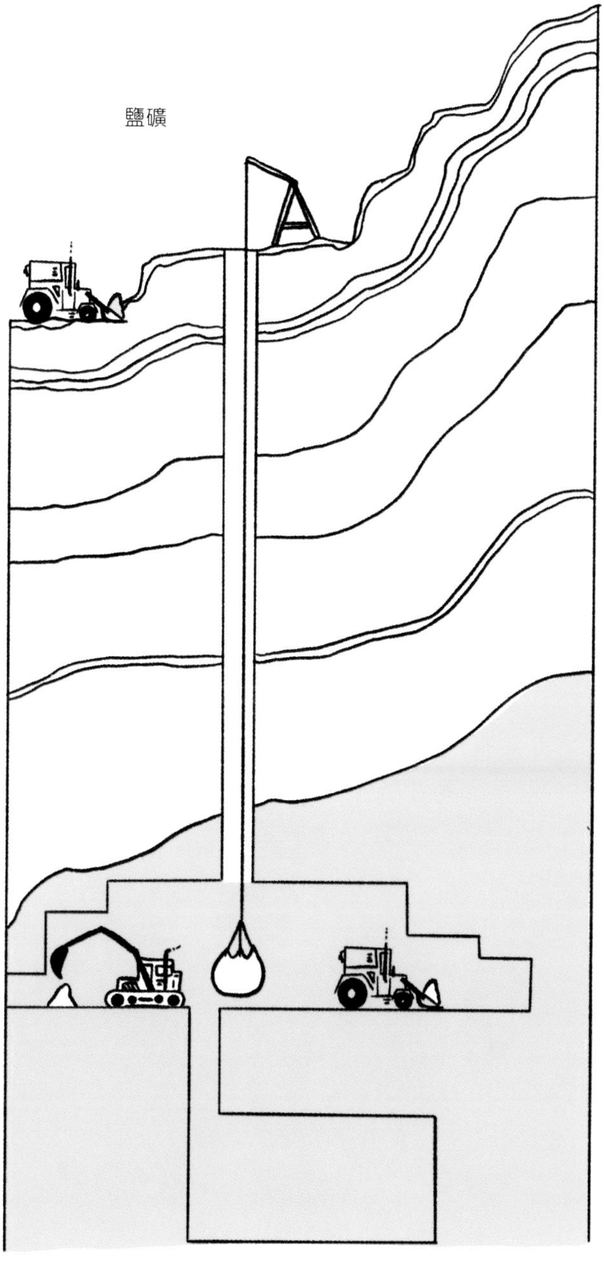

但為什麼鹽會有不同的品質和味道？

海鹽

鹽之花是最高級的鹽，由漂浮在鹽田表面的小鹽粒所組成。這是一種非常細緻的鹽，用牙齒咬起來略為清脆。總是在上菜時才添加，以保留其特性。

灰色粗鹽是優質的天然鹽。未精製，含有大量的微量元素，也因此賦予鹽豐富的風味。這是一種濕潤柔軟的鹽，非常適合用來搭配蔬菜。

白色粗鹽是灰色粗鹽粗製後的成品。乾燥，沒什麼味道，幾乎不具美味價值，但會「鹹」。

細海鹽，略帶灰色，是經過研磨的灰色粗鹽，與灰色粗鹽具有相同特性。

細鹽或**食鹽**是經研磨的白色粗鹽。可再加入碘或抗結塊劑。這真的是一種沒有任何優點的鹽！此外，它比其他種類的鹽更難溶解，只適合用於水煮麵條和汆燙蔬菜。

馬爾頓鹽（Maldon Sea Salt）來自英國，特色是外觀呈現輕薄酥脆的片狀，因此很難溶解。這是許多知名主廚最愛的鹽，會在上菜時添加。

岩鹽

哈倫蒙鹽（Halen Mon Pure Sea Salt）也來自英國，表面會微微發光。

喜馬拉雅玫瑰鹽（Himalayan Salt）酥脆且微酸。

波斯藍鹽（Persian Blue Salt）具有相當濃郁的香料風味。

基本食材

胡椒

就和鹽一樣，人們對胡椒的使用也有很多刻板印象：像是應該在烹煮前、烹煮中，還是烹煮後加胡椒？這些意見相當分歧，根本無法進行討論，因為大家都各持己見，就像政治一樣……

為什麼胡椒仍會令我們感到驚訝？

然而，如果以科學的角度來思考問題，我們可以提供一些有趣的資訊。真正要提出的問題是，胡椒的味道是否能滲入食材內部，還是只停留在表面？烹煮時遇到高溫會產生什麼反應，還是會沉入液體中？以下的資訊將會改變你的烹調習慣！

關於胡椒的3項實驗

跟鹽一樣，以下是 3 項快速但很愚蠢的小實驗，讓我們具體了解胡椒如何在料理上發揮作用。然後相信我，你不會再隨意使用這種香料了！如果是不想做實驗的大懶鬼，可以把書倒過來，直接看實驗結果。

實驗一

將 1 大撮胡椒粉（自己磨或現成的都可以）放入開中火的平底煎鍋中，加熱 5 分鐘。接著來觀察會發生什麼事，然後嘗嘗看。

解答

加熱時胡椒會開始冒煙，聞起來有焦味，這股氣味會嗆進喉嚨、鼻子，而且薰眼，讓人打噴嚏。就像我 5 歲的兒子說的：「爸爸，你煮的東西讓人超級不舒服！」

重要的是要讓你們明白，鍋裡剛剛燒焦的胡椒所產生一切反應，就如同你在烹煮食物前加入的胡椒一樣。冷卻之後，你可以再稍微嘗一下鍋底的胡椒。你有從舌頭感受到它的焦味和嗆味嗎？它嘗起來的味道就和你在做菜時前加入的胡椒一樣。

實驗二

取 2 片生牛肉片（或是將 1 片極薄的白火腿切成 2 片，效果也很好）。將肉片疊在一起，在表面撒上胡椒冷藏 1 小時後，先嘗嘗表面的肉片，有胡椒味嗎？接著再嘗嘗下方的肉片，有胡椒味嗎？感受一下胡椒香味是否有濃度上的差別？

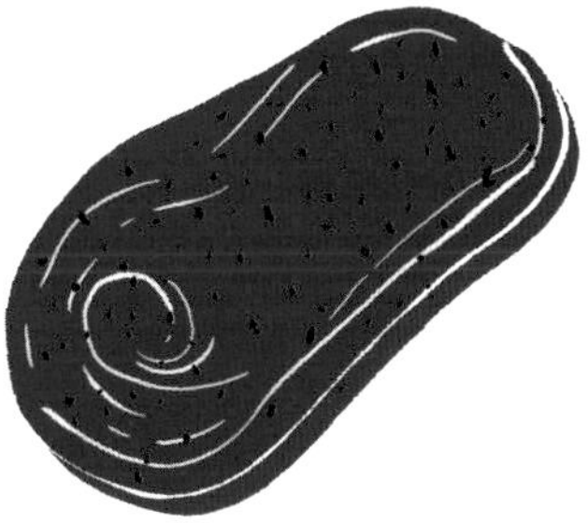

解答

不，胡椒連微小的四分之一公釐都無法滲進肉的組織裡，更無法到達下方的肉片：胡椒的氣味會停留在外部，而無法滲進肉質中。胡椒也無法在 1 小時內滲進魚或蔬菜中……然而，1 小時已經超過大多數食譜的烹煮時間。你可以將胡椒再靜置 2～3 小時，但還是會得到一樣的結果……

實驗三

將 1 杯水倒入平底深鍋中，加入 10 粒胡椒，加蓋煮沸約 20 分鐘。放涼後品嘗看看。

解答

已經聞到味道了，立即能聞到味道這一點實在很奇怪。而當我們品嘗時：嘖嘖！老實說滋味並不好。現在你知道當胡椒浸泡在液體中時，會產生苦澀嗆辣的味道了。

結論

加熱會使胡椒燒焦。胡椒的味道會停留在食材表面，而無法滲進內部。在液體中加熱的胡椒會產生苦澀嗆辣的味道。

胡椒

為什麼胡椒無法滲進食物組織裡？

食物主要由水分所組成，肉和魚所含的水分可達 80%，有些蔬菜甚至更多。鹽會溶解在食物所含的水分中，並透過水移動到內部；但胡椒不同，胡椒無法溶於水中。由於胡椒無法溶解，因而胡椒的味道也無法滲進食物內部，只會「停留」在食物的表面。

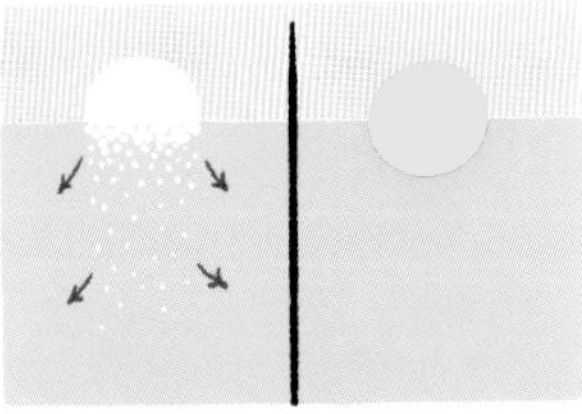

鹽會溶解，但胡椒不會。

但為什麼市售的胡椒醃漬肉片，卻帶有濃郁的胡椒香味？

我們所購買的胡椒或紅蔥頭醃漬肉塊，會事先以特製的針筒將醃漬的醬汁注入肉片的不同部位（而且是不同深度）。這就是胡椒香味能遍布肉片各處的原因，這不是在表面撒胡椒就做得到的。此外，用針筒注射香料，也是醃漬肉片較為理想的方式。

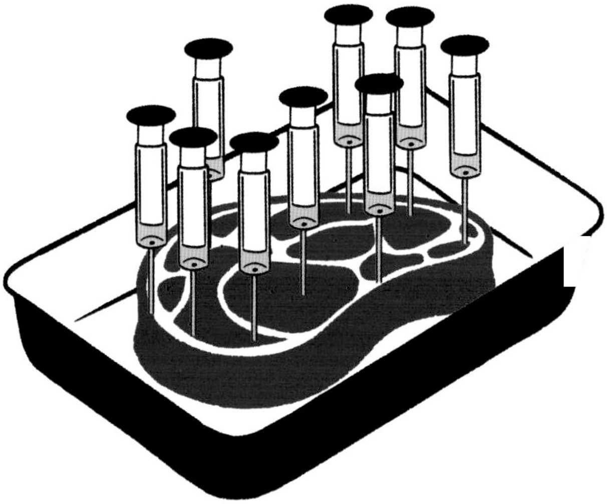

注意，這是科學原理！

為什麼在烹煮前或烹煮過程中撒胡椒，是很笨的事？

科學研究顯示，胡椒中用來提供味道的成分——油性樹脂（Oleoresin），在以 180℃加熱幾分鐘後就幾乎完全消失，用 120℃煮 30 分鐘會消失 50% 左右。而提供活力和辛辣的活性化合物——胡椒鹼，也會在幾分鐘內分解。無論如何，以超過 40～50℃的溫度加熱胡椒，會讓胡椒喪失大部分的優點，同時形成嗆辣苦澀的味道。這並非我發明的，而是由對料理沒有偏見，也不具備烹飪技巧的科學家所證實的。事實就是如此，我們也無計可施。簡單地說，胡椒經不起加熱烹煮，否則就會徹底變質。

聚焦。

為什麼說要烘焙胡椒的人，是用錯誤的方式在料理胡椒？

首先，烘焙需要極精確的烹煮溫度和時間，以免產生苦澀味，就像烘咖啡豆一樣。其次，我們已經知道胡椒完全不耐高溫。
胡椒無法烘焙，它只會燒焦！

為什麼絕不能在高湯或牛肉蔬菜湯的材料裡加入胡椒？

胡椒不耐煮，也無法在熱水或沸水中煮太久。關於這點，我們之前的小實驗已經證實了。
中世紀時，人們會在煮熟的食材中加入胡椒粒。這是為了利用胡椒的抗菌效果，可減少因肉類變質所引發的疾病傳播。
同樣地，在牛肉蔬菜湯或燉肉中加入胡椒一起烹煮也是異端邪說。而且無論如何，胡椒的味道都無法滲進肉裡。

正確作法

為什麼要避免使用完整的胡椒粒進行醃漬？

胡椒的味道來自於胡椒粒的中心。如果你在醃漬醬料中放入整顆的胡椒粒，你只能取得存在於表面的辛辣味。
但如果你研磨這些胡椒粒，便能獲得它的完整風味。你應該約略磨碎胡椒粒後，再加入醃漬醬料中。但請記得，胡椒只能將味道擴散到與食材接觸的部位，但並無法滲進食物內部。

你也可以利用刀刃側面將胡椒粒壓碎後，再加進醃漬醬料中。

基本食材

胡椒

聚焦

為什麼研磨方式會影響胡椒的風味？

胡椒的嗆辣味存來自胡椒粒外層，而味道及香氣則來自中心。若將胡椒磨至細碎，嗆辣味會變得明顯，而蓋過其他的味道。但如果是用研磨砵約略地磨碎，便可充分取得胡椒的風味和香氣。

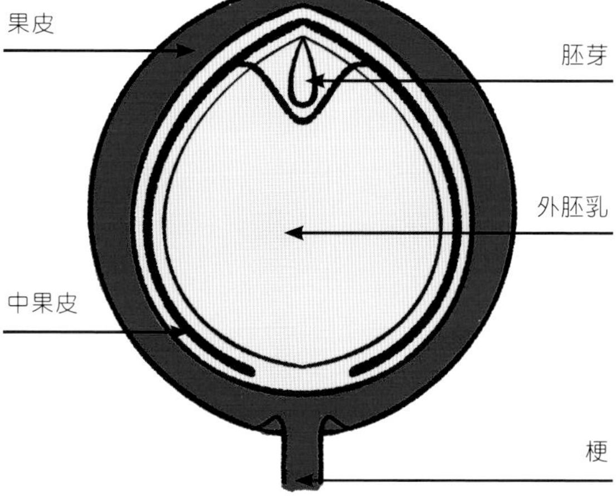

為何顆粒大小是良好品質的指標？

胡椒的顆粒越大，越能鎖住味道和香氣。顆粒越小，就越沒有價值。因此，顆粒大小是良好的胡椒品質指標。但你會發現最普及的是極小顆粒的胡椒……

為什麼不要買胡椒粉？

胡椒粉是各種無法以顆粒形式販售的胡椒大集合，也就是經過各種篩選和乾燥程序後，淘汰下來的劣質顆粒、碎屑和粉末。這些胡椒經過種種的研磨後，我們甚至看不出來裡面到底有什麼，而這就是重點！胡椒粉很嗆辣，會讓人咳嗽，是胡椒的垃圾回收筒，裡面集合了一堆你根本不知道是什麼的東西……

哈啾！

此外，為什麼胡椒粉會讓人打噴嚏？

讓人打噴嚏的並非胡椒本身，而是在挑選時沒有處理乾淨的細小粉末，而它們會直接進入我們的鼻孔。讓人打噴嚏的胡椒，也是品質低劣的象徵。

胡椒的顏色和味道

為什麼胡椒有這麼多顏色？

當胡椒果實長至成年大小，但還未成熟時，外皮會呈現綠色，這就是**綠胡椒**。
接著胡椒果實成熟，果皮變為黑色，這就是所謂的**黑胡椒**。
如果我們讓胡椒果實繼續熟成，它會轉變成橘色。
這時用雨水浸泡大約 10 天，接著去除種子周圍的紅色外皮，在陽光下曬乾，就是**白胡椒**。如果我們讓胡椒繼續熟成，這些胡椒會變成櫻桃紅色，而這就是**紅胡椒**。

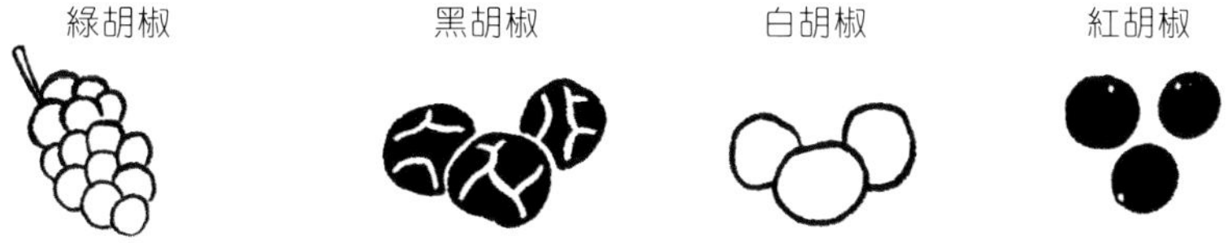

為什麼不同顏色的胡椒會有不同的風味和香氣？

再次強調，這主要取決於胡椒的成熟度：綠胡椒清爽且微辛，黑胡椒較熱辣並帶有木頭味，甚至因果皮帶有大量的胡椒鹼而較為嗆辣；白胡椒非常芳香，微辛（因為有去皮），紅胡椒熱辣且味道圓潤。

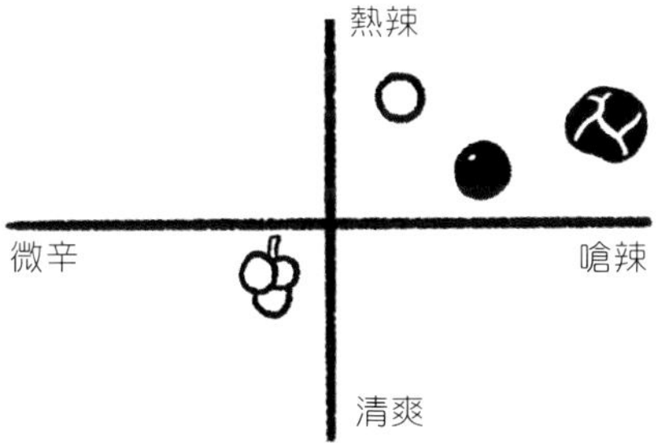

為什麼我們很少看到綠胡椒？

這是種非常脆弱且難以保存的胡椒。綠胡椒一般是浸泡在鹽水中以罐裝販售，但如果是以零下冷凍乾燥的方式將綠胡椒凍乾，才能保留更多的風味。這是一種滋味溫和的胡椒，非常適合用來製作法式陶罐派、肉餡和紅肉類食品。

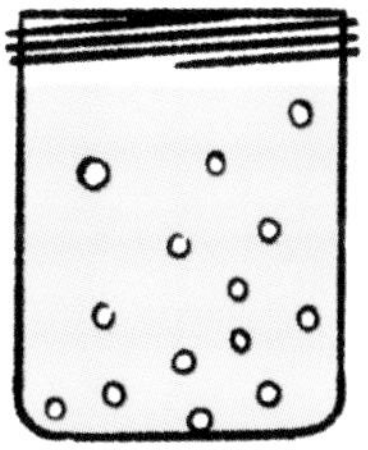
以鹽水浸泡的綠胡椒

為什麼灰胡椒並不存在？

灰胡椒是為了出清劣質存貨而發明的工業產物。所謂的「灰胡椒」，其實是黑胡椒粉與白胡椒粉的混合物。天然的灰胡椒並不存在，它有點像是從抽屜底部清出來的東西……所以絕對不要購買灰胡椒！

為什麼白胡椒比黑胡椒貴？

我們讓果實停留在樹上成熟的時間越久，就越晚才能販售，種植者也越晚才能賺到錢。這是第一個理由。其次，白胡椒的重量比黑胡椒輕：30 公克的黑胡椒只能製成 20～25 公克的白胡椒。最後，白胡椒需要更長的時間熟成，也需要更多的人工，而且重量較輕……

基本食材

油與其他油脂

沒錯，油和脂肪是廚房裡不可或缺的盟友！儘管油和脂肪飽受批評，
但人們也很快就忘了它們可為我們的菜餚帶來美味的香氣、乳化效果和口感。
來吧，讓我們只聊它們的優點！

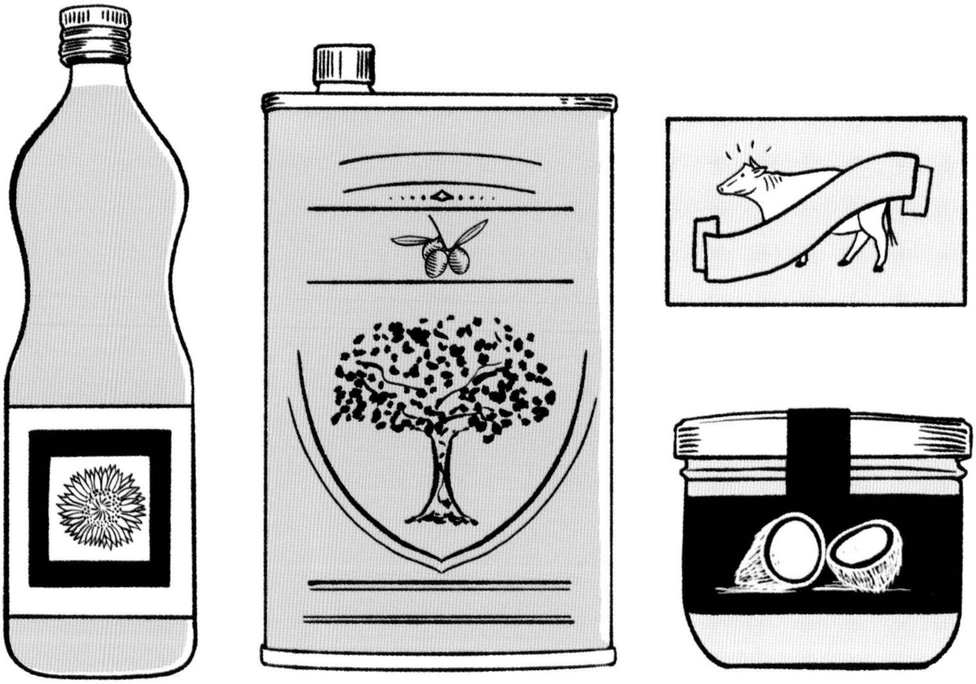

為什麼油還有分好壞？

並非所有的油都對健康有害。而且正好相反的是，有一些油是我們絕對要食用，才能避免某些心血管疾病，特別是所謂的「不飽和」油脂，它含有 Omega-3、Omega-6 或 Omega-9 **不飽和脂肪酸**。醫師非常推薦攝取這些不飽和脂肪酸。我們可以在種子、核桃、酪梨、橄欖油和某些蔬菜或魚類中發現它們。

不好的油是由**反式脂肪**所組成，可在加工食品（應該禁止！）中發現它的蹤跡；而**飽和脂肪**在常溫下通常會呈固態（奶油、乳酪等）。後者應該節制地食用，以避免攝取過多的壞膽固醇，進而降低罹患某些心血管疾病和糖尿病的風險。

為什麼油脂會凝固？

油與肪脂凝固的溫度不盡相同。油主要由不飽和脂肪酸所組成，熔點相當低，在常溫下為液態；而脂肪主要是由飽和脂肪酸所組成，熔點較高，在常溫下為固態。但如果你將某些油冷藏，它們會凝固成為膏狀，甚至變成固體。這並沒什麼大不了的，只要放在常溫下，它就會再度液化。

為什麼有些魚被稱為「油」魚？

這些魚並不是真的很油，而是因為牠們食用的藻類含有大量的 Omega-3 脂肪酸。「油魚」包括沙丁魚、鯖魚、鯡魚、鯷魚等深海魚，以及鮭魚和鱒魚等鮭科魚類。養殖魚則因為飲食的不同，所含的 Omega-3 較非養殖魚類來得少。

為什麼我們會在瓶罐中加入一層油，來為食材提供隔絕效果？

過去人們會在秋季時準備豬肉，以便在冬季時有肉可吃。而保存的最佳方式就是用一層油脂加以隔絕，讓豬肉不會因為接觸空氣而氧化。今日有了冰箱，已經不再需要這樣的預防措施，但人們仍保留這樣的習慣，因為這一小層的油脂可帶來滑潤的口感，而且也可避免法式陶罐派變乾。

注意，重點技巧！

為什麼油脂應保存在陰涼處？

油脂暴露於光照下或受熱時都會氧化，而且會很快產生油耗味。這是有點技術理論的問題，但如果你想在朋友面前耍帥，它的科學原理如下：在紫外線的影響下，脂肪酸的雙鏈會被帶有氧原子的鏈結所取代，進而加速敗壞。這樣的氧化過程對於抗氧化物含量較少的油來說，速度會更快。

基本食材

油與其他油脂

為什麼有些精製橄欖油沒有標明「初榨」或「特級初榨」？

橄欖油可分為四種：精製橄欖油（Refined Olive Oil）、純橄欖油（Pure Olive Oil）、初榨橄欖油（Virgin Olive Oil），以及特級初榨橄欖油（Extra Virgin Olive Oil）。

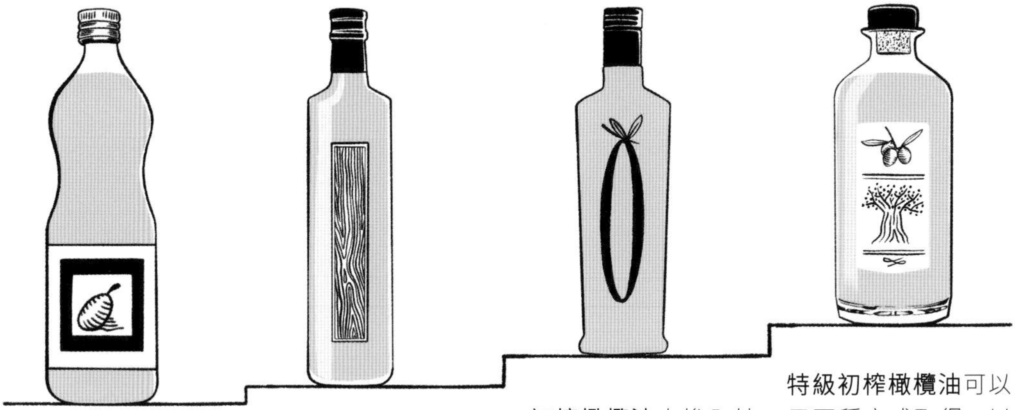

精製橄欖油是從酸度大於 2% 的油開始加工，在未進行精製的工業程序前，不適合食用。這是最低等級的橄欖油。

純橄欖油由精製橄欖油和初榨橄欖油混合而成。

初榨橄欖油未摻入其他橄欖油，就如同某些酒的製法一樣。人們會將用來製造初榨橄欖油的橄欖糊稍微加熱，以便更容易榨出其中所含的油。

特級初榨橄欖油可以用兩種方式取得：以冷壓或冷榨的方式初榨。這兩種製法都不會將油加熱，因此產量較少，但品質較初榨橄欖油優良。冷壓初榨的方式是利用水壓來擠壓橄欖糊，讓油流出。冷榨則是用攪拌橄欖糊的方式來萃取，是今日最常見的加工方式。初榨橄欖油對酸的耐受度為 2%，而特級初榨橄欖油則只有 0.8%。但極優質的知名產區橄欖油對酸的耐受度可能會更低。

還有青橄欖油、成熟橄欖油和黑橄欖油？

若你的橄欖油是優質的橄欖油，標籤上會註明散發的「果味」類型。

青橄欖油（Green Olive Oil）來自成熟前幾天採收的橄欖，這時的橄欖正要從綠色變為淡紫色。嘗起來帶有強烈的青草味，接著襲來的是生朝鮮薊的味道以及淡淡的苦澀味。青橄欖油是最常見的橄欖油種類。

成熟橄欖油（Ripe Olive Oil）是以成熟的黑橄欖加工製成，形成味道甜美的油，幾乎沒有苦澀味，而且還帶有花香、紅色莓果與杏仁等香氣。

黑橄欖油（Black Olive Oil）是以傳統工法加工而成的橄欖油。以成熟的果實發酵數日所製成，帶有熱辣的可可味，以及蕈類和松露的風味。

關於豬油的2大疑問

❶ 為什麼要保留優質生火腿的油脂？

請注意，我說的可不是超市角落「劣質」的火腿片油脂！我說的是在優質肉鋪內才能找到的火腿，來自用愛飼養的高品質動物。這些火腿在特殊條件下乾燥且熟成數個月，它們的油脂散發濃郁且富有層次的風味。瘋了的人才會把這些油脂扔掉！而且你可以要求肉販為你保留切片前取下的大塊油脂（此外我希望你也能嘗嘗留在肉片周圍的油脂！）。它可用來取代奶油或油，並以平底煎鍋或深煎鍋加熱。此外，它也很適合用來代替一般的油脂，用來烹煮多種魚類或炒蔬菜、煎蛋，製作蒲公英沙拉等。

❷ 為什麼科隆納塔鹽漬豬背脂（Colonnata Lard）如此美味？

老實說，這是油脂中的精華，它的清爽（沒錯，我們可以這麼形容這種油脂！）、辛香和芳香，而且幾乎是純白色的。它可以直接塗抹在烤麵包上、用來為蘆筍精心上色，或是搭配彈牙的四季豆或扇貝等一起品嘗。

但到底為什麼這塊脂肪如此聞名？這種古老品種的豬隻，在歷經因食物短缺而被迫禁食的夏季之後，到了森林裡橡實再度生長的季節，也就是秋天來到時，牠們會狼吞虎咽地進食。這樣的飲食方式會使牠們在背上形成厚厚的一層脂肪。直到 12 月或 1 月被屠宰時，人們會收集這些脂肪，並在上面抹鹽，放在多層的綜合香料（胡椒、肉豆蔻、肉桂、丁香等）和香草（大蒜、迷迭香、鼠尾草等）之間，然後放進大理石製的大缸中醃漬；接著被儲存在地窖中，進行至少 6 個月的熟成。

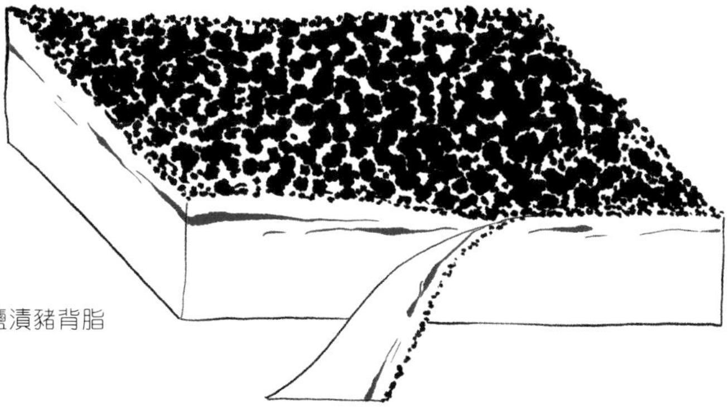
科隆納塔鹽漬豬背脂

專業小撇步！

為什麼要保留烤雞的油脂？

這是會令知名主廚迷戀的玩意兒！烘烤肉類或家禽之後，請將烤盤上滴落的湯汁收集冷藏起來。放了一夜之後，湯裡的油脂會浮起來，凝固在湯汁表面。這樣的油脂味道豐富，非常適合用來取代油醋醬配方中的油，用來製作瘋狂沙拉（Crazy Salad，請參見「油醋醬」章節）！

油與其他油脂

關於應避免使用的油之3大疑問

❶ 為什麼應該避免使用葵花油來料理……

葵花油非常耐高溫，含有大量的 Omega-6 脂肪酸，但 Omega-3 脂肪酸的含量卻極少，因此並不是很均衡的油。此外，葵花油在煮完後很容易附著在食物上，經常形成一層油脂薄膜。建議不如使用脂肪酸比例更加均衡的芥花籽油，而且烹煮完後的流動性佳，食物嘗起來也不會那麼油膩。

❷ ……就跟椰子油一樣？

這些年來，我們聽聞椰子油的好處已經多到不想再聽了，像是：「非常適合料理」、「含有豐富的維生素和礦物質」、「非常有益健康」等等。看起來像是世紀大發現，但這並非完全正確！椰子油充滿了飽和脂肪，不含任何礦物質，而且維生素極少。而當我們再仔細檢視這款可能帶給我們錯誤認知的油，我們發現這是一種主要用於食品加工業的油，即用來加工以低價出售的產品。簡單的說，這種油甚至比棕櫚油還糟！

❸ 為什麼棕櫚油也不好？

棕櫚油並不貴，耐熱性和抗氧化能力佳，可為油炸物提供柔軟和酥脆的口感，這些優點非常適合工業用途。但棕櫚油含有非常豐富的長鏈飽和脂肪酸，對健康不利。此外值得留意的是，棕櫚樹的種植會導致東南亞大量的森林砍伐，因此我們會避免食用含棕櫚油的產品。

為什麼還要使用鵝、鴨、牛和豬的油脂？

在比利時，薯條通常會用牛油來炸，而在法國西南部，則會用鴨油來炸。所有的動物性油脂發煙點都很高，因此更能輕易地運用於料理中；但特別重要的是，這些油脂的風味豐富：比起一般常見的烹調用油，你不會想用更好的鵝油或鴨油來煎馬鈴薯嗎？

健康！

為什麼我們不會在日常料理中使用豬油？

豬油是我們加熱豬的脂肪或肥肉而得到的油脂。過去人們使用豬油的原因有兩種：

(1) 豬油比橄欖油或奶油便宜。

(2) 豬油的熔點在 35～40℃之間；因此容易保存，在陰涼處可保存數個月。

不幸的是，豬油含有大量的飽和脂肪酸，攝取過多的話會引發許多心血管疾病。

關於發煙點的2大疑問

❶ 為什麼要討論油的「發煙點」？

這是油開始變質的溫度，會產生有毒的化合物和不好的氣味。所以烹調時溫度絕對不能高於發煙點，這是油所能承受的最高溫度，如果超過可能會讓你的菜餚付之一炬。

一些常見用油或油脂的發煙點*

初榨亞麻仁油
105℃

奶油
130℃

初榨核桃油
160℃

豬油
180℃

鴨油
190℃

葡萄籽油
200℃

牛油
200℃

特級初榨橄欖油
200℃

初榨橄欖油
215℃

花生油
220℃

芥花籽油
220℃

葵花油
230℃

精製椰子油
230℃

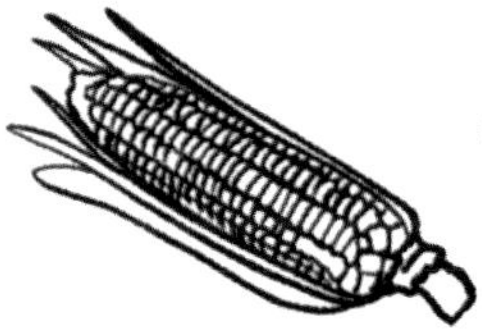

精製玉米油
240℃

精製橄欖油
240℃

澄清奶油
250℃

❷ 為什麼初榨油的發煙點低於精製油？

初榨油含有核桃、橄欖等果實微粒。這些微粒會快速地燒焦，使油變質，並導致冒煙。精製油已濾除這些微粒，發煙點因而較高。這就是為什麼最好將精製油用來烹煮，而初榨油用來調味會最為美味。

*上述溫度可能會依各種油或油脂本身的品質，而有些微的變動。

油與其他油脂

為什麼要用油來烹煮食物？

你知道你可以將手放入 180℃的烤箱裡而不會產生任何問題，但卻無法放入炸薯條的炸油中，即使兩者明明是同樣的溫度？產生如此差異的答案是，因為空氣傳熱的能力較差，而油的傳熱能力極佳。這是我們在烹煮食物時加入油脂的主要原因——因為油會加速導熱，並帶來更好的烹調效果。

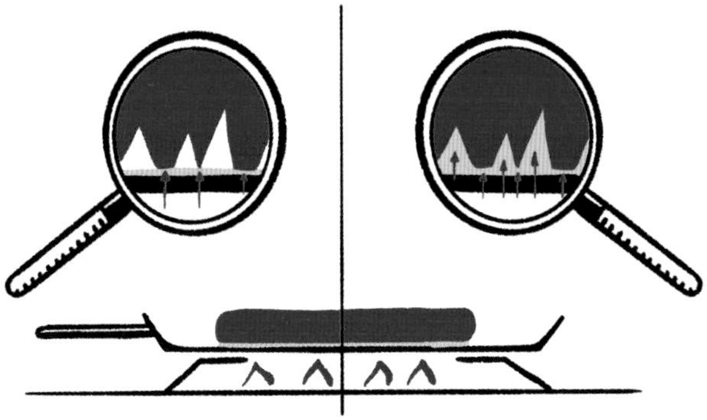

少了油，熱源幾乎無法深入食材的凹縫，肉就會熟得比較慢。

熱油可深入肉的凹凸不平處，讓烹煮更均勻。

使用平底煎鍋、煎炒鍋和燉鍋烹調時，是從和熱源接觸的區域開始加熱。而即使接下來熱會傳導到食物內部，烹煮也不會均勻，這就是必須不時攪拌的原因。當你加入少量的油，便增加了熱源與食物之間的接觸面積，讓烹煮變得更快速，而且也更均勻。

使用烤箱烘烤時，油會吸收熱能，而且會比空氣更有效率地進行熱傳導，因而縮短了食物的烹煮時間。

正確作法

為什麼將油淋在食物上，會比直接倒在鍋子裡更好？

別忘了，食物主要是由水所構成的。你想到這兩者之間的連結了嗎？還沒有 ?! 讓我來說明一下。我們已證實過幾次，水無法加熱超過 100℃，而且只要食物含有水分，就無法加熱超過 100℃太多，或許會到 110℃，甚至 120℃，但溫度無法再升高了。如果用油包覆食物並且與鍋子接觸，油就會迅速加熱食物，同時又因為食物而降溫，因此油不會被煮焦。但如果你直接將油倒進鍋子裡，油會被直火加熱，油溫便可輕易到達 200℃甚至更高，因此可能會燒焦。

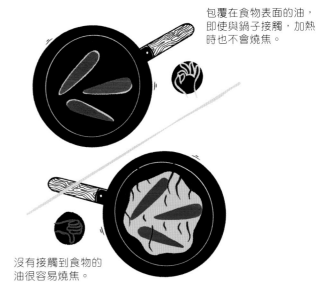

包覆在食物表面的油，即使與鍋子接觸，加熱時也不會燒焦。

沒有接觸到食物的油很容易燒焦。

關於油炸的4項疑問

❶ 為什麼油炸的食物如此美味？

在我們油炸食物時，表面所含的水分幾乎會立即蒸發（這就是我們看到從油炸鍋中浮出的小氣泡），同時熱能會深入食物內部煮熟。同一時間，食物中所含的糖分也會焦糖化並發展出許多風味。因此，我們邂逅了兩種截然不同的口感——乾燥酥脆的表皮和軟嫩多汁的內餡，同時為大人和小孩帶來滿滿的幸福。

❷ ……尤其是法式油炸泡芙

法式泡芙在油炸時，和一般食物的油炸方式略有不同——在用甜甜圈或天婦羅麵糊來油炸魚或蔬菜時，麵糊會發揮隔絕的作用。麵糊的外部在接觸到熱油時會迅速乾燥，並將水分鎖在裡頭，海鮮或蔬菜便可以在富含水分的空氣下繼續加熱，避免口感變乾。

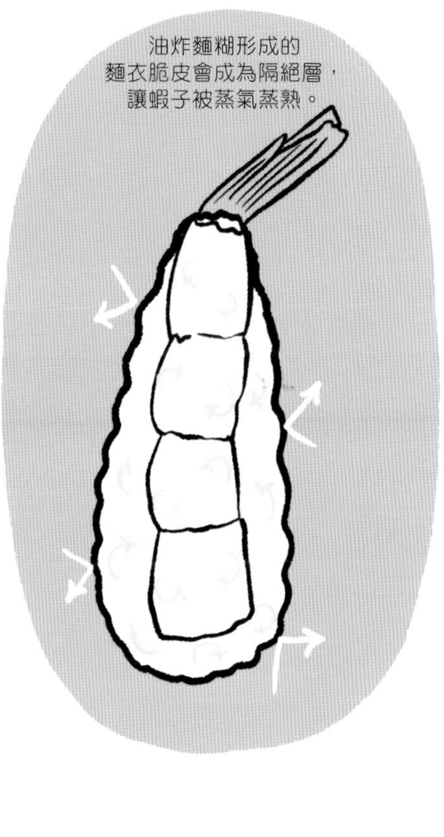

油炸麵糊形成的
麵衣脆皮會成為隔絕層，
讓蝦子被蒸氣蒸熟。

❸ ……還有天婦羅？

在此我們談論的是油炸食物的極致——輕薄如空氣的酥脆麵皮，頃刻間將蔬菜或魚煮至彈牙，而沒有一滴多的油脂……製作美味天婦羅的重要訣竅在於油的品質。每位日本主廚都有自己調配炸油的祕方，而且嚴加保密。基底通常是由麻油和棉籽油所組成，形成黏度極佳、但幾乎不會附著在食物上的特色，因而可製作出口感非常清爽的天婦羅。

❹ 為什麼要將剛炸好的食物放在廚房紙巾上？

讓炸物較不油膩的訣竅是，將炸好的炸物放在 2～3 張的廚房紙巾上，並另外用 1 張來輕拍炸物表面。用這種方式可吸除高達 80% 的油，比起放在網架或濾網中瀝油要來得有效得多！

巴薩米克醋

它經常出現在餐廳的桌上和我們的廚房裡，
彷彿只是一般普通的食品……
但你有嘗過真正傳統的巴薩米克醋嗎？

為什麼巴薩米克醋不是醋？

巴薩米克醋和「酸酒」（醋）一點關係都沒有：既不酸，也不澀，反而還略帶一絲甘甜！這是怎麼回事？巴薩米克醋應該被當作一種調味料，而非醋，因為巴薩米克醋和醋幾乎沒有共通點：醋通常是以酒和酵母菌製造，後者會產生酸。

而這和巴薩米克醋毫不相干：巴薩米克醋（用「醋」來形容如此美妙的東西真的會讓我咬到嘴巴！）是在義大利北部的莫德納（Modène）地區，用煮熟的葡萄汁（果汁加上皮和籽）所製造。市面上可以看到各種不同等級的巴薩米克醋，從至少要在以不同樹種製成的木桶中陳年發酵 12 年（還有超過 50 年的，甚至有些巴薩米克醋會發酵長達 100 年！）的傳統巴薩米克醋，到會使用焦糖增稠和增添風味的速成酒醋。

傳統巴薩米克醋的添桶（裝瓶），是從最小的木桶中取少量最陳年的醋，接著再從稍大的木桶中取相同份量、但稍微「年輕」的醋來加以取代，以此類推一直進行至最大的木桶。用這種方式，一次只會從另一個桶中引進微量「稍微年輕」的新醋。

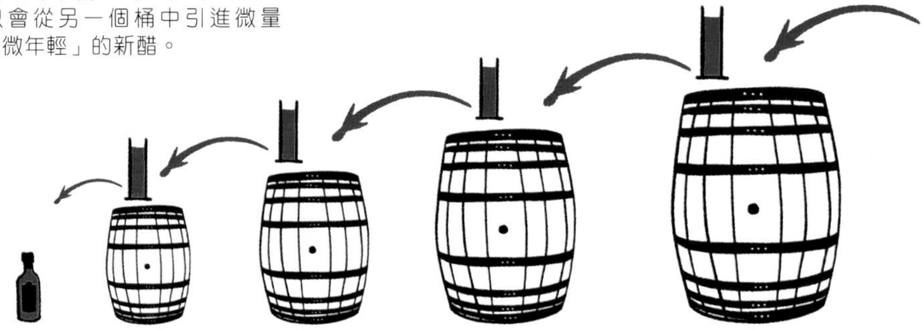

為什麼真正的巴薩米克醋如此優質、稀少且昂貴？

傳統巴薩米克醋

Traditional Balsamic：

唯一經許可被稱為正宗巴薩米克醋，是以崔比亞諾（Trebbiano）或雀拉（Lambrusco）品種的葡萄製造的，經壓榨後取得葡萄汁，接著在不加蓋的大鍋中煮沸 24～48 小時，讓部分水分蒸發，使果汁濃縮，同時保有一定的酸度。接著再將這些果汁放入不同樹種製成的木桶，利用其中的單寧酸來使其熟成。這些木桶會被保存在開放的穀倉中，利用夏季高溫和冬季嚴寒的優勢，使醋熟成。熟成期間，部分的醋會自然蒸發，然後我們每一次都會將變得愈來愈少的醋，換到更小的木桶。為了讓你有概念，150 公斤的葡萄只能生產出 100 公克左右的正宗巴薩米克醋！整個製程結束時，成品會送到義大利傳統型巴薩米克醋公會，以評估驗證品質，並授予「傳統巴薩米克醋」的官方名稱。它不僅僅是醋，更應該說是一種調味料，它的酸是如此甘甜，帶有圓潤和豐富的味道，而且餘味悠長。這真的可以說是一種非常特殊的食品，就像非常高級的葡萄酒一樣，只需幾滴就能為菜餚賦予風味和香氣。將巴薩米克醋淋在烤蔬菜、小牛肉塊、帕馬森乳酪，甚至是草莓或香草冰淇淋上，都是何等美味！為了讓你有具體概念，它的價格是每 100 毫升約新台幣 2600～8120 元，即每公升約新台幣 26000～81200 元。

調味級巴薩米克醋

Balsamic Dressing：

等級略低，是在陳年巴薩米克醋中添加較新的巴薩米克醋的混合物，仍是質地非常濃稠、甜美且極為優質的產品。和傳統巴薩米克醋一樣，主要可在高級食品雜貨店中購得。每 2500 毫升價格約新台幣 970～1620 元，即每公升要價在新台幣 3900～6500 元之間。

IGP 莫德納巴薩米克醋

Balsamic Vinegar of Modena IGP：

這是在莫德納地區生產的酒醋，但製作材料可以來自其他地區。基底醋中通常會添加少量的濃縮葡萄汁、染色用焦糖，以及其他食材。這是相當普遍的典型酒醋，分為 4 個品質等級，其中的「四葉」為最高等級。大部分的價格落在每 2500 毫升約新台幣 330～490 元，即每公升約新台幣 1300～1950 元。

巴薩米克醋

Imitation Balsamic：

這款產品主要是在超市中販售，它混合了不同的醋、焦糖、增稠劑和甜味劑，有時也會添加濃縮葡萄汁。它沒有特別的優點！它很酸，沒有明顯的風味。以同樣的價格，不如選擇其他更優質的醋……價格落在每 2500 毫升約新台幣 160～490 元，即每公升約新台幣 650～1950 元。

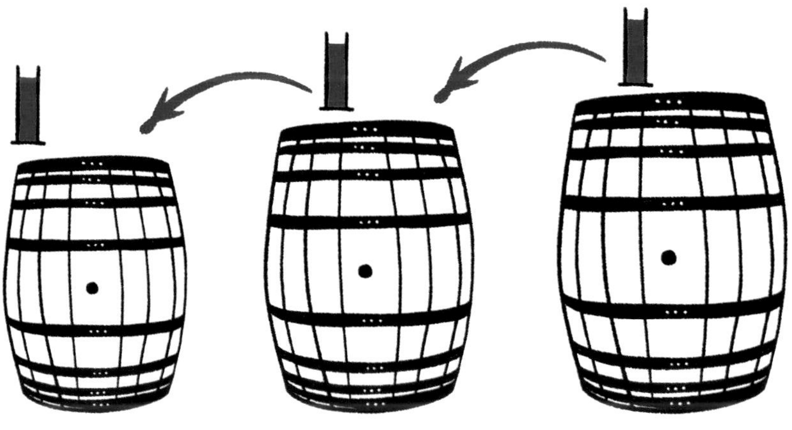

基本食材

香草植物

羅勒、荷蘭芹、細香蔥、香菜、百里香、奧勒岡、龍蒿、月桂……
香草植物為我們帶來香氣，用來妝點菜餚，
還能為賦予料理靈魂。差點忘了，還有薄荷呢！

為什麼乾燥的香草比較沒味道？

香草的氣味和香氣都來自葉片裡面或表面的小油囊。在葉片乾燥時，這些小油囊也會變乾，而且風味會快速流失。一般而言，這些香草聞起來就像是乾燥的泥土。因此，請避免將乾燥的香草擺在小玻璃瓶中，這不會帶來任何好處……

但為何乾燥的百里香、奧勒岡或迷迭香如此美味？

對於如百里香、奧勒岡、迷迭香或月桂等木本植物來說，情況則略有不同。這些植物習慣生活在極為乾燥的氣候條件下，比起羅勒或細香蔥等草本植物，芳香分子存在於這些厚質的葉片深處。因此這些植物經得起較長時間的烹煮，也可以在乾燥後保存較長的時間。但要注意的是，幾週後，這些乾燥的木本植物仍會喪失大部分的味道和香氣。

整枝的百里香

為什麼新鮮香草要用濕潤的紙巾保存？

剪下的新鮮香草不再由枝幹供應水分，因此會快速變乾燥且枯萎。能夠稍微延長保存時間的最佳方式，就是用略微濕潤的紙巾包覆，為香草提供水分，並置於密封容器中。

新鮮香草　解凍後的香草

為什麼急速冷凍的香草在解凍後，會變成軟綿綿的糊狀？

我們都忘了冷凍庫裡冰著一瓶粉紅酒，結果只能從破裂的酒瓶取回一大塊的粉紅色冰塊……冷凍時，酒的體積會增加，但玻璃瓶卻經不起這樣的變化。好吧，當我們將香草冷凍時，也會發生完全相同的狀況，但是從分子結構的層面來看：香草中的水分因為體積增加，而使得這些含有水分的細胞破裂。解凍時，這個分子結構已不再紮實，也無法繼續留住水分。結果就變成不成形的糊狀物，而且味道和新鮮香草相去甚遠。

關於將香草切碎的4項疑問

❶ 為什麼我們經常將香草切碎……

香草和芳香植物的味道存在於這些厚質的葉片深處，而非表面：若你含著一片香芹葉，幾乎感覺不到味道，但如果將它嚼碎，你就能感受到它的氣味迸發。將香草切碎可讓味道快速且均勻地擴散開來。

❷ ……但並非一直如此？

在長時間的烹煮過程中（蔬菜牛肉湯、紅酒燉牛肉等），植物必須花上幾小時的時間來釋出味道。用切碎香草的方式來加速這個過程，除了會讓碎片散布於醬汁或湯中以外，並不會帶來任何好處。因此若需要長時間烹煮，我們就不會將香草切碎！

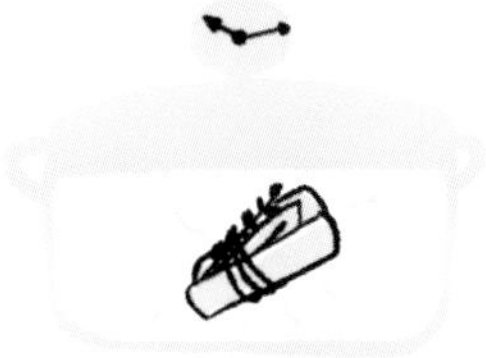

❸ 而且為什麼必須在最後一刻再切碎……

當我們將香草切碎時，切割處會產生酵素反應，使葉片的味道和結構變質。香草在切碎之後，也會迅速流失風味並枯萎。

❹ ……而且要得用銳利的刀？

建議你用非常鋒利的刀來切碎香草，而非壓碎。切的動作越俐落，切面越少，產生的酵素反應就越少。你也能用銳利的剪刀來剪碎香草，只要剪切完整，效果也很好。切碎很好，但用鋒利的刀來切碎更是好！

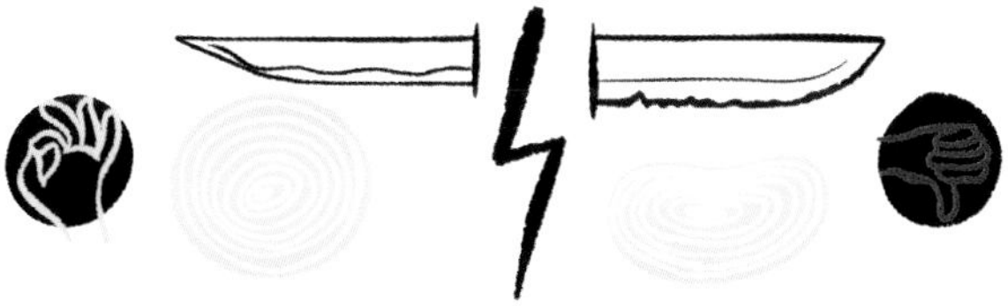

為什麼香草在切之前，應該先充分晾乾？

如果香草在濕潤的狀態下切碎，會有利於酵素反應。此外，部分風味也會隨著烹煮時蒸發的水分流失，同時也帶走部分的芳香化合物。可說是損失慘重！

為什麼要避免用電動攪拌機來切碎香草？

電動攪拌機會將香草攪碎，但同時也會壓爛而變成泥。這正是我們要避免的，因為這會引發大量不可思議的酵素反應，使原始的風味變質。請用刀子或剪刀來切碎或剪碎香草，別再偷懶了！

香草植物

正確作法

為什麼應該在烹煮一開始就加入木本植物，最後再放入草本植物？

香草植物由兩大極為不同的家族所組成──木本植物和草本植物。

木本植物，例如百里香、迷迭香、月桂等，含有樹幹（樹木）和厚實的葉片，葉片往往透過樹幹吸收養分。這些厚實的葉片會緩慢地釋放味道。經得起長時間烹煮，因此會在烹煮初期添加。

草本植物，例如羅勒、巴西里（荷蘭芹）、龍蒿等，含有極薄的葉片（或莖，如細香蔥），並透過葉片帶給植物養分。經不起烹煮或僅能以極短時間烹煮：分子結構非常脆弱，會快速枯萎，立即喪失大部分的味道。因此我們會在烹煮的最後再加入。

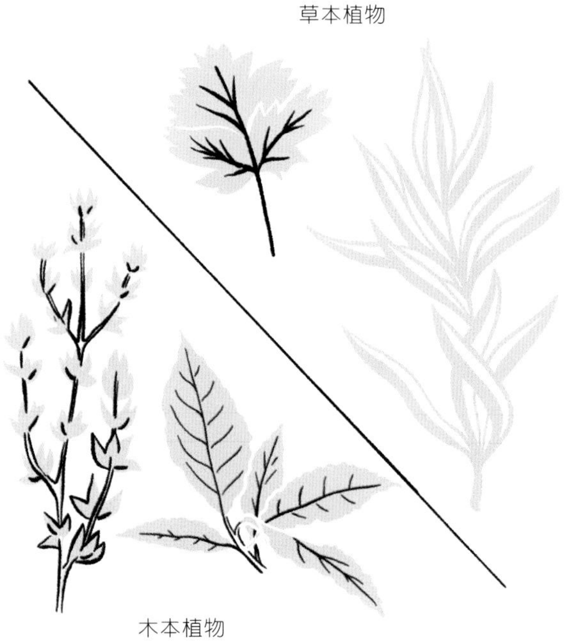

但巴西里明明是草本植物，為什麼有時要在烹煮初期就加入？

這是符合規則的例外！在長時間的烹煮中，重要的並非荷蘭芹的葉子，而是由梗來提供風味。經過幾小時的烹煮，是這些粗梗提供它們的精華。因此，我們可以在烹煮初期添加。

為什麼要去除月桂葉中央的葉脈？

月桂的味道存於葉片的厚質部位中。去除中央的葉脈，可以讓葉片更快速將味道滲透到菜餚中。如果你要在極短的烹煮時間中使用月桂，這會是個理想的方法。或者也可以將月桂切成條狀。

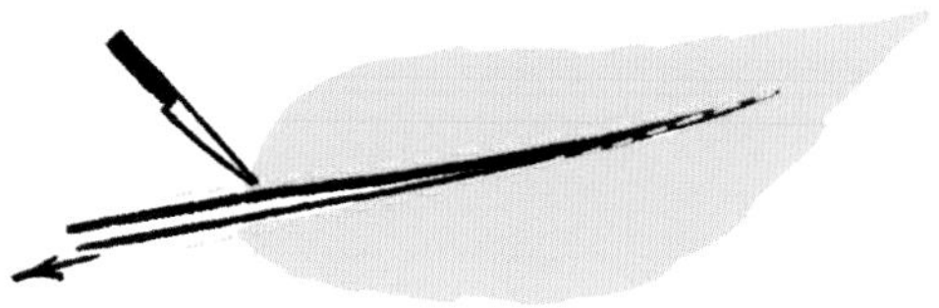

為什麼要用韭蔥的蔥綠來綑綁法式香料束？

用韭蔥把香料束綁起來，可以保護在湯汁中翻滾的香料束不會四散。如此一來，百里香的小葉片不會散落，也不會使湯汁變得混濁。此外，將香料都綁在一起，之後要將香料取出時也很方便。

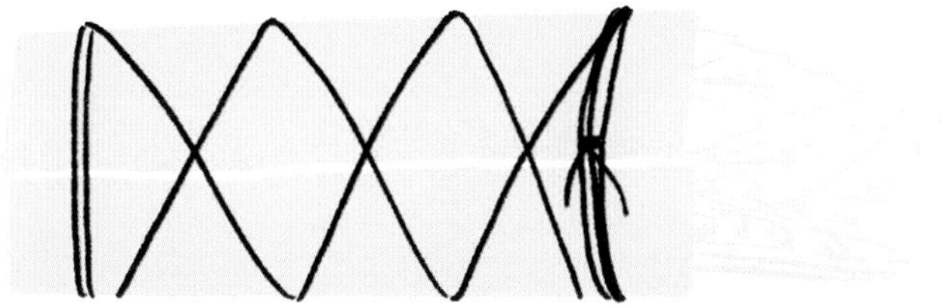

為什麼要在最後一刻才能將香草加入醬汁中？

如果太早放入香草，它們會覆蓋上一層薄薄的醬汁。這層包覆的油脂，會讓你聞不到香草的味道，甚至在咀嚼品嘗時也是。所以務必要在最後一刻再加入香草，才能保留它們的特性！

為什麼用平底鍋加熱巴西里時，巴西里會跳起來？

這是件有趣的事。當巴西里的葉片接觸到滾燙的鍋子時，葉片所含的水分會立即轉變為水蒸氣，並且在葉片裡爆開，所以葉子就會朝四面八方跳起來。此外，我們還可清楚聽見葉片跳起時，嗒卡嗒卡嗒卡嗒的小爆炸聲呢！

好吃！

為什麼我們可以油炸香草植物？

這真的很美味！你可以簡單地用加熱至 180℃的油，來油炸香草植物完整的莖和葉：這會產生梅納反應，讓葉片中所含的糖焦糖化，形成可口的美味，而且極為酥脆。炸蔬菜、烤肉或烤魚，絕對是美食界的惡魔！

基本食材

大蒜、洋蔥和紅蔥頭

你知道黑蒜不是燒焦的大蒜嗎？
你知道切割方式會影響大蒜或洋蔥的風味嗎？
即使你有一把好刀，把洋蔥切成片也絕不是件輕鬆的事！

為什麼我們經常看到編成辮子的蒜頭？

大蒜莖的底部含有豐富的味道和香氣。將大蒜連同部分的莖一起乾燥 2～3 星期後，莖的味道和香氣便會釋出到蒜瓣中，讓蒜瓣的味道更豐富。地中海國家的人們都知道這個原理，因此我們經常可以看到以辮子形式販售的蒜頭。

些微之差！

為什麼有白色、粉紅色和紫色的大蒜？

因為這些不同品種的大蒜，成熟的季節是不同的：

白色大蒜最為常見，4～6 月可找到新鮮富含水分的白色大蒜，5～7 月則是乾燥的白色大蒜。接著可再保存數個月。

粉紅色大蒜是春季的大蒜，剝去最外層的白皮後就會露出裡面的粉紅色。這是一種從 7 月開始販售的美味大蒜。

紫色大蒜是夏末和秋季的大蒜。略為嗆辣的味道在烹煮後會減輕，並變得略帶甜味。

為什麼人們經常將香蕉蔥（Echalion Shallots）和紅蔥頭搞混？

香蕉蔥長得很像極大的紅蔥頭，但它們只有一個鱗莖，不像紅蔥有 2 個，甚至 3 個。事實上，香蕉蔥是一種長型的洋蔥，味道較紅蔥頭溫和。可切成薄片，做成生菜沙拉品嘗，或是像在義大利一樣，用巴薩米克醋和紅酒一起燉煮。

為什麼紫洋蔥應避免烹煮？

紫洋蔥纖維所含的紅色素會在烹煮時變成藍紫色，所以最好以生食或快速煎烤的方式來食用。

證明完畢！

為什麼甜洋蔥吃起來味道特別甜？

這些洋蔥含有比其他品種的洋蔥更高的糖分，高達 25% 以上。同時也含有較少的硫，而較少的硫也意味著較少的酵素反應，因此在我們切甜洋蔥時，比較不會發生味道上的變化，備料時也比較不會流眼淚……

為什麼很少看到熊蔥？

因為這是一種野生的季節性產物。熊蔥的名稱來自熊從冬眠中甦醒後，很喜歡吃這種植物的傳說。熊蔥自 2 月開始生長在陰涼的林下植被中，整株植物都可食用：葉片、球莖（即使咬不動）和花。熊蔥在春初最為繁盛，緊接著會在 3、4 月開花，柔軟的細葉散發出輕淡的蒜味，並略帶甜味和微微的辛辣。這是令所有美食家狂喜的純粹美味。如果你發現熊蔥，採集時請從葉片的根部切下，避免將整個球莖拔起，來年才能繼續長出新的熊蔥。

為什麼黑蒜如此美味？

黑蒜是日本東部海岸的特產（編注：目前台灣也有生產）。蒜頭會在濕度 80～90% 的溫熱環境（約 70℃）下熟成 90 天，在這段期間，蒜頭會從珍珠白變成徹底的碳黑色。這個過程中，大蒜會演變成略酸的風味，令人聯想到極優質的巴薩米克醋，並帶有些微的甘草或李子味。黑蒜非常罕見珍貴，價格約為每球新台幣 230～330 元。若你有機會見到黑蒜，請務必要嘗嘗這種純粹的美味。

為什麼撞到或摔到的洋蔥會壞得特別快？

洋蔥外表看似健壯，實際上非常脆弱。當洋蔥受到稍強力道的撞擊，纖維結構就會受損，並開始產生酵素反應。撞擊處會軟化，接著開始慢慢腐爛。購買洋蔥前請先檢查球莖的結實度，部分變軟就是不好的跡象。

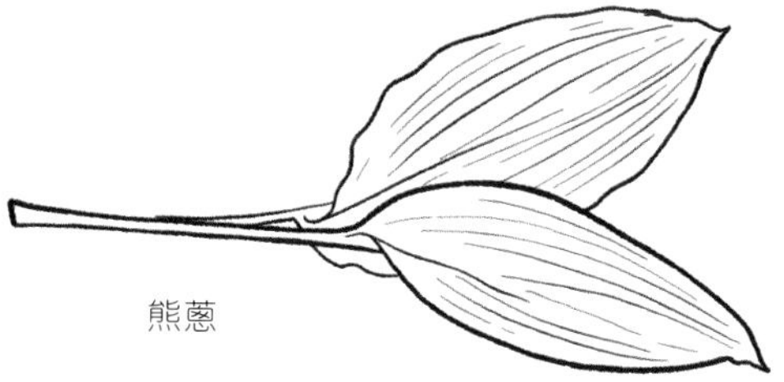

熊蔥

為什麼我的大蒜會變成藍綠色？

蒜瓣在壓碎或切成細碎時會產生酵素反應。而我們最近發現，在某些不是很新鮮的蒜瓣上，還會同時發生兩種酵素反應，這兩者反應之間並沒有關聯，但如果它們產生交互影響，就會改變蒜瓣的顏色。不用擔心，這種變色的大蒜絲毫不會危險，它甚至是中國新年時會品嘗的特產（編注：即為臘八蒜。大蒜中含有的硫化物，在寒冷氣候下經酵素催化而產生蒜綠素與蒜黃素，這兩種色素結合之後，因而使大蒜變成綠色）。

大蒜、洋蔥和紅蔥頭

關於切洋蔥的3項疑問

❶ 為什麼我們在切洋蔥時會流眼淚？

洋蔥的多處細胞含有硫化物和酵素，這兩者在接觸時會產生丙烯硫化物，成分跟催淚瓦斯很相近。你稍微了解酵素反應的力量了嗎？這種氣體會經過鼻腔並通往眼睛，讓人開始流鼻水和流眼淚，以便洗淨和保護自己。這方面較大的擔憂是，丙烯硫化物在碰到水時會轉變成硫酸。因此，眼睛越是自我保護，就會製造越多的硫酸，眼睛也越是流淚，然後又再製造更多的硫酸等等。這一切，只有等洋蔥無法再產生足夠的瓦斯來產生硫酸時才會停止。

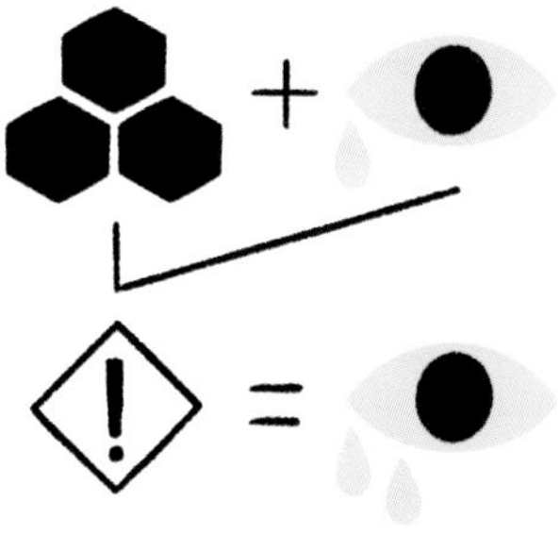

丙烯硫化物使你流淚，而淚水會將它變成硫酸，讓你哭得更厲害。

❷ 但為什麼刀子是否鋒利，會減少或增加酵素反應？

刀子越鋒利，洋蔥的切面就越乾淨俐落，切割時被破壞的細胞就越少，引發的酵素反應也越少，因此也較不會產生刺激性的瓦斯。相反地，如果你使用的刀子不夠利，或者更糟的是使用了鋸齒刀，你就會撕裂極大量的洋蔥細胞，因而製造出極大量的催淚瓦斯。因此當我們要切洋蔥時，只要能選用鋒利的刀，通常就可以讓我們不再流淚。

❸ 那為什麼立刻將切好的洋蔥擺在流水下，就不會讓人流淚了？

如果你先讓洋蔥裡的硫化物接觸水變成硫酸，並且跟著水一起流走，它就沒有機會讓你的眼睛流淚，而且如果用熱水會更有效。記得是用熱水，但可不是滾燙的沸水喔！

噢！我還聽過有人說，洋蔥泡水後會喪失味道和口感……沒錯！他們說的有道理。但必須將切片洋蔥泡上好幾分鐘才會導致這樣的結果，不過切洋蔥片的速度通常都很快，不是嗎？否則你也可以在洋蔥去皮前先冷凍 30 分鐘，但這麼做的效果不佳……再不然，你也可以乾脆戴上泳鏡，防流淚的效果也很不錯！

為什麼蒜瓣的切法會直接影響風味……

切蒜瓣的時候，細胞內會產生酵素反應，也就是在切面處產生一種叫做大蒜素的無色嗆辣液體。而酵素反應和大蒜的氣味，多少會依據蒜瓣切割的方式而增強。

如果大蒜……

用非常鋒利的刀切碎，酵素反應的數量會受到控制，即使經過緩慢且長時間的烹煮，大蒜仍能保有甘甜的風味。

用刀刃壓碎，受損的細胞數量依舊很少，但比起單純的切割，會產生略為強烈的氣味。

用壓蒜器壓碎，大量的細胞被壓碎，味道更為辛辣。烹煮時請注意，因為壓碎的大蒜很快就會變得嗆辣！

用研磨缽壓碎，更多的細胞被壓碎，味道更加強烈。這時候如果以過強的火力來烹煮大蒜，味道會變得苦澀嗆辣。

磨成泥，所有的細胞都被破壞殆盡，引發大量的酵素反應，產生極為強烈，甚至令人不舒服的氣味。

就像洋蔥……

和大蒜一樣，洋蔥一旦被切開，也會引發大量的酵素反應，因而影響洋蔥的風味。洋蔥由略為橢圓且末端尖形（尖端和根）的細胞所組成。

如果洋蔥……

朝頭尾兩端方向直切，即順著細胞紋路的方向切割，這是較少見的切法；較不容易產生酵素反應，而且會帶來甜味。用這種方式切塊的洋蔥較耐煮，烹煮時也能加熱得更均勻。

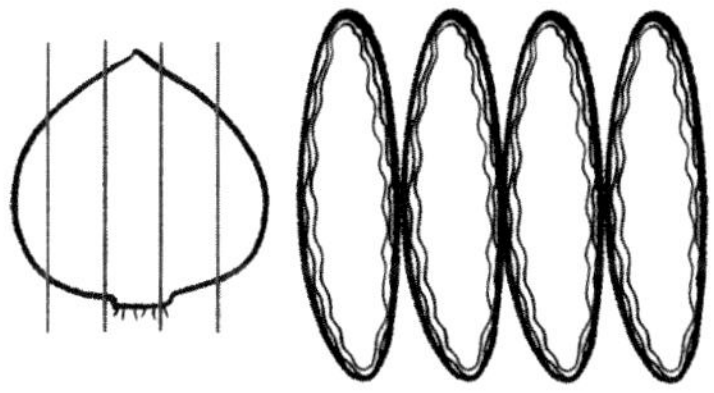

與頭尾兩端平行的方向橫切，即逆著細胞紋路方向切割，這是較常見的切法；會產生較多的酵素反應，形成較強烈的氣味。用這種方式切塊的洋蔥結實度不一，外部較硬，中心較軟。

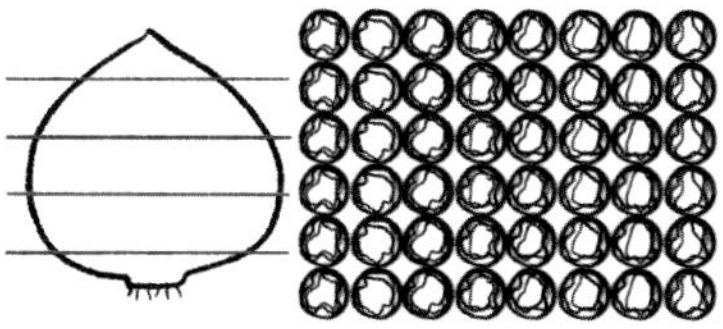

切成大丁，會引發大量的酵素反應；烹煮後的洋蔥風味會很突出，質地柔軟。

切成小丁，會引發最大量的酵素反應；烹煮後的味道很辛辣，洋蔥丁如海綿般軟爛。

……紅蔥頭也會？

紅蔥頭所面臨的問題就和洋蔥一樣：如果從頭尾直切，會產生甜味而且較耐煮；但如果改成橫切，氣味會較為強烈，而且硬度不足。

大蒜、洋蔥和紅蔥頭

既然如此，為什麼我們能製作出美味的蒜泥？

啊，但是我們製作蒜泥可不需要將生蒜壓碎，而這就是最大的差別！

❶為了製作蒜泥，我們會將未去皮的蒜瓣以極小的火油漬 30～40 分鐘。

❷用漏斗型過濾器過濾，把蒜油收集起來，可以用來淋在優質的羔羊腿上。

❸使用同一個漏斗型過濾器將大蒜壓碎。如果要用牛乳來煮蒜瓣，這個過濾器一樣很好用。

❹收集蒜泥，這將是搭配白肉的完美配菜，或者也可以直接抹在吐司上。用這種方式處理的大蒜會非常地甘甜。

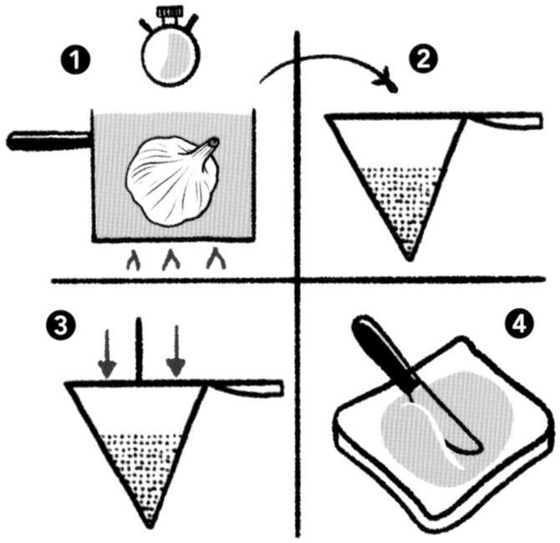

是真是假

為什麼有人常說要去掉蒜瓣的芽比較好消化？

事實上，這完全不會影響消化，但芽較為苦澀，而且比蒜瓣其餘的部分含有更多的硫化物。留下芽會形成苦澀味，而且會造成口臭。因此，沒錯，最好將芽去掉，但不是因為比較好消化……這是無稽之談。

為什麼要將半顆洋蔥稍微炒過後再加入肉湯？

洋蔥炒到金黃色或略焦的部分會溶化在湯汁中，為肉湯帶來令人食指大動的棕色。我說的是略微燒焦，而不是煮到碳化好嗎？如果煮到焦，洋蔥會帶來苦澀味，還有令人倒胃口的黑色。

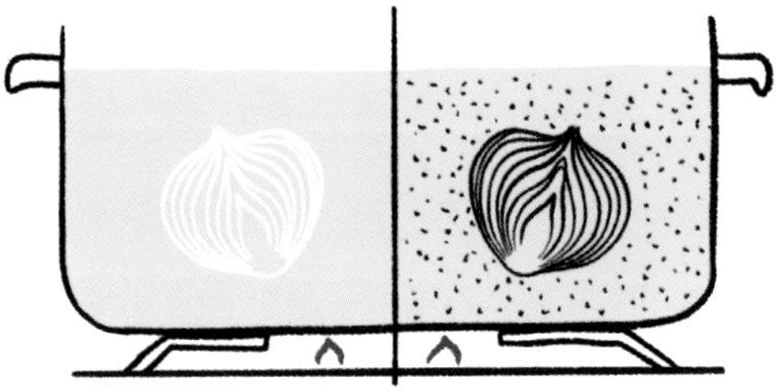

為什麼我們吃完大蒜會有口臭？

大蒜所含的大蒜素有部分是硫化物，而會讓我們在嚼食生蒜或消化時產生口臭的原因就是硫。唯一可以去除蒜臭味的方法，就是食用某種會和大蒜素結合，形成無臭新分子的食物。在這一方面，有多不勝數的水果和生菜可以選擇：蘋果、葡萄、奇異果、菇類、沙拉、羅勒、薄荷等。果汁、1 杯牛乳或是優格，效果都很好。嘿嘿，但沒有人知道……

為什麼煮大蒜時應避免燒焦？

大蒜因為含有大量的果糖，所以不耐高溫，果糖也存在於蜂蜜之中。加熱時大蒜會乾燥、燒焦得很快，到最後會變苦和嗆辣。但如果是加在義大利番茄肉醬等醬汁中烹煮就不成問題，因為醬汁含有水分，而且溫度不會突然上升至超過 100℃，因此大蒜才不會焦掉。

好吃！

但為什麼可以用整顆蒜瓣來醃漬我的烤雞？

包覆蒜瓣的外皮，就像是一層保護的絕緣層：它可防止大部分的熱穿透蒜瓣。即使你的烤箱溫度高達 180℃，你的蒜瓣還是會以低上許多的溫度烘烤，並緩慢地進行油漬。

「油封蒜意外地甘甜，根本就是糖果了……」

關於大蒜蛋黃醬的2大疑問

❶ 為什麼正宗的大蒜蛋黃醬成分只有大蒜和橄欖油？

大蒜蛋黃醬（Aioli）一詞來自加泰隆尼亞語的「ail i oli」（大蒜和橄欖油）。而我們只說大蒜和橄欖油，是因為真正的大蒜蛋黃醬並不含其他材料，連蛋黃也沒有！否則就會是加了大蒜的美乃滋。沒有馬鈴薯，沒有麵包屑，更沒有芥末，真是可惜了！

❷ 為什麼只有大蒜和油的大蒜蛋黃醬，可以變濃稠？

因為大蒜是一種乳化劑，完全跟美乃滋一樣，而後者是被蛋黃包覆起來的油水乳化物質（請參見「醬汁」章節）。

要製作正宗的大蒜蛋黃醬，我們會用研磨砵將水分含量將近 90% 的大蒜先磨成極細緻的泥狀❶，接著一滴一滴地加入油，直到乳化穩定後❷，再混入較大量的油。這是非常難製作的醬料，即使對經驗豐富的廚師來說也一樣。或許也是出於這樣的原因，人們經常會添加蛋黃、馬鈴薯，甚至是麵包屑以利製作，但味道也變得和真正的大蒜蛋黃醬非常不同。

大蒜蛋黃醬的製作方法跟美乃滋一樣，只是用大蒜取代蛋黃。

基本食材

辣椒

不會刺人卻讓人感到刺激，沒有加熱卻令人感到灼熱，
讓人擤鼻涕又讓人哭泣，但我們就愛這味⋯⋯辣椒啊！辣椒！

為什麼辣椒會辣？

辣椒的辣度主要取決於它們作為防禦系統的分子：辣椒素。含有越多辣椒素的辣椒就越辣，但這種辣既非氣味，也非味道的辣，只是一種感官上的知覺（編注：以往大部分是指痛覺，但近來又有研究指出，辣帶給人的感受是綜合熱辣、辛辣和麻三種的感知，和痛覺又有些許不同）。

請注意，所有辣椒的辣都不盡相同！有些非常溫和，甚至略甜，有些真的很辣，例如安地列斯群島的哈瓦那辣椒（Habanero），甚至到了連最不為所動的愛好者都難以忍受的程度。1912 年，韋伯．史高維爾（Wilbur Scoville）制定了史高維爾指標，我們所使用的是廚房裡較簡單的版本，用 1～10 來衡量辣椒的辣度。

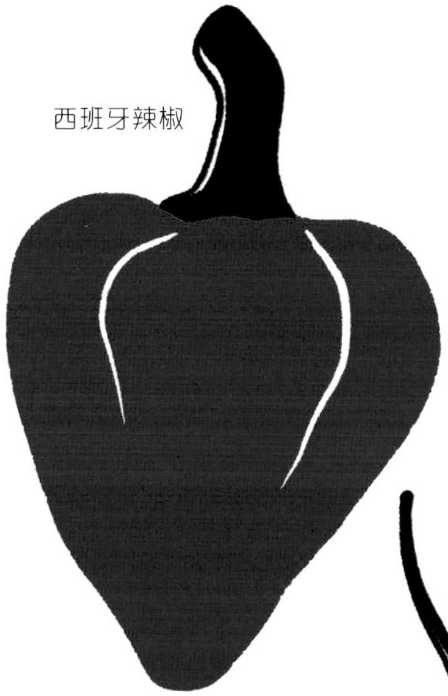

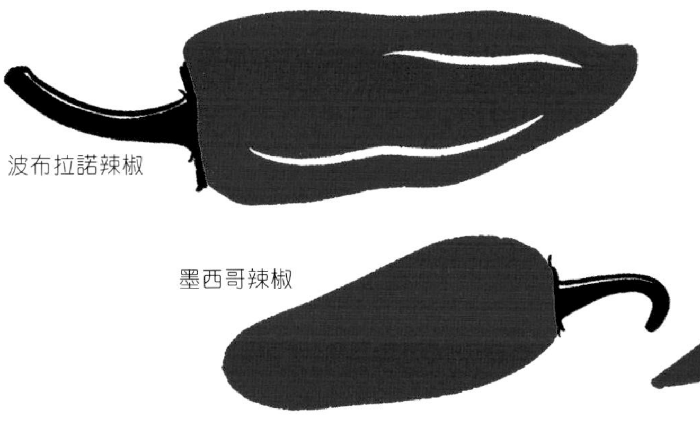

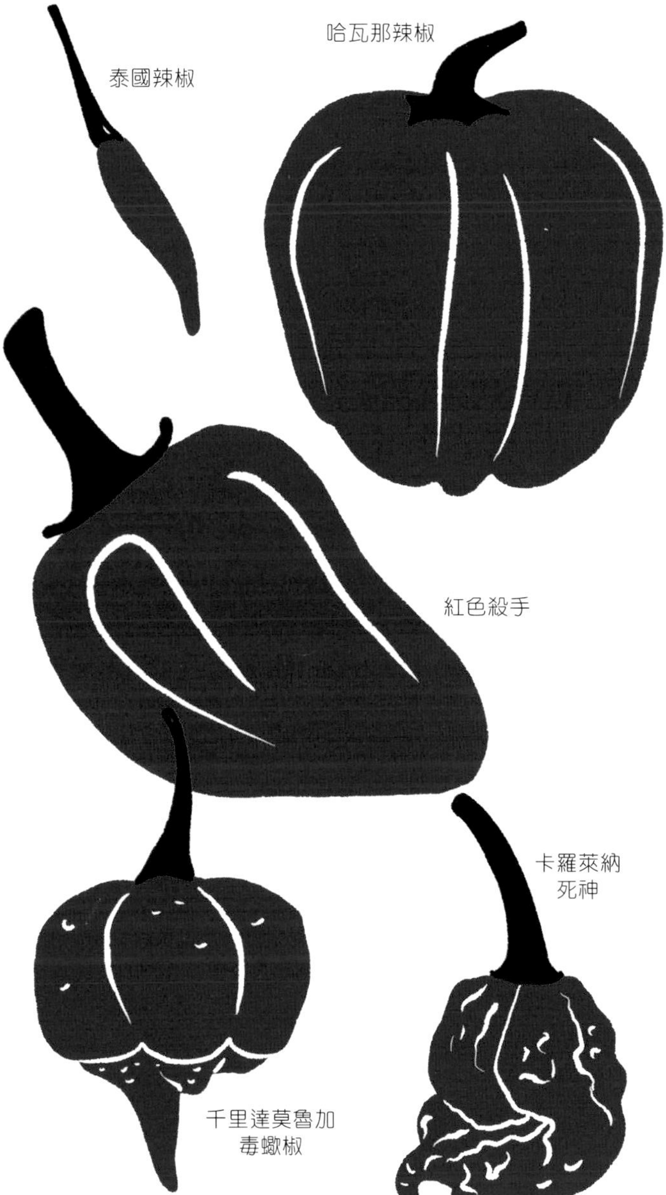

驚人！

為什麼有人說「辣椒是熱的」？

你可以立刻回答：辣椒的辣一點都不「熱」！我們的身體只是搞錯了，就是這樣。好吧，讓我來向大家解釋，因為這屬於技術性問題，而且有點出人意料……

我們的嘴巴裡有用來偵測高溫的神經元，而且會在 42℃左右啟動，也就是食物感覺燙口的時候。但辣椒素會誤導我們的神經元，我們的傳感器會將熱和疼痛的訊息傳至大腦，而我們嘴裡的溫度卻連 1℃也沒有升高。

此外很有趣的是，如果在嘴裡滴入幾滴薄荷，傳感器也會被欺騙，而傳送嘴裡發冷的訊息給大腦。

為什麼某些辣椒的辣度會持續較長的時間？

剛剛我們已經知道了，辣椒素是辣椒會帶來灼熱感的原因。但在同一個分子家族中，其他的辣椒素類物質也會引發辛辣感：二氫辣椒素、高二氫辣椒素、降二氫辣椒素或高辣椒素（這些名詞看起來很嚴肅，不是嗎？）。這些分子的影響多少會持續一段時間。而且依組成方式的不同，有些辣椒的辣度的確會比其他辣椒持續更長的時間。

基本食材

辣椒

為什麼氣候炎熱的國家特別愛吃加辣椒的菜餚？

辣椒具有很強的抗菌和防腐作用。在沒有冰箱的炎熱氣候下，加入辣椒一起料理，可使食物保存更長的時間，尤其是肉類。

為什麼烹調時應該要逐量加入辣椒？

辣椒一旦加入烹煮，就沒有回頭的餘地，因為一切為時已晚！唯一能緩和辣度的方式就是加入水、優格、蔬菜、魚、肉來稀釋辣度；或是增加其他食材的份量，讓辣椒的比例變少。最佳的方式就是烹煮時逐量加入辣椒，並一邊確認菜餚的辣度。

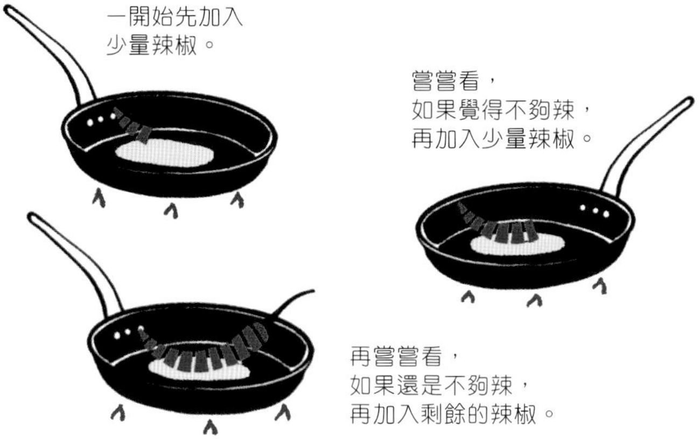
一開始先加入
少量辣椒。
嘗嘗看，
如果覺得不夠辣，
再加入少量辣椒。
再嘗嘗看，
如果還是不夠辣，
再加入剩餘的辣椒。

是真是假

為什麼吃辣椒會造成「胃穿孔」？

對此，很抱歉我必須要反駁你，但吃很辣的辣椒，甚至是極辣、極辣的辣椒，都不會讓胃出現任何的破洞。這完全是錯誤的刻板印象。美國科學家曾經把以辣椒為主成分的不同料理，直接灌進志願者的胃部，並用內視鏡錄影觀察。結果並沒有造成任何影響！

會對胃造成最嚴重損傷的是醋，或是搭配阿斯匹靈用餐！很驚人對吧？

為什麼人們會喜歡辣椒的嗆辣滋味？

因為人類有點被虐的傾向，而且還會從中找到樂趣……關於這點我幾乎沒有誇大。在痛苦的刺激後，身體會釋出腦內啡。腦內啡具有強大的鎮痛能力，效果近似鴉片，而且會帶來舒適感，甚至是愉悅感。根據研究指出，進行諸如慢跑、游泳和心肺訓練等耐力運動的人體內，經常可發現腦內啡。

為什麼辣椒會讓我們冒汗、流淚和流鼻水？

這是因為我們的大腦以為我們正處於過熱的狀態。它啟動了保護機制：流汗讓體溫下降（如同做運動），流鼻水和流眼淚以驅趕刺激物質（如同我們因刺激性氣體而窒息時）。

為什麼處理辣椒後不該觸碰眼睛和嘴唇？

人體各個部位都具有相同類型的熱接收器，例如靠近眼睛、鼻子等處。這些接收器也會受到誤導，讓我們流淚或流鼻水。因此，接觸過辣椒後，請用肥皂仔細地洗手。

為什麼有人說去籽便能減少辣椒的辣度？

有人說辣味來自辣椒籽，但這並不準確：有十分之九的辣椒素存在於胎座，也就是辣椒中心白色的隔膜。部分的辣椒籽由於靠近這層白膜，吸收了微量的辣椒素而變得稍微嗆辣。這樣的混淆也來自於當我們取出籽時，同時也會刮下胎座，因而也一併帶走大量的嗆辣味。

為什麼喝水無法緩和舌頭的嗆辣感？

在我們吃辣椒時，辣椒素會附著在嘴裡對熱敏感的神經元上。問題是，辣椒素不溶於水。所以即使你喝上幾公升的水，但嗆辣感卻完全不會減弱。

但為什麼牛乳和優格卻有效？

牛乳和優格會有效得多，因為牛乳的某些蛋白質和脂肪可以吸收並分解辣椒素。由於辣椒素不再接觸到你的接收器，所以頂多只會感覺到微微的辣。但這一樣需要幾分鐘的時間才能發揮效用。

乳製品與蛋

牛乳與鮮奶油

牛乳與鮮奶油讓我們回到童年，這是我們人生中最早接觸的食物，
也讓我們回憶起在鄉間的假期、打翻的牛奶罐……但絕對跟超市貨架上的牛奶無關。

不可不知！

為什麼市面上有如此多種的乳品？

因為有各種口味的需求，而且也有衛生、運輸和保存上的要求。為了保存，乳品會依加工前、後的不同特性來做區分，而這些差異跟乳品來源是牛奶、山羊奶或者一般羊奶有關。

牛乳的品質

生乳的風味最為濃郁，而且含有最多的乳脂（Cream）。如果未經加熱，裝瓶後的保存期限為 3 天。濃郁的奶香和濃稠的乳脂（脂肪含量在 3.5～5% 之間）會讓很多門外漢感到驚豔。
此外，基於衛生理由，不建議幼兒、懷孕婦女和老年人飲用生乳。

全脂牛乳是生乳最簡易的替代品，因為它含有乳脂，而且脂肪含量至少在 3.5% 以上。在進行殺菌和 UHT 處理（見右頁）時，預先去除乳脂，接著再將所需確切份量的乳脂添加回去。這是經常用於烹調的牛乳，可為菜餚增添美味。

半脫脂牛乳所含的乳脂是全脂牛乳的一半，因此味道較淡。而且就和全脂牛乳一樣，在進行加工處理時會預先去除乳脂，接著再添加回約 1.5～1.8% 的脂肪。即使半脫脂牛乳的風味比全脂牛乳要清淡許多，但還是可以運用在烹調上。

脫脂牛乳在加工處理後，不會再將被去除的乳脂添加回去。這是一種沒有任何優點、也沒有什麼味道的牛乳，比其他的牛乳更稀，通常也不會用於烹調。脂肪含量低於 0.5%。

煉乳是一種讓所含水分蒸發 60% 的牛乳，具有乳霜狀質地和焦糖風味。有全脂、半脂和脫脂等種類。

奶粉是將所含的所有水分都去除的乳製品。保存期限長，可達 1 年。有全脂、半脂和脫脂等種類。

營養強化牛乳是指在牛乳中添加維生素和／或礦物質（鈣、鎂、鐵等）的牛乳。主要供孩童、懷孕婦女和年長者飲用。

乳品的加工

除了生乳以外，不論加工方式屬於哪一種，所有的乳品都可以分為全脂、半脂和脫脂三種。

生乳沒有經過任何的加工。我們剛才已經知道了，這是一種保存期限極短的牛乳。

微過濾牛乳會先脫脂，接著用極薄的膜加以過濾，以攔截不受歡迎的細菌和微生物。乳脂則會在經過殺菌後，再添加回牛乳中，讓風味等特性接近生乳。

熱處理牛乳會加熱至 57～68℃之間約 15 秒，以殺死某些致病菌。市面上找不到這種牛乳，因為它專供不使用生乳的酪農業使用。

殺菌牛乳會以更高溫（約 72～85℃）加熱約 20 秒，以殺死生乳中 99.9% 危險的微生物，但熱處理會破壞大部分的風味和口感。

超高溫殺菌牛乳（UHT）會以 140～155℃的溫度加熱幾秒，然後再快速冷卻幾秒。這是一種殺菌牛乳，但也是「沒有生命」的牛乳，沒有味道，在烹調上也沒有任何的好處。

注意！

為什麼「植物奶」不是真的牛奶……

讓我們直接切入正題：「植物奶」並不存在！這是工業上騙人的說法，用來販售看起來像乳品，但根本就不是乳製品。

事實上，這些植物奶是由水和種子的汁所組成，然後再加入可以讓它們變成白色，令人聯想到牛乳的材料。同樣的，「豆漿優格」、「植物起司或奶油」也不存在。植物奶或許很美味，但豆漿優格、植物起司或奶油……就絕非如此。但有幾個例外已在 2010 年獲得許可（即使我們應該很快會再回來討論這個話題），而唯一獲得法定許可能使用「奶」這個名稱的是椰奶。所以別被這些虛假的名稱給誤導了……

「至於克菲爾（Kefir），這是一種發酵乳，略帶氣泡，並含有不到1%的酒精，是以綿羊、乳牛或山羊的奶製成的。」

……而法式酪乳也不完全是奶？

你居然不知道酪乳（Ribot Milk）？那真是太可惜了！這是一種發酵乳，跟我們中東朋友的克菲爾很類似，而它的製造可追溯到我們高盧的祖先。

法式酪乳的製作方式跟優格一樣，是在製造奶油的過程中，收集攪拌乳脂時所分離的白色乳清而來，但使用的菌種跟製作優格的不同。我們在這種液體上接種菌種，讓它發酵。接著液體會開始稍微結塊，但比優酪乳更稀，並產生微酸的風味。因此，這並不是一種真正的「奶」，但喝起來仍是可口的。

牛乳與鮮奶油

健康！

為什麼不該直接從牛的乳房飲用牛乳？

生乳含有大量的微生物，一方面是因為這是來自動物的產物，另一方面則是在擠奶時，乳房上的微生物可能會污染牛乳。

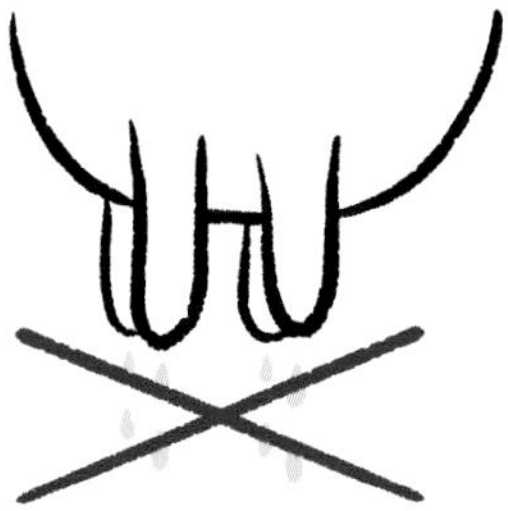

專業小撇步

為什麼甜點師與廚師偏好使用生乳？

生乳因為沒有經過加熱，風味較其他牛乳更加豐富。此外，也因為它是全脂的關係，乳脂的含量較高。生乳是一種味道非常醇厚的牛乳。

為什麼用生乳製作的乳酪其實還不賴？

因為不好的微生物會在熟成期間自然死去，最後只剩下和藹可親的好的微生物、好菌和好的真菌，而這些都是美味乳酪形成的必備條件。

為什麼牛乳比人乳不易消化？

乳牛的牛乳含有比人乳多 3～4 倍的蛋白質。嬰兒的身體設計無法處理或排除如此大量的蛋白質。結果是：這些蛋白質因胃酸而凝結，減緩了消化的速度，接著微生物菌叢在結腸裡形成所謂的「腐爛」現象，進而引發嬰兒的腸胃不適。

為什麼人老了可能會比較難消化牛乳？

牛乳含有糖，亦即乳糖，而會引發問題的，正是乳糖！因為要消化乳糖需要一種特殊的酵素——乳糖酶。這種酵素存於孩童的身體中，但通常會在 4～5 歲時消失。然而，1 萬年前某些人口出現了遺傳突變，讓他們可以毫無困難地飲用牛乳：超過 80% 的北歐和北美人口有飲用牛乳的習慣，但在東南亞、非洲或南美洲的人口，大多都患有乳糖不耐症。

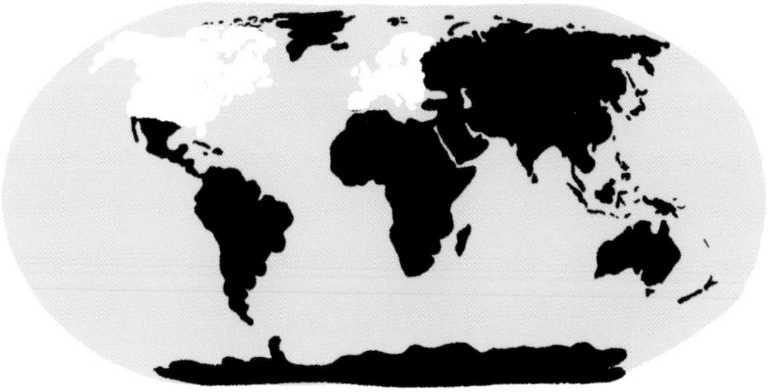

在遺傳基因突變後，
世界上大部分的成年人都不太能消化牛乳。

關於乳皮的3大疑問

❶ 為什麼牛乳加熱時會形成乳皮？

牛乳由 85% 的水所組成，剩下的成分包括蛋白質、糖、脂肪等。當牛乳加熱達到 70～80℃時，蛋白質會凝聚並浮在表面，形成一層「皮」。

❷ 為什麼牛乳在煮沸時會溢出？

在熱的作用下，表面形成的乳皮會攔住同樣浮到表面的脂肪分子。牛乳會開始變稠，而在到達 70～80℃時，蒸氣的氣泡會被又稠又厚的乳皮給卡住，一起往上冒，直到溢出。為了避免牛乳溢出，加熱時應隨時撈除乳皮，或將木匙斜放在鍋中；木匙可以將乳皮固定住，蒸氣的氣泡便可以從乳皮邊緣散逸出去。

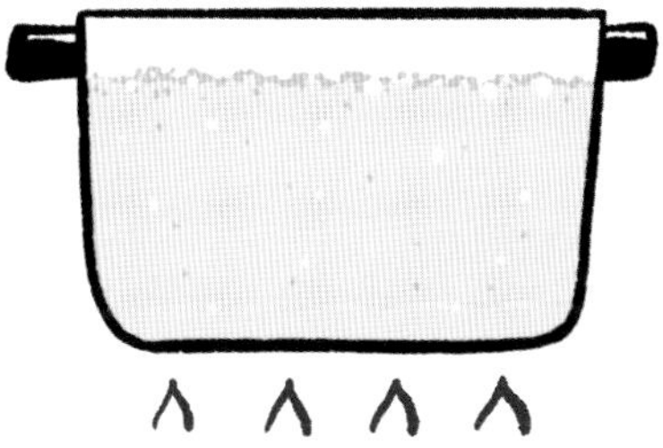

加熱牛乳。表面形成由凝結的蛋白質和脂肪組成的乳皮。

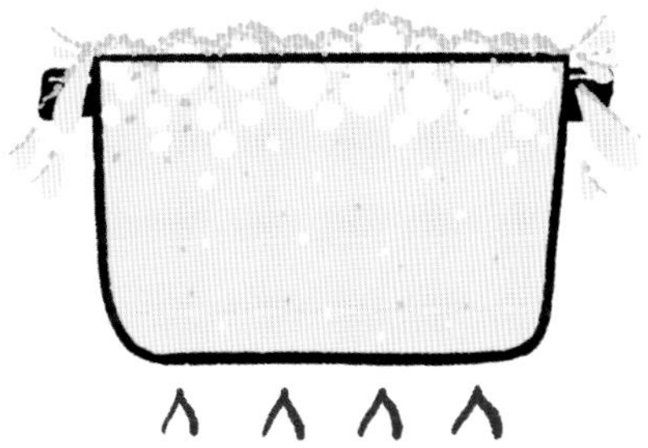

牛乳沸騰。蒸氣的氣泡上升，將擋在表面的乳皮抬起，然後牛乳就溢出來了……

❸ 為什麼牛乳煮沸後要加蓋？

牛乳在經過適當加熱（只要在加熱過程中不停攪拌，就不會形成乳皮而溢出）後，請蓋上蓋子，讓蓋子留住蒸氣，牛乳表面才不會乾掉。因為蒸氣上升，碰到蓋子後便會再度落入牛乳中，所以就能避免牛乳表面乾掉。否則不管你怎麼做，牛乳都會形成一層乳皮。

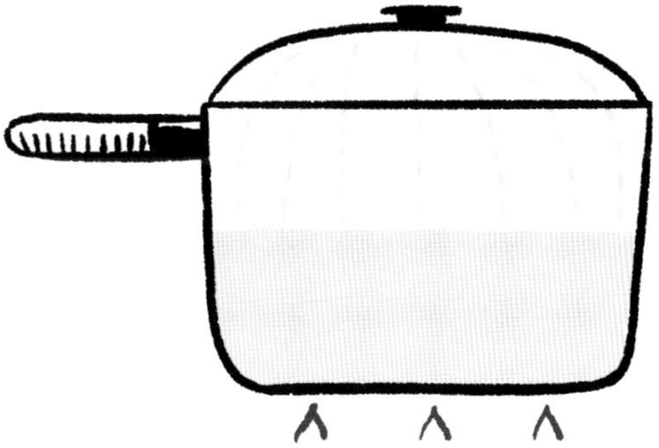

蒸氣上升後碰到鍋蓋會凝結成水，再滴落到牛奶中，這麼一來，就可防止牛奶表面變乾結皮。

牛乳與鮮奶油

不可不知

為什麼市面上會有如此多種類的鮮奶油？

其實這些鮮奶油會依照脂肪含量、稠度、味道的不同，而區分出屬於自己的特性。除了生的法式酸奶油以外，所有的鮮奶油都是以牛乳製成，經過殺菌後再用離心機將牛乳和乳脂分開，所以我們會看到一邊是脫脂牛乳，另一邊是乳脂。接著再依據用途的不同，以不同份量的脫脂牛乳來稀釋分離出來的乳脂。而為了讓鮮奶油不會在烹煮時凝結，脂肪含量至少要在 25% 以上。

鮮奶油的品質

液態新鮮法式酸奶油（Crème Fraîche Crue Liquide）：這是生乳在脫脂的過程中，從浮至表面的鮮奶油收集而來。脂肪含量通常在 30～40%，而且最好在生鮮狀態下使用才能充分展現它的風味。但值得注意的是，生的法式酸奶油並不耐加熱烹煮。

– +

濃稠新鮮法式酸奶油（Crème Fraîche Crue Épaisse）：因為加入乳酸菌發酵而使質地變得濃稠的新鮮法式酸奶油。脂肪含量約 30～40%，而且最好在生鮮狀態下使用，或者在烹煮的最後階段再加入，才能為醬汁帶來最佳的風味和醇厚口感。

– +

乳皮鮮奶油（Crème Fleurette）：又稱「牛奶花」，也是從浮至牛乳表面的鮮奶油收集而來，只是再經過巴氏滅菌（用於乳製品的低溫消毒法）。這是種優質的鮮奶油，可用來打發，且因為含有 35% 的脂肪，所以也非常耐烹煮。

– +

液態鮮奶油（Crème Liquide）：經過消毒的乳皮鮮奶油，但這道程序讓它喪失了部分的風味。所含的脂肪較乳皮鮮奶油少（不到 20%），可能會在烹煮時凝結。

– +

濃稠法式酸奶油（Crème Fraîche Épaisse）：在液狀鮮奶油中加入乳酸菌，讓鮮奶油稠化並發展出微酸風味，非常耐烹煮。可在法國的伊西尼（Isigny）和布雷斯（Bresse）法定產區找到。

– +

重乳脂鮮奶油（Crème Double）：為脂肪含量最高、可達 60% 的濃稠法式酸奶油。這種鮮奶油非常美味，而且極適合烹煮。通常可在英語系國家找到，但在法國卻很少見。

– +

低脂鮮奶油（Crème Légère 或 Allégée）：去除了大部分脂肪，因而風味也較淡的鮮奶油，此外還會再添加增稠劑，而且不太經得起加熱烹煮，簡言之不太適合用於料理。

– +

酸奶油（Crème Aigre）：主要會以新鮮的狀態使用，但脂肪含量不高，約在 15～20% 之間。這是一種很酸的鮮奶油，英語系國家稱為 Sour Cream。

– +

鮮奶油的加工品

液態且濃稠的生法式酸奶油：沒有經過任何的加工，必須在裝罐後的 2～3 天內儘快食用，就能品嘗到其豐富的口感和味道。

巴氏殺菌鮮奶油：經過比牛乳更低溫的殺菌，約 115～120℃之間，但時間更長，約 15～20 分鐘。不過口感較差，也較不美味。

UHT 超高溫消毒牛乳：以超高溫殺菌，不具任何的美食吸引力。但是開封前可以常溫保存。

好吃！

為什麼我們很少看到生的鮮奶油？

這種鮮奶油是從生乳脫脂的過程中以手工方式取得。是一種非常優質的鮮奶油，既沒有經過巴氏滅菌，也沒有經過消毒，所以只能保存幾天。通常可在乳品店或農場裡找到。

嘖嘖！

為什麼應該避免加熱脫脂鮮奶油或液狀鮮奶油？

理由是：它幾乎不含油脂（這很正常，因為它是脫脂鮮奶油），加熱或是接觸到酸性食物都會增加其中的酪蛋白凝結的風險。也因此，如果能用「正常」的方式，也就是以全脂鮮奶油來製作你的醬汁，將會使料理更出色！

但為什麼我們還是可以使用脫脂鮮奶油？

呃……老實說，這些既無味又缺乏自然濃稠度的脫脂玩意兒並非首選。工業上必須加以稠化，為它們賦予穩定度，否則就會和牛乳一樣水水稀稀的。雖然這對健康來說並不會真的很不好，但除非你真的別無選擇……

牛乳與鮮奶油

為什麼會這麼做

為什麼我們可以用鮮奶油來自製奶油？

富含脂肪的鮮奶油以手工長時間打發，並不會形成奶油顆粒。因此如果要自製奶油，可參考以下作法：

❶用電動攪拌機或果汁機攪打脂肪含量 30% 的液狀鮮奶油至少 10～15 分鐘，直到鮮奶油分離成兩部分：一邊是淡黃色的膏狀物（奶油），而底部則是白色液體（乳清，即牛乳提煉奶油後剩下的部分）。

❷全部倒入濾器過濾，取得奶油並沖冷開水。

❸用電動攪拌機攪打數分鐘，直到奶油變得濃稠滑順，過程中可以加鹽，亦可不加。

❹將自製奶油冷藏保存 1 星期，下次用餐時便可用來向朋友炫耀 ;-）

為什麼用瓶裝或磚狀販售的英式奶油醬，不是真的英式奶油醬？

真正的英式奶油醬配方，是每公升牛乳含 16 顆蛋（我知道這很多），但卻沒有我們以為要有的香草！我們發現瓶裝或磚狀的「英式奶油醬」，每公升牛乳所含的蛋黃極少，並添加了香草來增加香氣，因此和真正的英式奶油醬相去甚遠！

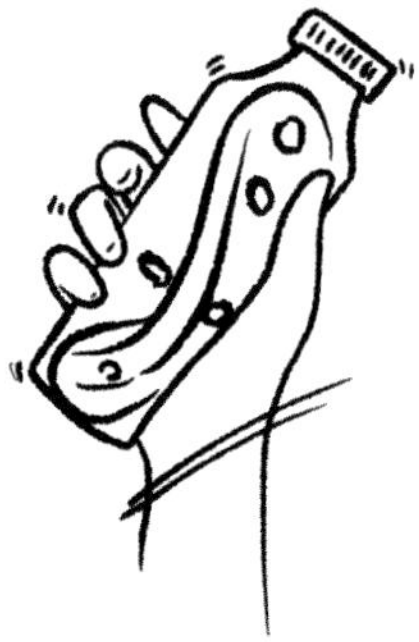

正確作法

為什麼我們可以補救結塊的英式奶油醬？

英式奶油醬是由肉眼看不到的極小凝塊所構成。但如果你讓英式奶油醬煮得太久，這些小凝塊就會聚集在一起，然後變成大結塊。但是請不要緊張！這時只要將結塊的奶油醬放入瓶中用力搖晃，將這些大結塊打散，就會再變回肉眼看不到的小凝塊了。

不可不知關於香醍鮮奶油的3大疑問

❶ 為什麼應該使用乳皮鮮奶油來打發香醍鮮奶油……

首先讓我們從基本概念開始了解：什麼是香醍鮮奶油？這是一種將空氣攪打拌入，以形成慕斯般質地的鮮奶油。對大人和小孩來說，它都是一種純粹的美味。

製作訣竅是將空氣持續鎖在鮮奶油中，而且必須要有油脂。沒有油脂，慕斯便無法成形，因為我們必須仰賴這些油脂分子將氣泡包住，讓慕斯保持濃稠。由於美味的乳皮鮮奶油含有超過 35% 的脂肪，而且也是最美味的鮮奶油，所以用它來打香緹鮮奶油，就能製作出最完美的成品！

❷ ……又為什麼不用含脂肪的高脂法式酸奶油來製作？

好吧，這只是因為高脂法式酸奶油太過於濃稠，反而會讓空氣無法進入內部，無法將鮮奶油像蛋白一樣打發。當然，你可以發了瘋似地攪打這種鮮奶油，它會稍微液化，但無法像乳皮鮮奶油一樣順利地打發。所以，我們也無計可施……

❸ 為什麼鮮奶油本身和所有的器具都必須保持冰涼？

這有點技術性，但用以下的例子來說明便很容易了解：奶油在冷藏時會變硬，在常溫下會變軟。

對鮮奶油來說也是完全一樣的狀況，這是因為含有脂肪的緣故。通常冷藏時脂肪會變硬，在常溫下就會變軟，但問題是，在脂肪變軟時，便再也無法鎖住氣泡，香醍鮮奶油便無法打發。而且在接下來的製作過程中，所有材料的溫度都會稍微上升。因此，我們會將所有的用具先冷藏 1～2 小時，或是將容器擺在一層冰塊上再進行鮮奶油的打發，都能讓製作過程更加順利且成功。

為什麼市販的鮮奶油噴罐上，沒寫上「香醍」兩字？

當然，這是因為它不是香醍鮮奶油！在這些鮮奶油噴罐中裝的是超高溫殺菌鮮奶油（因此沒有任何味道），而且還添加乳化劑來增加體積，以便減少鮮奶油的份量。而且為了讓鮮奶油膨脹，還會加入一種來自一氧化二氮的氣體。這就是為什麼它根本沒有可以「賣弄文章」的地方；因為它的成分幾乎只有空氣和少到幾乎等於零的材料。此外，你會發現這些鮮奶油噴罐甚至不是擺在冷藏架上販售，這是因為它是使用超高溫殺菌牛乳的緣故，所以也能常溫保存。它們和真正的香醍鮮奶油一點關係也沒有，但也沒關係，這些鮮奶油為孩子們帶來幸福，孩子們就是愛按下噴罐的按鈕，看著鮮奶油噴出。我們可以不時用來逗小孩開心，不是嗎？

奶油

無論是無鹽、含鹽奶油，還是來自乳牛或其他動物，甚至還能用來當作麵包抹醬或者加在菠菜裡烹調……都些是讓奶油越來越受人們重視的原因。

關於奶油顏色的3項疑問

❶ 為什麼會從白色的牛乳中取得黃色的奶油？

其實奶油的顏色是來自天然的橘黃色色素：胡蘿蔔素，而這種色素我們也能在胡蘿蔔中找到。此外，由於用來餵養我們美麗乳牛的新鮮牧草也含有大量的胡蘿蔔素，因此也存於牛乳中。事實上，牛乳是淡黃色的，但因為會反射光線，所以看起來像白色；而奶油因為不太會反射光線，讓我們得以看見它真正的顏色，也就是黃色。

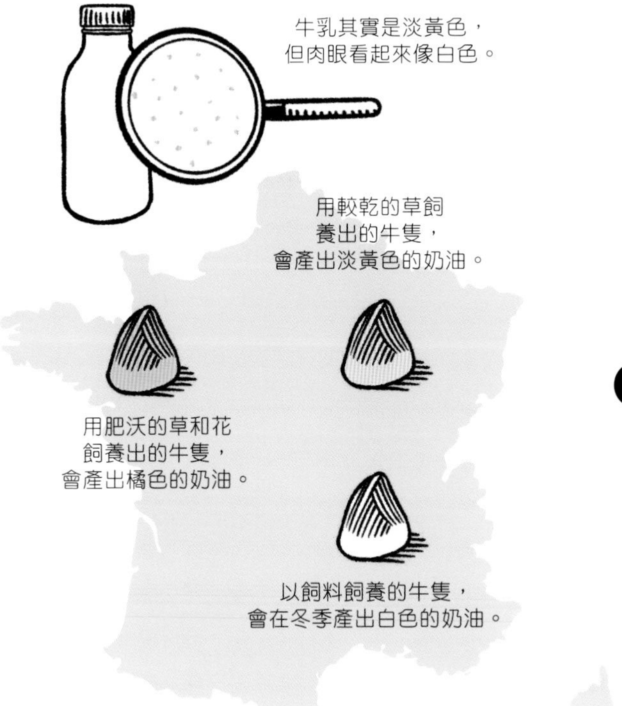

牛乳其實是淡黃色，
但肉眼看起來像白色。
用較乾的草飼
養出的牛隻，
會產出淡黃色的奶油。
用肥沃的草和花
飼養出的牛隻，
會產出橘色的奶油。
以飼料飼養的牛隻，
會在冬季產出白色的奶油。

❷ 為什麼奶油的顏色會依地域而有所不同……

如果牛隻吃草的地區經常下雨（例如諾曼第〔Normandie〕或布列塔尼〔Bretagne〕），那麼乳牛吃的草就很肥沃，因而產出顏色偏黃的奶油。但如果牧場經常處於乾旱狀態，或是因為缺乏優質牧草而以乾草飼養乳牛，那麼產出的奶油顏色就會很淺，味道也較淡。

❸ ……那季節的影響呢？

春季時，綠油油的草地盛開著許多小花，為牛乳和製成的奶油帶來豐富的味道，因而形成鮮黃色的奶油，甚至可能會略呈淺橘色。冬季時，由於青草較不肥沃，胡蘿蔔素含量較少，所以產出的奶油的顏色因而較淡，甚至可能偏白。但值得注意的是，為了讓奶油的顏色不會因季節而有太大的變化，工業上的處理方式，會在冬季的奶油中添加 β－胡蘿蔔素！

細微差別！

為什麼奶油也會依季節而有所變化？

如果乳牛全年放牧，那麼牧草的品質就會直接影響奶油的風味：例如春季時所生產的奶油味道濃郁、帶有花香且油脂含量高；而在夏季時會較乾但仍帶有花香；但到了秋季則會再度含有大量油脂，不過已經幾乎感受不到花香；而冬季時因主要以飼料餵養，所以奶油更不會帶有花香味。所以依照季節的變化，我們會發現其實奶油會有不同的味道，也更增添品嘗的樂趣。

為什麼手工奶油的風味較為濃郁？

當我們用攪乳器攪拌從牛乳中收集而來的鮮奶油時，它會形成奶油球。我們收集這些奶油球，擦乾淨後進行拌和，接著加鹽，就能製成片狀奶油。

但常見的奶油通常是以殺菌且急速冷凍的鮮奶油製成，並以工業方式進行攪拌，不到 1 秒便可形成奶油球！而手工奶油則是使用只有冷藏的生鮮奶油，而攪拌則需花上 1～2 小時。接著奶油球會再拌和一段時間（時間長短會依乳牛食用的飲食而略有不同），形成更加複雜且美味的風味和香氣。

為什麼沒有羊奶油？

在法國，幾乎只能在有機商店才找得到羊奶油。但我們卻較容易在英語系國家找到山羊奶油，而綿羊奶油則在希臘較為常見。以風味而論，通常以山羊乳為基底的奶油較牛乳製成的奶油滋味濃郁，而以綿羊乳生產的奶油，則味道相當溫和濃稠。

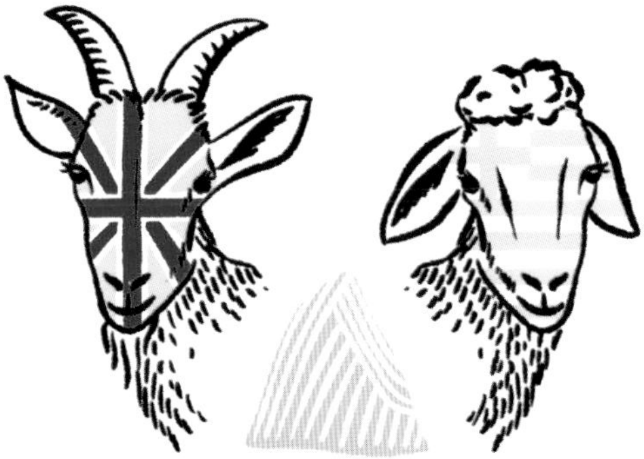

為什麼我們會在某些奶油中加鹽？

通常我們會為優質的奶油撒上優質的鹽，但並非任何一種奶油都適用！當我們在優質的奶油裡撒鹽時，我們會說是要讓它「流淚」，而實際的情況是：鹽會吸收奶油中所含的水分，並讓水分更快蒸發，因而形成風味更加濃郁、豐富的奶油。此外，在沒有冰箱或防腐劑時，加鹽也可以讓奶油保存得更久。

為什麼某些含鹽奶油中嘗到鹽結晶，但其他的卻不會？

一般而言，奶油會添加細鹽，但如果我們希望能嘗到小小的結晶來刺激我們的味蕾，也能添加一些在保存奶油時不會溶解的鹽結晶。這帶有結晶的奶油，通常會較僅添加鹽的奶油要昂貴，但品質也會因而出色許多。

奶油

為什麼奶油總是要密封？

你是否注意到，奶油若不是直接裝在小盒子中，就是以厚紙或鋁箔紙包裹？理由很簡單：奶油非常容易吸附氣味，而且若是接觸到空氣，即使冷藏也很容易變質。因此，從過去的香水商會使用奶油作為精煉油脂，用來接收多種花卉的芳香分子，就能知道奶油容易吸味的特質，所以更應該密封保存，以確保奶油的品質。

注意，這是技術所在！

為什麼市售的軟奶油，其實不如我們以為的「動了手腳」？

請不要大喊這很可恥，也毋需驚慌！工業上並沒有添加任何化合物，來讓這些奶油在冷藏後也保持柔軟。他們使用的是名為「分段結晶」的技術，也就是先讓奶油融化，再慢慢冷卻。冷卻期間，奶油並非都以同樣的速度凝固：部分奶油會較其他部分更快變硬。這時我們會提取仍保持柔軟的奶油，再度以電動攪拌機攪拌後再恢復原狀。這樣的奶油即使在冷藏 4～5℃時仍會保持柔軟，只不過風味卻已不再像原來那麼豐富。

主廚小撇步

為什麼在使用奶油為食物上色時，應加入少許高湯？

奶油在溫度超過 130℃時就會燒焦（見右圖）。為了避免奶油溫度過度升高的最佳辦法，就是加入少許高湯：這個方法可以防止溫度持續升高，最多只能到達高湯內所含水分的最高溫度，也就是100℃左右。而這就是大廚不願公開的小撇步 ;-）

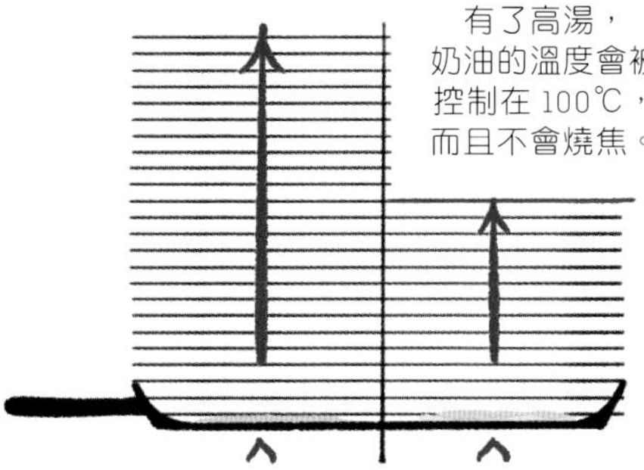
沒有高湯，奶油溫度會直線攀升，
而且從130℃開始燒焦。
有了高湯，
奶油的溫度會被
控制在 100℃，
而且不會燒焦。

為什麼黑奶油醬不是燒焦的奶油？

魟魚佐黑奶油醬就是應用黑奶油醬的完美範例。但不要緊張，主廚並不是用燒焦的奶油要毒害你！黑奶油醬是在榛果奶油中加醋所製成的，有時還會加入酸豆呢！

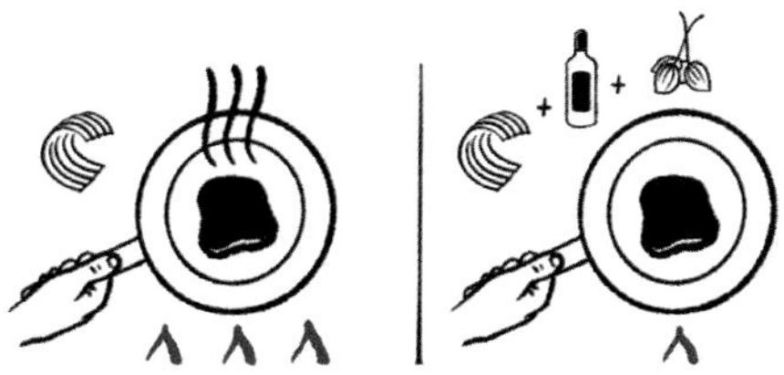
燒焦的奶油
黑奶油醬

關於奶油加熱的4項疑問

❶ 為什麼奶油會燒焦……

奶油含有將近80%的脂肪、16%的水和4%的蛋白質。在你加熱奶油時，奶油所含的水分會將溫度維持在最高100℃左右。

但當這些水分蒸發時，溫度便會快速上升。蛋白質和乳糖會開始變成棕色，這就成了著名的「榛果奶油」。

但之後奶油會開始燒焦，不過來到這一步一切就完了：奶油將會變得嗆辣並且帶有燒焦味。

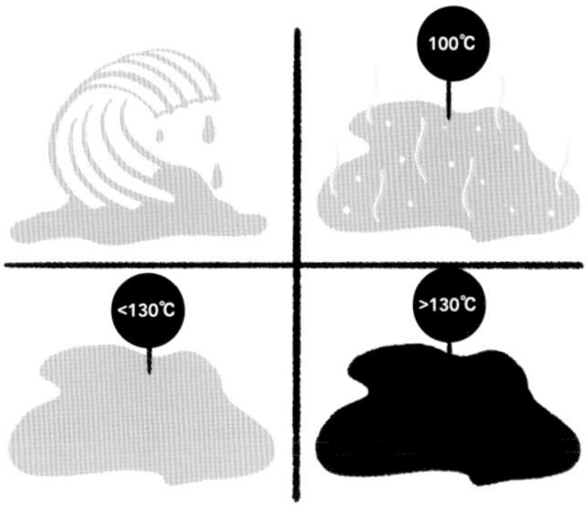

奶油因加熱而融化，水分蒸發，接著變成榛果奶油，但如果不即時處理，最終便會燒焦。

❷ ……如果加油混合，能改善嗎？

不同於刻板印象，用油加熱奶油也無法阻止奶油燒焦。奶油總是會在130℃左右開始變成棕色，如果溫度繼續上升就會燒焦。簡單地說，用油來稀釋奶油，即使顏色變得沒那麼深，但嗆辣的味道還是很明顯。如果想要證實，只要將過度加熱的奶油和油的混合物放入玻璃杯中，就能清楚看到發黑的燒焦奶油。

❸ 什麼是澄清奶油？

將奶油溫度還不高時就燒焦的部分，也就是蛋白質和乳糖過濾掉之後，便會形成一種帶有脂肪的奶油，即是澄清奶油，而這種奶油的發煙點為（不能超過）250℃。適合用於煎、炸等高溫料理，所以你甚至可以用這種奶油來炸薯條！

而澄清奶油的製作方式如下：

❶將奶油隔水加熱至融化。

❷撈去懸浮微粒。

❸用濾布過濾融化奶油，同時小心勿倒入底部的白色乳清。之後讓奶油冷卻並冷藏保存即可。

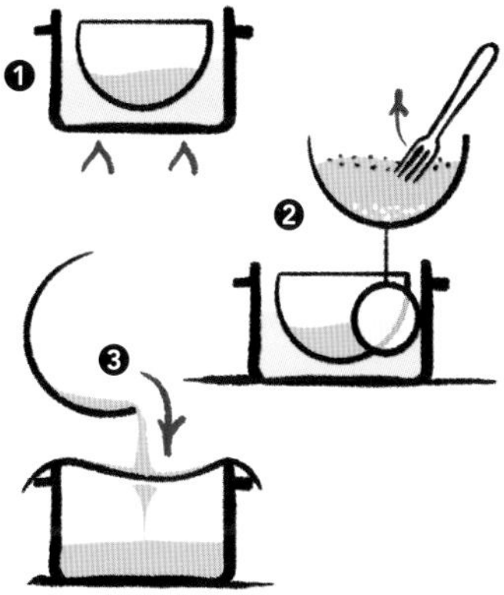

❹ 為什麼在煎肉或烤肉的最後步驟中再加入奶油，會好處多多？

奶油提供了油所沒有的味道。因此，若能在烹煮的最後步驟中加入奶油，除了可避免奶油燒焦，也可增添榛果奶油的香氣。通常我們會在同一時間內加入植物性香料，並在烹煮最後的4～5分鐘淋在肉上，以製作美味的湯汁。

乳酪

你不覺得很不可思議嗎？我們只用同一種食材——牛乳，
卻能製作出如此多不同的乳酪？

為什麼來自同一谷地的乳酪，未必具有同樣的風味？

同一個山谷的兩側並非朝向同一方向。一側可能比另一側更為陽光普照；而且也可能因為生長著不同種類的草和植物，所以也賦予牛乳不同的品質，因而讓生產出的乳酪有截然不同的風味。

為什麼乳酪有季節之分？

儘管大多數「生產乳酪」的動物全年產乳，但母羊只在 12 月和 7 月生產。此外，乳品的某些特質也會依季節而有所不同：例如春季時，法國的山羊、乳牛等在綠油油的優質草地上蹦蹦跳跳，因而會生產出優質的乳品。而有了優質的乳品，所生產出的乳酪自然也屬優質。
因此，如果我們有 3 月至 7 月（山區動物則會到 9 月）的優質牛乳，就必須考量熟成的時間，才會知道何時是最佳的食用季節。例如，卡貝庫羊乳酪（Cabécou）在 4 月至 8 月會很美味，聖內泰爾乳酪（Saint-Nectaire）則是 9 月至 10 月為最佳品嘗時節，因為後者的熟成期較長。

為什麼要這麼做

為什麼有軟質乳酪和較硬的壓縮乳酪？

乳酪是以牛乳製成的：必須先讓牛乳凝結、凝固，然後等待變硬。而在軟質乳酪的凝結期間，我們會讓水分自然流出。但在製作壓縮乳酪（例如霍布洛雄〔Reblochon〕、聖內泰爾、康堤〔Comté〕、博福特〔Beaufort〕等乳酪）時，我們會在塑形時擠壓乳酪塊，以排出水分和所有的乳清，然後再進行熟成。一般來說，軟質乳酪柔軟滑順，而壓縮乳酪則同時具有軟硬的質地。

為什麼有些素食者不吃乳酪？

乳酪由牛乳所製成，通常會使用動物來源的凝乳酶讓牛乳凝結。而動物來源的凝乳酶是取自未斷奶的幼年反芻動物，一般是小牛的第四個胃（第四胃，亦稱為「皺胃」）。既然乳酪中含有這動物來源的產物，有些素食主義者便不吃乳酪。然而今日已可用符合素食主義者標準的植物性來源凝結劑製造乳酪，也讓素食者多了一種食物選項

為什麼我們總是在製造乳酪的過程中加鹽？

鹽當然會對風味有所影響，但它還有其他的用處。例如：鹽會吸收乳酪中的水分，讓乳酪變得較硬，趕走不好的真菌和細菌，以延長保存期限，同時形成保護殼。

健康！

為什麼乳酪通常以木盒包裝？

木頭對乳酪的保存來說大有助益，因為它含有生物膜。這原理很簡單，生物膜為微生物（細菌、黴菌、酵母等）組成的共生細胞叢，可在熟成期間為乳酪提供保護。此外，我們也發現木頭能大大抑制李斯特菌的產生。

為什麼乳酪像葡萄酒一樣要熟成？

熟成是乳酪發展出味道、香氣，以及顏色、外皮和質地的階段。在這有點漫長的時期裡，乳酪會因微生物（細菌、酵母、黴菌等）而轉化，並發展出自己的特色。

為什麼不用同樣的方式來切所有的乳酪？

這是由於乳酪有許多不同形狀的緣故，如：有的乳酪帶有硬皮，有的內餡會流動，還有金字塔形狀和心形的乳酪。所以切乳酪的概念，是要讓所有人都能享用同樣品質的乳酪：包括得到一樣多的硬皮、一樣多的流動內餡等。唯一的例外是金山（Mont d'Or）或艾帕斯乳酪（Époisses）等流動乳酪，享用時只需要 1 根湯匙即可。

卡門貝爾（Camembert）、霍布洛雄（Reblochon）、聖內泰爾（Saint-Nectaire）乳酪

格律耶爾（Gruyère）、康提（Comté）乳酪

布利（Brie）乳酪

羊乳酪磚（Briquette de Brebis）

馬瑞里斯（Maroilles）、彭勒維克（Pont-l'Évêque）乳酪

乳酪

小故事

為什麼有些乳酪會帶有藍綠色的黴菌？

傳說有位牧羊人為了去看他的「美人」，而把1片放了羊凝乳塊的黑麥麵包忘在洞穴裡。回來時，他發現乳酪出現藍綠色的條紋。品嘗之後，他是如此喜歡它的味道，而洛克福乳酪（Roquefort）就此誕生。

這些洛克福黴菌來自一種叫做洛克福青黴菌的真菌，是從高溫烘烤的黑麥麵包中取得。高溫讓麵包形成烤焦的硬皮，但內部還是生的而且潮濕，之後人們將這些麵包保存在地窖裡2個月，讓麵包可以形成洛克福青黴菌。但在今日是使用菌株來培養這種真菌，已經很少用黑麥麵包來培養了

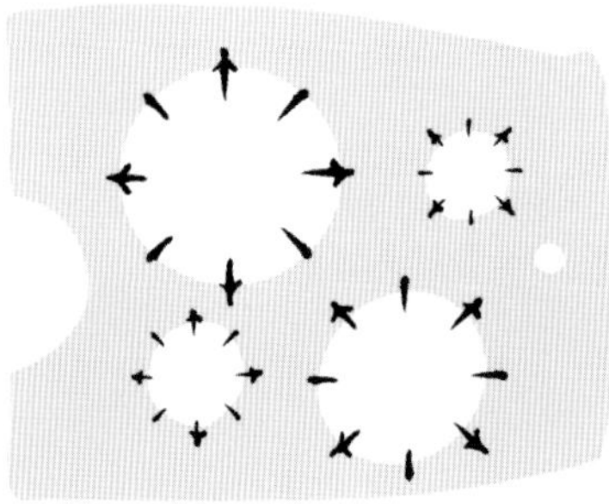

砰！

為什麼艾曼塔（Emmental）乳酪會有洞？

近幾年在科學上才發現：乳牛擠奶時會有微小的乾草粒子（小到可稱為「微粒」）掉進牛乳中，而乳酪在發酵時，這些微粒所排放出的二氧化碳，便讓圓盤形的艾曼塔乳酪塊形成孔洞並膨脹。可惜的是，隨著擠乳設備的進步，微粒不再因此掉進牛乳中，這些孔洞因而逐漸消失，所以這也是現今的艾曼塔乳酪沒有孔洞的原因。

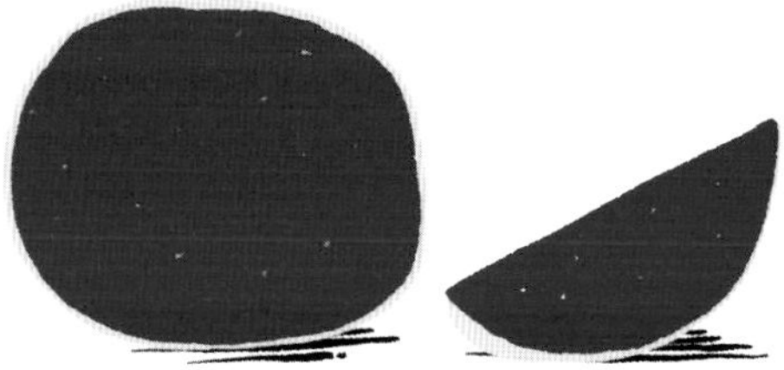

為什麼米莫雷特（Mimolette）乳酪是橘色的？

17世紀，路易十四的財政大臣柯爾貝（Colbert）禁止進口來自荷蘭的米莫雷特乳酪。而為了讓法國產的米莫雷特乳酪獲得大眾認可，人們會用胭脂樹染料來染色。胭脂樹是一種灌木，它的紅色果實在乾燥後可作為食用色素使用。而這也就是讓米莫雷特乳酪，以及其他如阿凡斯內（Boulette d'Avesnes）或巧達（Cheddar）等乳酪，甚至是黑線鱈魚排等呈現橘色的原因。而今日荷蘭的米莫雷特乳酪仍舊使用胭脂樹染料來染色。

為什麼有灰色的山羊乳酪？

有些山羊乳酪表面的顏色很像淺灰色的灰燼。即使有些灰色的山羊乳酪還會再撒上灰，但這樣的乳酪已越來越少見……事實上，人們會在牛乳中加入如青黴菌（Penicillium Album）或白地黴（Geotrichum Candidum）等可食用真菌，以形成乳酪美麗的灰色外皮。

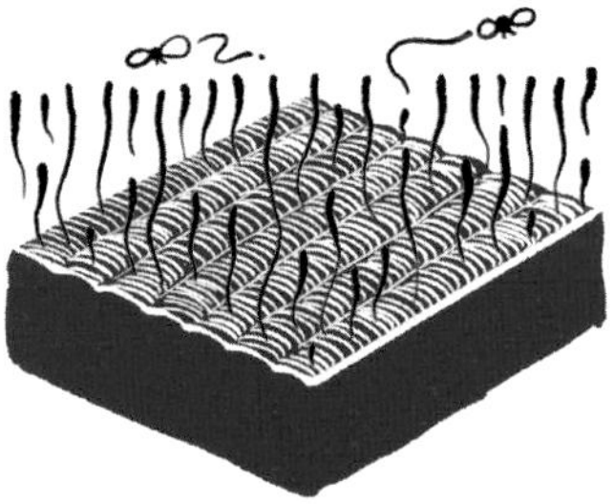

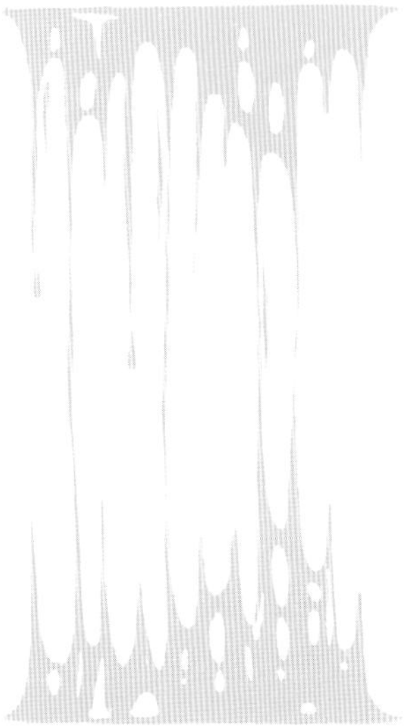

為什麼有些乳酪的氣味如此強烈？

乳酪皮上有個由細菌、酵母、黴菌等構成的瘋狂的世界。這部分的分子會轉變成蒸氣狀態並來到我們的鼻間。當我們聞到乳酪的氣味時，由於有些分子的氣味比其他的分子強烈……例如我們在某些橘色乳酪，如艾帕斯乳酪（Époisse）或馬瑞里斯（Maroille）的皮中發現的亞麻短桿菌（Brevibacterium Linens，我知道這很難發音），會產生一種氣味非常強烈的硫化合物——甲基硫醇，但這種氣味並不會蓋過乳酪本身的風味。

驚人！

為什麼有些乳酪中會有鹽結晶？

事實上這並不是鹽，即使它帶有嚼勁，也會帶來鹹味。其實這些結晶是乳酪熟成期間累積的蛋白質，也是品質的象徵。

為什麼有些乳酪會牽絲？

會牽絲的乳酪部分是由長鏈蛋白質所組成。在熱的作用下，這些蛋白質會延展拉長，形成長絲。而為了盡可能拉出最長的乳酪絲，必須一直朝同一個方向來攪拌牛乳。

為什麼人們在品嘗乳酪的過程中經常提到鮮味？

在日本，「鮮味」（編注：亦作「旨味」）指的是「鮮美的味道」。而在乳酪中，我們可感受到大量的鮮味，因為它會引發唾液分泌，並透過味道的平衡和圓潤口感而帶來幸福感，就如同我們亦可從母乳中找到大量的鮮味一般。這就是乳酪能和鮮味連結的原因。

不可不知

為什麼白酒比紅酒更適合用來搭配乳酪？

不可諱言的，這世界上有超過四分之三的乳酪其實更適合搭配白酒，雖然這個理論可能會讓你改變品嘗習慣，但是請看看以下這些原因：

(1) 紅酒的單寧會和乳酪的油脂形成衝突，引發令人不快的鐵味。

(2) 某些軟質乳酪中強烈的味道會破壞紅酒的美味和口感，讓人覺得可惜。

(3) 有些白酒的酸味和清爽感可以平衡乳酪的油脂。

所以有空不妨試試看白酒和乳酪的搭配，你會發現一切就是這麼的神奇！

乳製品與蛋

蛋

為什麼會有雞？因為有蛋。那為什麼會有蛋？
讓我們來好好思考一下這個問題……

證明完畢！

為什麼蛋是橢圓形而非圓形？

產卵過程中的初期，蛋是卵子，先是變成蛋黃，接著被蛋白包圍，之後才有蛋殼加以保護。一路上，我們的蛋像彈珠一樣圓，以方便移動。但為了讓這麼大顆的球從母雞體內極小的泄殖腔中排出，母雞必須幫它調整形狀：在進行了多次的收縮後，圓形的蛋就變成較小的橢圓形，讓蛋更容易產出。

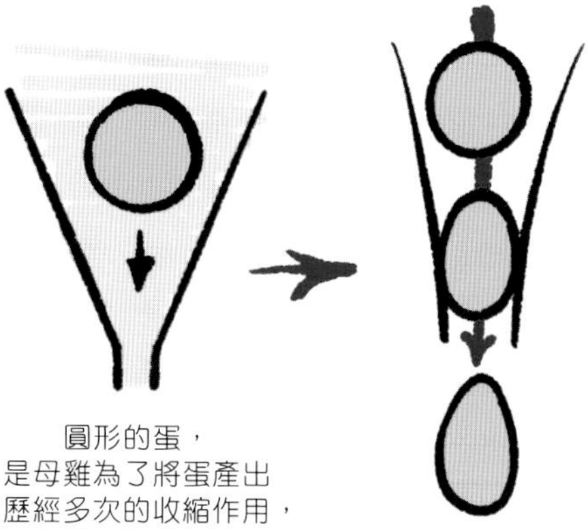

圓形的蛋，
是母雞為了將蛋產出
而歷經多次的收縮作用，
因此變成了橢圓形。

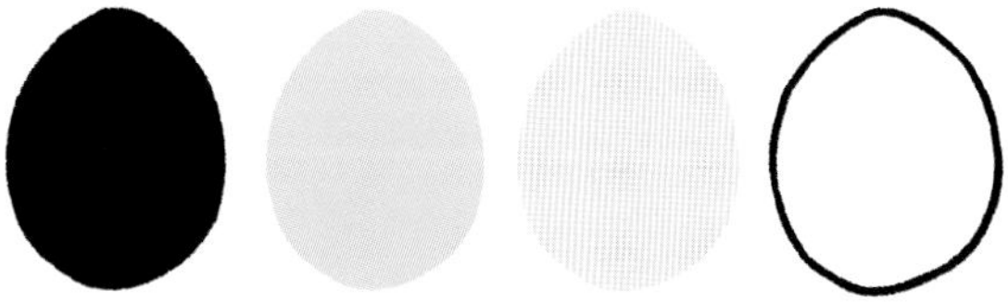

細微差別！

為什麼蛋的顏色不盡相同？

蛋的顏色依雞的品種而定。例如：克雷夫克雞（Crèvecoeur）會產出全白的蛋，農場紅雞（通常可在法國蛋盒上的照片見到）會產出米色的蛋，而瑪宏雞（Marans）會產出徹底是巧克力色的蛋，至於阿拉卡那雞（Araucana）則會產出藍綠色的蛋！例如在美國，我們比較容易見到白色的蛋，但在法國，米色才是標準色。雖然這是文化的問題，但也和飼育有關，例如：美國以能產蛋的白色萊亨雞為主，這種雞雖然體型很小，但產蛋量卻極高。不過因為體型小，所以飼養的飲食和空間費用不高，也因此牠的生產成本低於產米色蛋的品種。

驚人！

為什麼蛋非常堅硬，但同時也如此脆弱？

卵形是最能抵抗垂直面，但對水平面卻最無招架之力的形狀。一顆蛋的蛋殼厚度約介於 0.2～0.4 公釐之間，尖端朝上，在垂直面上可承受高達 60 公斤的重量；但只要比這小許多的重量，就從能側邊將蛋殼打破。在不會將蛋打破的前提下，研究人員甚至出於好玩而將紙板蛋盒不斷地堆疊，後來竟發現，在下層的蛋開始碎裂之前，他們已疊出高達 600 盒的驚人數目……

為什麼雞蛋裡沒有小雞？

雞蛋含有胚胎生長一切所需要的條件：保護功能和營養素。不幸的是，對漂亮的母雞來說（但對我們的食慾來說卻值得慶幸），沒有和公雞發生「親密關係」就沒有授精，我們因而能取得適合食用的處女蛋。

為什麼蛋黃的顏色並不總是很黃？

這主要取決於飲食和其中所含的胡蘿蔔素。不過雖然說是取決於胡蘿蔔素沒錯，但這種讓胡蘿蔔呈現漂亮橘色的色素，其實也大量存在於青草中。所以當野放雞蹦蹦跳跳地吃下美味的蚯蚓、種子和優質青草時，也同時吃進了胡蘿蔔素，讓牠們所生產的蛋黃因富含 Omega-3 而呈橘黃色。但反觀牠們的籠飼雞朋友，卻因終生被囚禁在雞舍裡，所以只能產出淡黃色且營養貧乏的蛋黃。

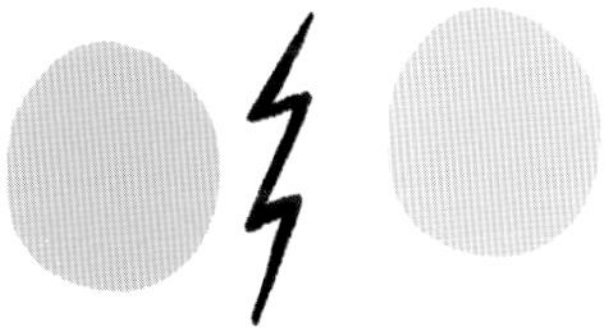

注意！

為什麼有些蛋會有2個蛋黃？

當每次發生「同一顆蛋裡有 2 個蛋黃」這件事情時，總讓我們的孩子感到驚嘆與幸福。但隨後問題就來了：「爸爸媽媽，這是顆神奇的蛋嗎？」這時你會開始搬出所知道的科學知識向孩子解釋：雙蛋黃通常是因為年輕母雞的輸卵管裡塞車所引起的。咦……不知道「輸卵管」是什麼嗎？你又必須開始解釋這一切……好吧！輸卵管是蛋從卵巢到生殖器孔之間通過的管道。因此，有時會發生 2 個蛋黃同時出現在輸卵管的情況，可能是第 1 個蛋黃前進得不夠快，被第 2 個蛋黃追上，也可能是第 2 個蛋黃過早排卵，讓它能夠加速趕上第 1 個蛋黃。因此在 1 個蛋殼裡就包了 2 個蛋黃。就這樣，同一顆蛋裡就有 2 個蛋黃！所以這並不是工業所製造出來的玩意兒……

為什麼蛋裡會有氣囊？

產卵時，從雞的體內到體外，蛋會遭遇溫差超過 41℃的熱衝擊。受到熱衝擊時，蛋會遇冷而收縮，而讓蛋在較寬大的一端形成一個小氣囊，因此被稱為「氣室」。

啪噠！

為什麼不新鮮的蛋會浮在水面上？

隨著時間的流逝，蛋白會逐漸變乾，因為蛋內所含的部分水分會逐漸穿透蛋殼而蒸發。當蛋白的水分流失越多，蛋白也逐漸縮小，使得蛋裡的空間變大，也讓氣囊變得越來越大。在經過一段時間後，氣囊就會大到像裝滿空氣的浮漂一樣，因此能夠讓蛋浮在水面上。

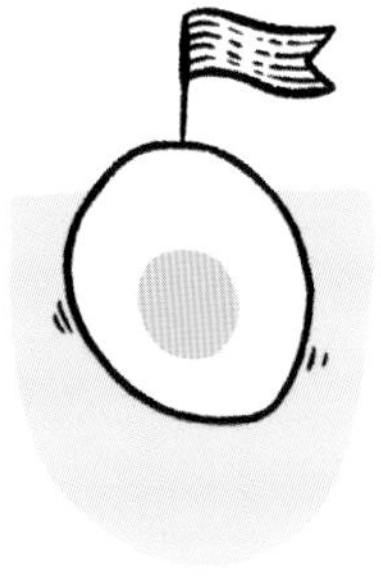

蛋

注意，這是技巧！

為什麼雞蛋上印有號碼？

因為每顆蛋的長相都大同小異，因此必須在每顆販售蛋上印上號碼。這號碼包含幾個非常重要的標示，在某種程度上就像蛋的身分證。

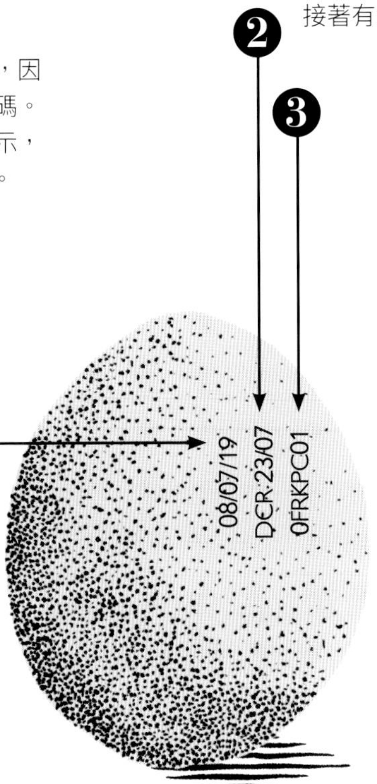

1 首先要有**生產日期**：在這日期的 9 天內，蛋被視為「特別新鮮」，非常適合做為製作各種含有生蛋或半熟蛋的醬料食材，例如蛋黃醬、以蛋黃為基底的醬汁和卡士達奶油醬。

2 接著有食用期限，即 DCR。

3 標示的是蛋雞的**飼養類型**，如：
0 為有機飼養雞
1 為部分露天放養雞
2 為大型雞舍室內放養雞
3 為籠養雞的編號
最後會以 1～2 個字母，來標明生產該顆蛋的雞隻**來源國家**，例如 FR 為法國，接著是識別**飼養來源編號**。（編注：台灣生產的洗選蛋標示尚無制式規範，建議選購前除了留意包裝上或打印在雞蛋上的製造日期，也要注意蛋品本身的狀態是否良好。）

驚人！

為什麼不該洗蛋？

當然，雞會在任何地方便溺，而牠們的蛋可能會受到糞便裡的細菌所污染。但大自然是如此鬼斧神工，就在蛋被生出來之前，會被一層黏液所包覆，形成非常薄的保護膜，稱為「角皮層」。這層膜可阻擋細菌穿透蛋殼，所以如果你清洗了蛋，就等於洗去這層保護膜，讓細菌可從蛋的孔隙中侵入內部。

蛋的外殼有層覆蓋整個蛋表面的保護膜。

為什麼不應讓蛋液接觸到蛋殼外部？

我們總是會回到同樣的問題：蛋的外殼確實是細菌的溫床。若你的蛋黃或蛋白接觸到外殼，就可能沾染到細菌。所以料理的訣竅就是：永遠要從最潔淨的一側打蛋，以免產生污染。

資訊＋

為什麼應該將裂開的蛋丟棄？

這是因為細菌可能會從裂縫處侵入蛋中並造成污染。因此建議最好將裂開的蛋丟棄，以免食用後導致生病。

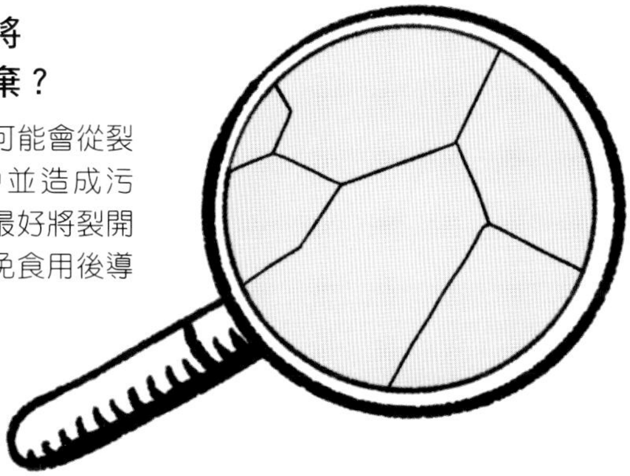

細菌會從蛋殼
裂開的地方侵入內部。

為什麼處理蛋後要洗手？

不會吧！你沒仔細閱讀上面的敘述嗎？因為蛋的外殼布滿了細菌啊！當你用手接觸蛋殼，就會讓部分的細菌附著在你手上。所以我們會在摸過蛋殼後就洗手，還有在製作蛋糕時，一定也要洗手。

健康＋

為什麼蛋不該冷藏保存？

在法國的商店裡，蛋通常是存放在常溫販售。原因是在冷藏時，角質層所形成的抗菌保護層會變得脆弱，而且細菌會在表面增生，蛋殼也變得容易被滲透，這麼一來，蛋被一點也不討喜的細菌污染的風險就大大提高。

那為什麼有些國家會將蛋擺放在冷藏架上販售？

因為法國禁止在將蛋販售給消費者之前洗蛋，但有些國家是許可的。一般而言，蛋在經過清洗後，角質層便不復存在，蛋殼也不再具有防止細菌入侵的作用。此外，若是將蛋置於冷藏保存，保存期限會變得非常非常短。

為什麼務必要遵守食用期限？

我們已經知道，蛋如果存放太久，蛋殼就會逐漸喪失保護力，也會讓同樣構成保護蛋黃的膜變質，讓沙門桿菌處於有利於繁殖的環境，所以絕對不能拿食用期限來開玩笑！

蛋

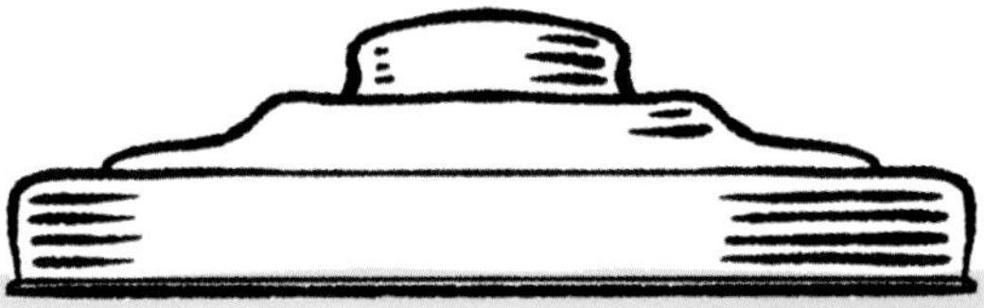

為什麼有時會將蛋和松露一起放在罐子裡保存？

首先，蛋殼有很多細孔。
其次，松露會散發出大量的香氣。
講到這裡，你了解其中的竅門了嗎？
只要我們將這兩者
一起擺在密封罐或密封盒中 48 小時，
蛋就有時間吸收大量的松露香氣。
即使沒有在蛋裡加入松露，
你的蛋還是會帶有松露的味道。
這個點子很棒，對吧？

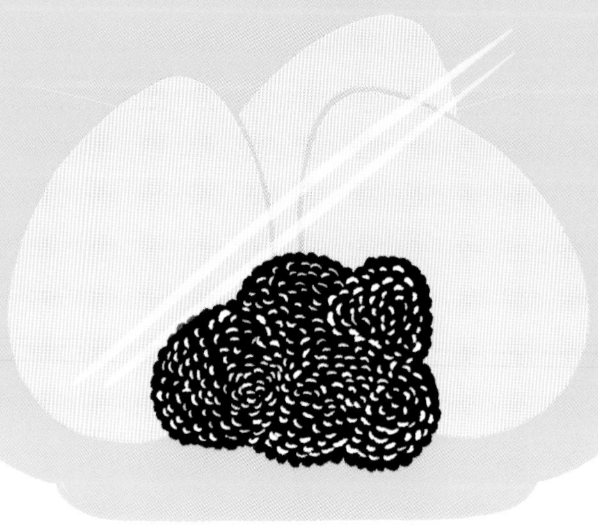

證明完畢！

為什麼生蛋旋轉的速度比熟蛋來得慢？

你無法分辨生蛋和熟蛋嗎？那就來轉蛋試試看吧！通常生蛋旋轉後會很快停止，而熟蛋則可旋轉很久。為什麼呢？這是因為生蛋含有黏性液體的緣故。在旋轉生蛋時，內部黏液難以跟著動作，因此會摩擦蛋殼，讓轉動停止。熟蛋則是一大塊會跟著旋轉的固體，所以轉動速度較快。

生蛋無法轉得太久……

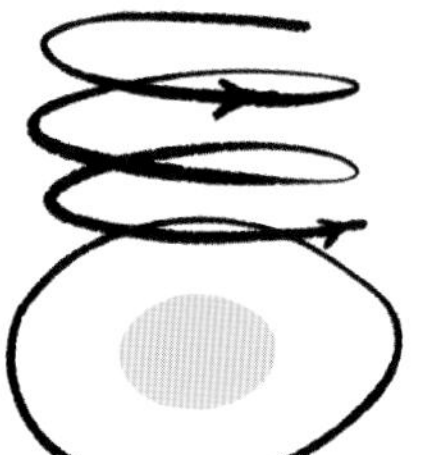

……但熟蛋轉得快！

注意，這是技巧！

為什麼蛋白可以打發成泡沫狀……

當我們攪打蛋白時，因為拌入了空氣，所以會產生泡沫。而確切的原理如下：蛋白含有表面活性蛋白，也就是說，這種蛋白質同時與水和空氣相連結，所以當我們以電動打蛋器為媒介拌入空氣時，這種蛋白質就會位於蛋白所含的氣泡和水之間，讓整體穩定下來。我們攪打得越久，氣泡就會分裂出越多越小的氣泡，並因表面活性蛋白而讓整體變得更加穩定。這也就是我們攪打蛋白夠久時，會使蛋白硬性發泡的原因。

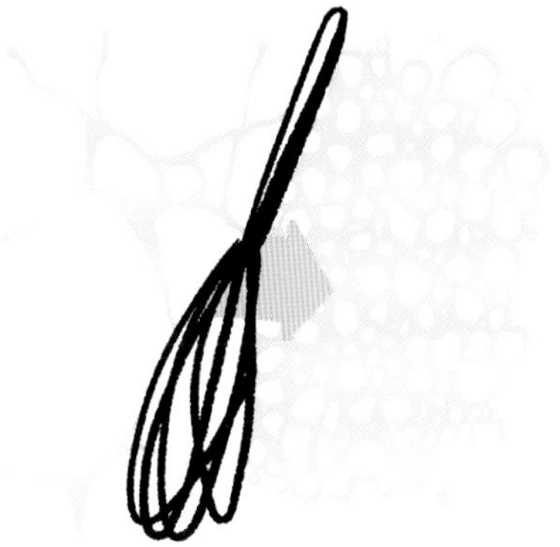

打蛋器能將空氣拌入蛋白的表面活性蛋白質之間。

……但為什麼有時又無法打發？

蛋白不僅含有利於打發成泡沫狀的表面活性蛋白，也有疏水性蛋白。當蛋白中含有蛋黃，疏水性蛋白壓過表面活性蛋白，蛋白便無法打發。

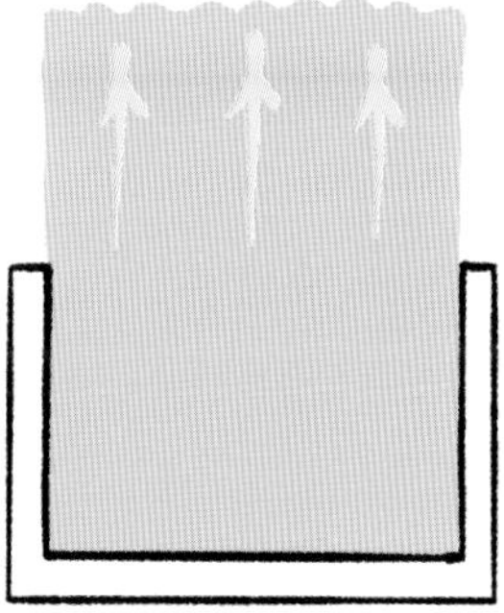

水蒸氣在舒芙蕾內部上升。

噗嘘！

為什麼舒芙蕾會膨脹？

我們經常讀到，這是因為「空氣受熱使得體積增加」，因而導致舒芙蕾膨脹。雖然說，這確實會有影響，但實際上的影響極小，因為加熱時膨脹的空氣只佔 25%，而舒芙蕾的體積卻明顯膨脹了 3 倍。真實的狀況是：加熱時，食材中所含的水分受熱後轉變為蒸氣。在蒸氣上升的同時，蛋的蛋白質逐漸凝固，將上升的蒸氣團團包圍，導致外觀膨脹，但是在切開舒芙蕾時，蒸氣會瞬間散逸……這時舒芙蕾就會瞬間塌下了。

正確作法

為什麼舒芙蕾應該在烘烤初期，就將表面烤至金黃色？

由於蒸氣會讓我們的舒芙蕾膨起，因此絕對要避免讓蒸氣散出。如果我們預先將舒芙蕾的表面烤成金黃色，便可形成一小層麵皮，讓蒸氣難以穿透，結果是我們的舒芙蕾將會膨脹得更加高聳，視覺效果更為明顯。

蛋

為什麼炒蛋或烘蛋時必須先加鹽？

這就像是在肉或魚中加鹽一樣：鹽會改變蛋白質的分子結構（請參見「鹽」章節）。這些蛋白質一旦改變結構後，就比較不會在烹煮時扭曲，也較不易排出水分。
所以如果你在炒蛋或烘蛋前 15 分鐘先在蛋液裡加鹽，烹調後的蛋料理不但比較不容易變乾，煮好之後也會更加軟嫩多汁。
此外你也會發現，先加鹽的蛋在烹調後，會呈現更鮮豔的黃色。這是因為蛋白質一旦延展開來，可通過的光線就會減少，因此能保留更多的原始色澤。

驚人！

為什麼煮蛋時，蛋會冒泡？

烹煮時，蛋白中所含的水分會轉化成水蒸氣。而水蒸氣會透過多孔隙的蛋殼冒出，形成浮至表面的小氣泡。

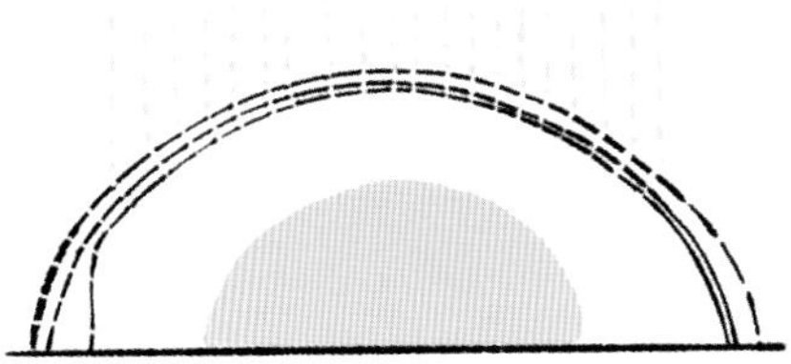

為什麼用沸水煮蛋時，蛋殼會破裂？

當你用沸水煮蛋時，氣泡會使蛋在鍋子裡到處亂滾；首先蛋會被抬升，接著再落至鍋底，不斷地重複循環。在經過如此多次的碰撞後，蛋殼的結構會變得脆弱，最終會裂開，讓蛋液的細絲流出。所以，請用低於沸點的溫度煮蛋，就可避免蛋破掉！

砰！

而且為什麼將蛋拿去微波會爆炸？

微波加熱的速度非常快，所以蒸氣沒有時間通過蛋殼散出：整顆蛋就像是壓力鍋，因此當壓力逐漸上升，直到蛋殼承受不了時就會爆炸。

關於蛋白和蛋黃的4項疑問

❶ 為什麼淺黃色的液態蛋白在烹煮時會變白……

因為液態蛋白會轉變成膠狀而讓光線分散。你還是有點不太懂嗎？好吧！讓我來再說明詳細些……這有點技術性，但很容易明白：蛋白質之間主要是以氫鍵作為連結，這樣的方式能為它們提供空間結構。但從 70℃開始，熱能會引發熱擾動，進而打破氫鍵連結，蛋白質在展開之後，會使蛋白質鏈彼此之間變得更緊密連接。而這樣的連結會讓光線分散，就形成了不透明的蛋白。

❷ ……蛋白變硬的原因？

從**水溫 60℃開始**，蛋白中所含的蛋白質之一：卵運鐵蛋白（Ovotransferrin）就會開始凝固，同時讓蛋白變成乳白色。而這種情形以水煮蛋最為明顯。

通常**從 70℃左右**開始，蛋白會變得結實，同時仍保有水分，所以其實我們這時就已經得到了熟蛋……

但是當蛋開始**煮到 80℃之後**，這時另一種蛋白質：卵清蛋白（Ovalbumin）就會開始凝固，並使蛋白變乾，而這也就表示煮過頭了。真是可惜……

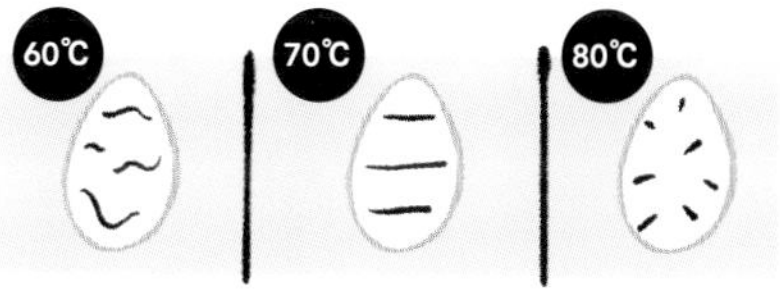

❸ 為什麼蛋黃也會變成固體狀？

其實當水煮蛋在**水溫 65℃以下**時，蛋黃仍是液態的。這是水煮蛋最理想的狀態！

不過**水溫從 65℃開始**，蛋黃的蛋白質之一：卵磷脂，會開始變得濃稠。這也是溏心蛋的理想狀態。

而**從水溫 68℃開始**，卵磷脂就會真正開始凝固，形成固態蛋黃。

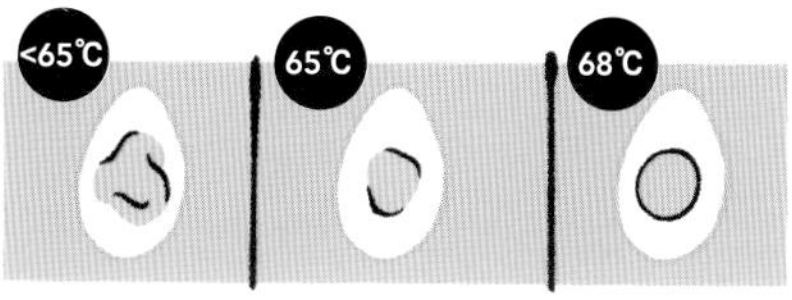

❹ 為什麼法式水煮蛋（帶殼溏心蛋）的蛋白是「凝固」的，而蛋黃卻是「流動」的？

由於蛋白扮演著壁壘的角色，而「熱」需要時間才能到達蛋黃；所以當蛋白吸收了大量烹煮的熱量，之後將溫度維持在 60℃左右煮 3 分鐘，熱就會到達蛋黃，開始將蛋黃煮熟。但是要注意不能加熱超過 3～4 分鐘，才讓蛋黃夠熟，但卻不至於凝固。

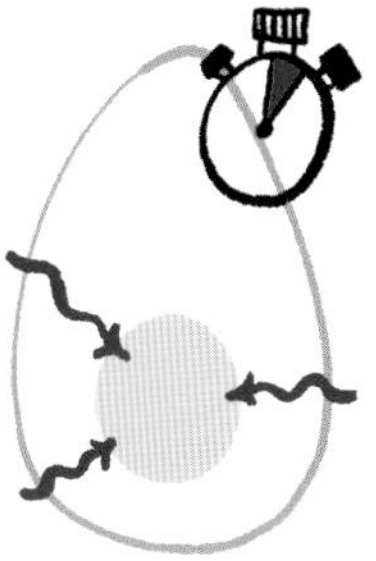

米

全世界都會食用各種不同種類的米，例如白米、糯米、糙米等，
再搭配肉丸或牛奶等做成各式料理。如果是在你的廚房，你想怎麼做呢？

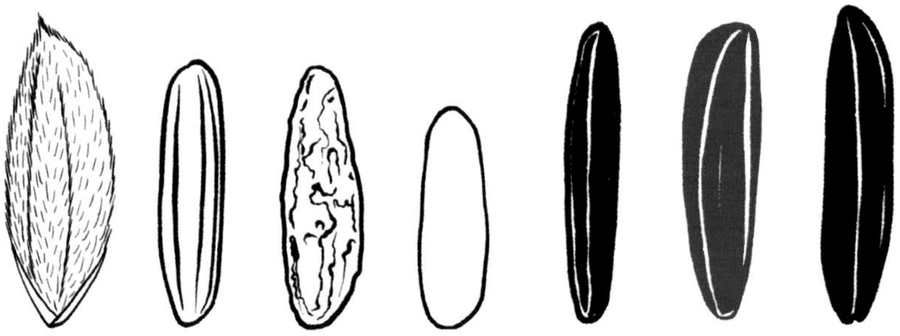

稻米　糙米　胚芽米　白米　黑米　紅米　野米

為什麼米會有白米、糙米、黑米和紅米之分？

米的顏色會依精製和加工的程度而有所不同。

稻米是剛收成的穀粒，受到粗糠，也就是稻米的外殼所包覆（這是不可食用的）。而各種不同的米的區別，就是由此為基礎開始變化。

糙米是一種已去除粗糠的米，但仍含有麩皮和胚芽，因此又稱為「全穀米」。

胚芽米是一種經稍加研磨，以減少麩皮厚度的全穀米。這種米仍富含礦物質。

白米是最精製的米，已去掉粗糠、米糠和胚芽。這種米幾乎已喪失三分之二的礦物質。

黑米是一種源自中國的全穀米，現今在義大利的波河（Pô）河谷也有種植。外皮為黑色，但米芯是白色的。

紅米也是一種全穀米，麩皮很厚，米粒外表的粉紅色會在烹煮過程中加深。

野米並不是真正的米，而是菰屬的一種草（我不是在開玩笑，這是真的！），跟稻米一樣也生長在水中。

為什麼有的米粒是圓的，有的是長的？

米粒有圓形和長形兩種。這些形狀來自最常使用的米種：米粒細長的印度米，以及米粒橢圓或圓形的日本米。長米較不黏，主要用來搭配菜餚。圓米則因為富含澱粉，往往具有黏性，而這是用於製作義式燉飯、西班牙海鮮飯、壽司和甜點的米。

為什麼泰國黏米會黏？

這種需要蒸煮的特殊米種含有大量的支鏈澱粉。沒錯，就是支．鏈．澱．粉！……怎麼了？你不認識支鏈澱粉？不不不，這並不是最新時尚酒吧的名字……支鏈澱粉是常見澱粉的主要成分。而讓這種米呈現既濃稠又柔軟的口感，就是支鏈澱粉的作用（好啦，你念得出來了嗎？）。

為什麼米飯煮熟時不會沾黏？

米飯煮熟的時候，米粒會排出部分所含的澱粉，讓表面變黏並且凝結成團。如果要讓米變得不黏，就要阻止澱粉排出。在這方面，工業上已找到萬無一失的訣竅：燜煮。就是用 105℃的水蒸氣來烹煮，這樣的燜煮方式會將澱粉轉變成膠質，讓澱粉在烹煮時繼續留在米粒中。嘿嘿，這樣米飯就不會變黏了！

用 105℃的水蒸氣進行燜煮，讓澱粉仍然留在米粒中，就不會產生黏粒問題。

為什麼白米在烹煮前需要清洗？

因為米粒表面的澱粉會讓米粒變得容易沾黏。大致上，我們可以先去除大部分的澱粉，以減少黏粒的問題（雖然說在烹煮時還會再流失少許的澱粉），因此烹煮前應該把米洗個幾次，直到洗米水不再是白色為止再煮。

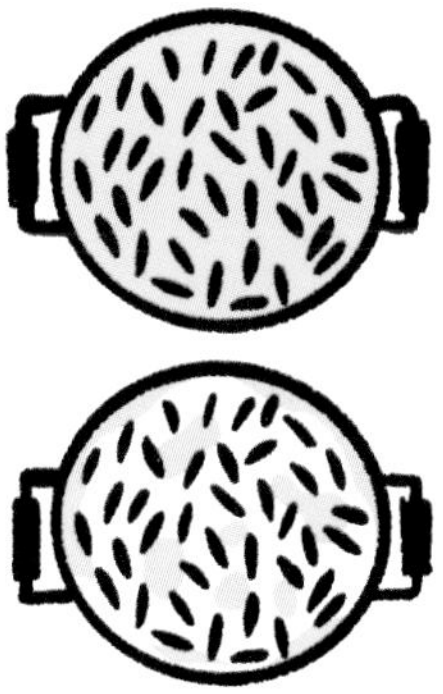

清洗過的米，在烹煮時幾乎不會流失澱粉，因此較不會沾黏。

為什麼糙米、黑米和紅米的烹煮時間較白米長？

這些米都是糙米，仍保有它們的麩皮。麩皮不僅需要較長的時間烹煮，而且還會阻止水分進入米粒中，因而使烹煮時間更長。若要縮短烹煮時間，理想的解決方式是預先用水浸泡 1 小時，讓麩皮被水分浸透，這麼一來就能在烹煮過程中，讓水更快地滲入米粒中。

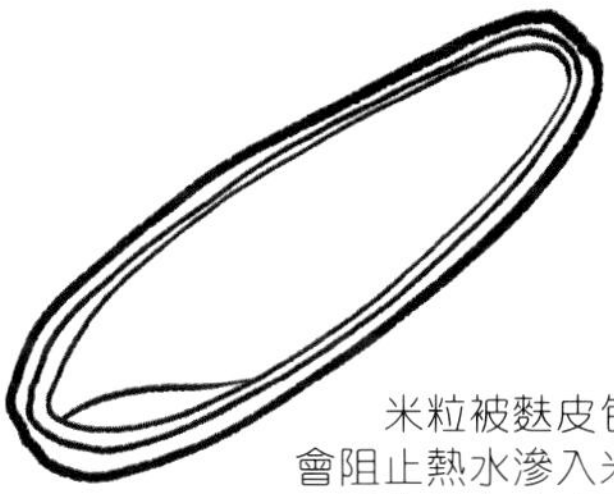

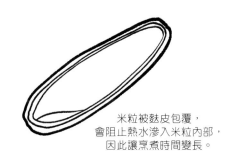

米粒被麩皮包覆，會阻止熱水滲入米粒內部，因此讓烹煮時間變長。

為什麼烹煮米飯時要加蓋？

當你用湯鍋煮飯時，不能在一開始就加蓋，得要煮到米粒夠熱後將火調小，這時再加蓋，讓蒸氣留在鍋中。這麼一來，米粒會因為蒸氣而繼續受熱膨脹，而不是因為水。所以我們不必將蓋子掀開，也不用攪拌，只要等煮好後再用叉子或飯匙將米飯撥散即可。

一開始先以不加蓋的方式煮米，接著將火調小，再加蓋。

義式燉飯與西班牙燉飯

啊，義式燉飯！還有西班牙燉飯！這兩道充滿陽光的菜餚，
它們的共通點就是都有美味的米飯、高湯，還有地中海的味道。
但要注意的是，不要期望用西班牙海鮮燉飯的米來做出美味的義式燉飯，反之亦然！

為什麼義式燉飯的米粒既黏稠又保有硬度？

一般人認為這道料理能有如奶油般濃稠的口感，並不是因為米飯，而是醬汁。但是請容我說明，其實如奶油般濃稠的質地，和醬汁並沒有絕對的關係，而是因為來自米粒表面所含的大量澱粉。在烹煮過程中，這些澱粉會在高湯中膠化，讓米粒彼此沾黏，並讓高湯變得濃稠，形成本身為了讓米粒黏附的奶油質地。所以請讓我們放下 Oncle B 品牌的米、粳米或其他的印度香米！因為這些米都不是義式燉飯用米。

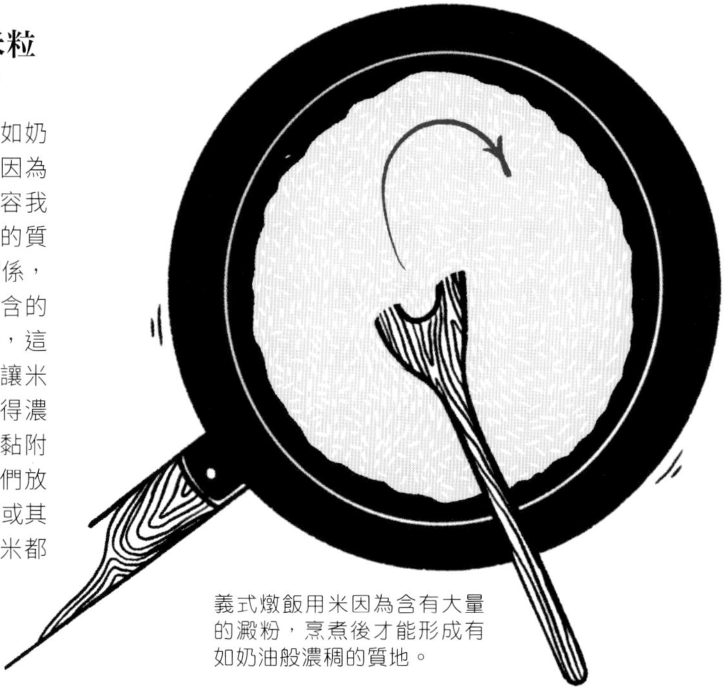

義式燉飯用米因為含有大量的澱粉，烹煮後才能形成有如奶油般濃稠的質地。

為什麼義式燉飯的米必須精挑細選？

義式燉飯的用米，都來自於義大利北部的波河谷地。

卡納羅利米（Carnaroli）被視為是義式燉飯的「米中之王」。澱粉含量最高，因此最能煮出如同奶油般濃稠的燉飯。

阿勃瑞歐米（Arborio）是最常見、也最容易找到的燉飯用米，但也是最可能在烹煮時碎裂的米，因此需要多加留意。

納諾米（Vialone Nano）是可煮出較滑順且偏液態的燉飯米種。在義大利，人們說要煮至 à l'onda，即「像海浪一樣」的稠度，就會使用這款米。而這也是威尼斯人偏好的米種。

馬拉德里米（Maratelli）是二十世紀初期自然雜交所產生的品種。這種米的米粒較小，而且非常耐煮。

巴爾米（Baldo）的米粒大且長，吸水度極佳。用這種米可煮出極為濃稠的義式燉飯。

好吃！

為什麼能用米以外的穀物來做義式燉飯？

基本上，米就是一種穀物。因此，使用其他的穀物來煮並不會改變作法，只是這已不再是真正的「燉飯」。不過雖然沒有米……但這些穀物只要釋出少許的澱粉，就會形成略為濃稠的逼真「燉飯」。因此可以試試大麥、燕麥或斯佩爾特小麥（Spelt）、葵花籽或蕎麥等……但烹煮時間通常較長，不過搭配米飯也很美味喔！

為什麼煮燉飯的米不用清洗？

燉飯這道料理，正是要利用米的澱粉才做得出來。如果在烹煮之前就把澱粉洗掉，你煮出來的燉飯將不可能擁有奶油般的質地。以宙斯之名，絕不要清洗燉飯用米！

為什麼將米粒拌抄至裹上奶油的程序並不重要？

人們常說在煮燉飯的初期「要將米翻炒到變成半透明」。但在這個階段中到底發生了什麼事？
米粒會因加熱而變得透明，澱粉開始轉化，並讓每顆米粒被油脂包覆，進而反射出光線（並非真的透明）。但是與此同時，油脂也會包覆住米粒表面，因而減緩高湯滲入的速度，澱粉也因此需要更長的時間才能釋出，好讓高湯變得濃稠。但這麼做最終的效果並不明顯，即使是由出色的義大利廚師來掌廚也一樣。因此，除非你堅持，否則不必將米粒拌抄至裹上奶油，因為最終的結果並沒有太大差異。

為什我們會在煮義式燉飯的一開始就加入白酒？

這是因為燉飯濃稠的結構可能會「蓋過」味道。如果在烹煮初期加入白酒，也能添加少許酸度，這可為料理注入活力並喚醒我們的味蕾。只要這小小一杯的白酒，就能提升我們對料理中各種風味的感知，何樂而不為？

驚人！

為什麼義式燉飯可以提前預煮？

我的天啊，我肯定會被義大利的朋友百般咒罵！但沒錯，我們可以提前將義式燉飯煮好，而且大多數餐廳業者都是這麼做的。不過，噓！他們絕對不會告訴你……但是這麼做的效果真的很好。現在就來看看他們是怎麼做的！

❶將大的金屬料理方盤冷凍約 30 分鐘冰鎮。在燉飯煮到三分之二熟時，將燉飯鋪在這些冰鎮過的大方盤中，最多鋪到 4～5 公釐的高度，不要超過，否則冷卻的時間會過長。

❷放入有風扇設備的大冷藏櫃中，以快速降溫，通常燉飯會在 2～3 分鐘內冷卻。

❸接著在米飯的表面貼上保鮮膜，防止水分蒸發，之後放入冷藏保存。

❹在上菜之前，再取出完成燉飯的最後烹煮。

你當然也能在家如法炮製。將煮好的燉飯冷凍 15 分鐘，接著蓋上保鮮膜冷藏保存。如果有朋友到訪，則不妨提前 4～5 小時製作，待上桌前再完成最後的烹煮。

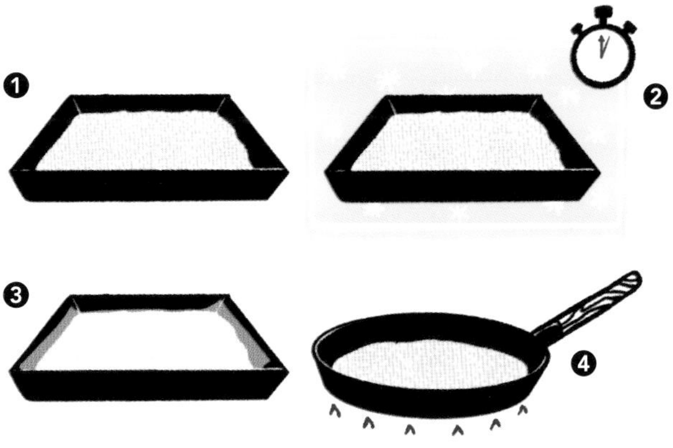

米與麵

義式燉飯與西班牙燉飯

關於製作燉飯的2大疑問

煮燉飯時應該要一次加入所有的高湯？還是分批加入比較好？

首先要了解的是，為什麼我們通常會說「分次加入高湯」。一旦了解這個道理，就能知道為什麼可以用更簡單的做法來達到相同的結果。而這並不複雜，讓我們開始吧！
首先要知道的是，高湯的蒸發能力只取決於它的表面積。因此，在同一個鍋中，不管你的高湯是 1 公分還是 5 公分高，蒸發能力都是一樣的。而蒸發的表面積越大，蒸發速度就越快。就是因為這樣，食譜才告訴你要分數次加入高湯，才能「濃縮味道」。但如果我們先濃縮味道，再一次倒入高湯呢？關於這樣的做法，很神奇的是……效果非常非常好！所以，其實分幾次倒入高湯一點用也沒有：嚴格來說並不能改變什麼。因此，下次製作義式燉飯時，可以先將高湯濃縮，再一次加入你的米飯中，效果就和你分次加入未濃縮高湯完全一樣。

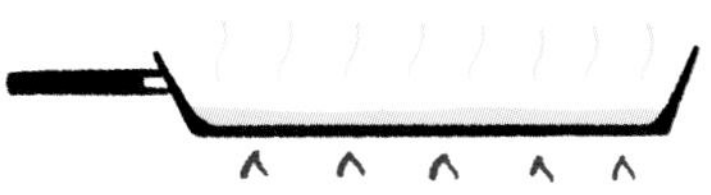

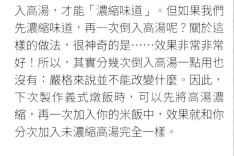

在平底煎鍋中，1公分高湯的蒸發能力……

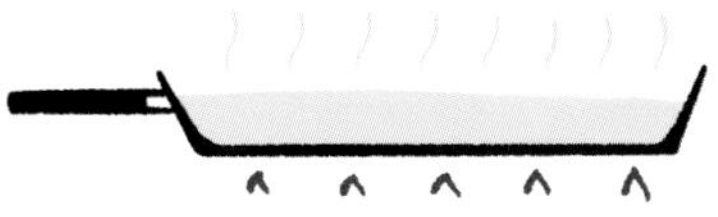

……就和5公分的高湯完全一樣。

為什麼要用大型平底煎鍋煮燉飯，而非平底深鍋？

這有兩個很好的理由。
(1) 煮燉飯時，我們竭盡所能要讓高湯中的水分快速蒸發，以進行濃縮。然而我們剛剛看到，高湯的表面積越大，蒸發的速度就越快。因此對相同體積的液體來說，裝在大鍋裡的蒸發速度，會比裝在小鍋裡更快。
(2) 當你用平底煎鍋煮燉飯時，由於米的高度較矮，表層和底層的米都能被均勻地加熱。但如果使用平底深鍋（比平底煎鍋的面積小）來烹煮，這時米的高度就很重要，因為底部會很快被煮熟，但表面卻很慢熟，所以我們會看到表層和底層的米粒質感，因烹煮所造成的巨大差異。

在平底深鍋中，為了能夠均勻烹煮，
米的高度極其重要……

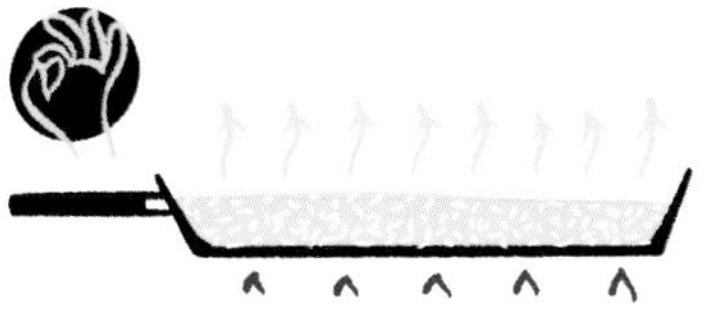

……然而在平底煎鍋中，米的高度
就沒那麼重要，因為每處的受熱都很均勻。

為什麼要先用煮燉飯的鍋翻炒肉類和魚後再放米？

當肉類或魚炒至金黃色時，會產生美味的湯汁，而且部分收乾的黏稠湯汁會附著在鍋中。所以當你接著倒入米粒翻炒，再倒入高湯時，便能將這些美味的菁華融合在一起，為菜餚帶來豐富的滋味。所以千萬不要再移到另一個鍋子來煮了，這樣只會白白讓美味流失！

在用平底煎鍋翻炒肉之後，可倒入米，接著再加入高湯。

為什麼西班牙燉飯用的米和義式燉飯的不同？

儘管這兩道菜的製作方式非常相近，但目的卻極為不同：義式燉飯會搭配如奶油般濃稠的高湯，而西班牙燉飯則沒有湯汁。在煮西班牙燉飯時，米飯對高湯的吸收能力非常重要，但飯粒之間不能互相沾黏。而目前常見於烹調西班牙燉飯的米有：

瓦倫西亞米（Valencia）：圓米的一種，可吸收約其體積 4 倍的高湯。在烹煮時不會爆裂，也不會沾黏。

邦巴米（Bomba）：又稱「米中之王」，是極為古老的米種，米粒短，可維持硬度，同樣也不沾黏。

巴西亞米（Bahia）：生產於瓦倫西亞地區，米粒短，是吸水力最強的米之一。

阿爾布費拉米（Albufera）：略為接近義式燉飯用米，在提供柔滑度的同時仍能保持硬度。這是一種不太會膨脹的米。

正也因為兩者的用米特性有顯著的不同，所以千萬不要用義式燉飯用米來製作西班牙燉飯，這肯定是場災難！

為什麼煮西班牙燉飯要先從濃縮高湯開始？

由於濃縮高湯內所含的部分水分已經蒸發，所以是一種味道較濃郁的高湯。因此食譜會建議在烹煮初期先將高湯收乾至濃稠，但你也能提前準備已濃縮的高湯，可節省烹調時間。

義式燉飯和西班牙燉飯用的米性質大不相同：義式燉飯用米會吸收高湯，同時會排出澱粉，而西班牙燉飯用米則只會吸收高湯。

為什麼有時會在菜單上看到黑色的義式燉飯或西班牙燉飯？

不必擔心，飯並沒有燒焦，只是被這道料理中墨魚汁食材染色而已。墨汁是墨魚或魷魚受到攻擊時的防禦機制：讓牠們可藏身在黑色不透明的雲霧裡，使侵略者因為看不到牠們而卸下武裝。如果用墨汁來煮義式燉飯、西班牙燉飯和義大利麵，不但能為這些料理帶來深黑色的色澤，增加視覺特色，還能更加美味。

壽司米

我在這裡提到的，並非是在大多數餐廳或超市裡，
以乏味的米飯為基底，再裹上冷凍魚的握壽司；
而是由壽司屋裡的師傅，以非常特殊且需要特別注意的米飯，
所製作真正的握壽司！

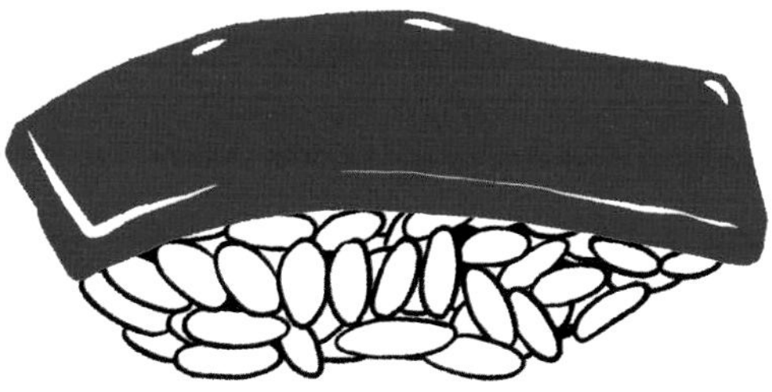

握壽司有80%是米飯，
20%為魚肉。

驚人！

為什麼握壽司最重要的是米？

人們往往認為握壽司的品質取決於上頭的生魚片。但大家都搞錯了！握壽司最重要的食材其實是米。最主要的原因是，握壽司中最主要的成分是米：而理想的比例是 80% 的米飯和 20% 的魚。

接下來很重要的是，米飯被放在魚肉的下方：不是旁邊，不是上面，而是下面。因此品嘗握壽司時最先接觸到舌頭的是米飯，人們第一個感受到的便是米飯的滋味。在某種程度上，米的調味會啟動味蕾，並為味蕾做好品嘗魚肉的準備。看似簡單，但美味的壽司是有很多學問的，而我甚至都還沒聊到生魚片怎麼切……

聚焦

為什麼壽司米如此特別？

用來製作壽司的圓米，和義式燉飯及西班牙燉飯使用的米屬於同一家族，但澱粉含量較少。日本會依地區而種植不同種類的米，不過相較於亞洲的其他地區可能會採收數次，日本則只採收一次。最重要的兩種米，是味道濃郁且具一定黏性的**越光米**（Koshihikari），以及較清淡的**笹錦米**（Sasanishiki）。人們經常忘記的是，米也是一種充滿水分的新鮮穀物，因此在採收後需要時間乾燥。為了避免這些米乾掉並流失味道，日本人會將壽司米保存在陰涼處，甚至是在有效的 1 年保存期限內進行冷藏。

為什麼主廚要對壽司米的調味保密？

理論上，壽司米的調味非常基本，即醋、糖和鹽的混合。但每種食材的品質和比例，會依不同主廚的喜好，以及他們在日本服務的地區而有所不同。加上日本是被兩大海洋所環繞的群島，南北部之間的天氣有極大差距，因此各地區捕捉的魚類也不盡相同。所以，米飯的調味也會依擺放在壽司上方的魚的種類，以及主廚的喜好而定。此外，就是每名主廚都會小心翼翼地守護著他們的調味祕方……

關於壽司飯的3大疑問

❶ 為什麼要在一次的餐期服務中分次煮壽司飯？

通常米飯煮好後會靜置約 30 分鐘，接著以精準的 37℃保溫。但漸漸地，味道仍會改變，美味度下降，所以好的壽司店不會將壽司飯保溫超過 2 小時。而為了能夠始終如一地為顧客提供高品質的米飯，壽司店會在不同的服務時段，分次煮好幾次米飯。

❷ 為什麼壽司飯必須精準地在37℃時上菜？

給你一個提示，37℃是人的體溫。你看出其中的關聯了嗎？在將壽司放在舌頭上時，米飯和嘴巴不應該有溫差，如此就不會產生熱衝擊，因為即使只有極小的溫差，都會干擾對味覺的感受。通常較冷的飯較「難親近」，而較熱的飯則較變化不定。所以完全符合人體溫度的米飯，更能襯托出生魚片的美味。而這兩種成分之間的溫差，也成為決定能否品嘗到美味壽司的基礎。

❸ 為什麼美味的壽司要在吧檯品嘗而不在房間裡吃？

高級的壽司店不會有桌邊服務，而且只能在吧檯品嘗個位數的壽司（絕不會同時端上好幾盤）。理由很簡單：壽司飯的美味是不等人的。由於在接觸到溫度較低的生魚片時，米飯會變冷，生魚片則會變熱，因而打破了平衡。所以壽司職人們都認為，將壽司送上桌時若花去太多時間，就無法維持米飯和魚之間最理想的美味。因此做好的壽司必須立即享用！

正確作法

為什麼絕對不能用壽司飯沾醬油？

這非常不敬！絕對不要在壽司店裡這麼做，否則你肯定會看到主廚不以為然的目光。而絕對不要用米飯沾醬油的理由有兩個：

(1) 米飯可能會在醬油裡崩解。

(2) 米飯會吸收醬油，味道因而會發生變化，並影響到整個壽司的味道平衡。但在品嘗壽司時，為了調味，人們會用筷子挾起壽司，將壽司翻面讓魚肉面朝下，接著再挾起，用生魚片沾取少許醬油，然後再一口放進嘴裡，就是這樣。

注意！

為什麼絕對不能將筷子插在飯碗裡？

絕對不要在日本，也不要在日本餐廳裡這麼做，否則會讓在場的人感到不舒服。因為在佛教的葬禮儀式中，人們會在祭拜死者的飯碗裡插上筷子作為祭品。哎呀！

義大利麵

老實說，如果沒有義大利麵，我們會變成什麼樣子？
雖然我們會將義大利麵搭配各種醬汁……但要注意的是，
麵條並不是隨便煮一煮，或者跟各種醬汁任意搭配都行！以下就讓我來仔細說明。

細微差別！

為什麼義大利麵有分乾燥和新鮮？

乾燥義大利麵主要來自義大利南部，這裡的天氣炎熱，而且較北部貧窮。以水和硬質小麥（杜蘭小麥）粉製成，後者是一種未經加工便無法食用的小麥，特徵是非常耐旱，而且也能用來製作庫斯庫斯小米或布格麥（Bulgar Wheat，由乾燥後的小麥碾碎而成，能用於製作高纖主食）。乾燥之前，這些麵會先揉製成不同的形狀，因為它們非常適合塑形。
新鮮義大利麵則來自義大利北部，屬於較為寒冷的地區，且比南部富裕。這款麵以水和軟質小麥（普通小麥）粉製成，由於軟質小麥非常耐寒，也能用來製作麵粉，製作時若添加蛋，可增添風味並提升口感。此外，新鮮義大利麵通常是以手工揉製而成，而且製造和烹煮過程都比乾燥義大利麵更花心思。

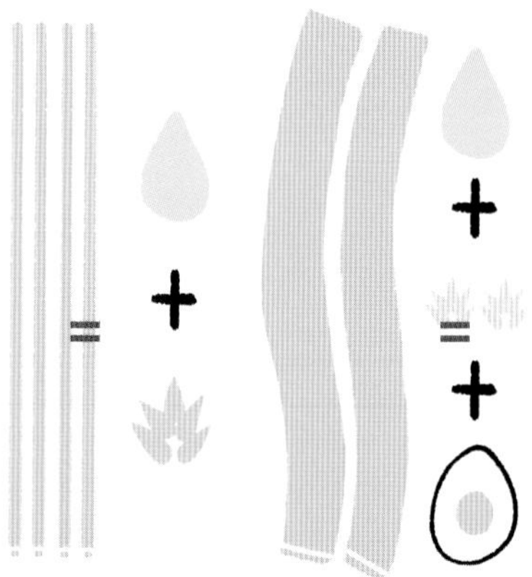

乾燥義大利麵　新鮮義大利麵

關於義大利麵疙瘩的2大疑問

❶ 為什麼正宗的義大利麵疙瘩並非真正的麵？

義大利麵疙瘩（正宗的，而非工業製造的麵）源自義大利北部，製造方式是將麵粉、蛋和壓碎的馬鈴薯揉成麵團。接著滾成長條，切成小塊，用拇指按壓表面做出凹形。然後用麵疙瘩板（有條紋的小木板）或叉子壓出條紋，以利吸附醬汁。烹調時，會在沸水中煮 2 分鐘，等到浮至表面時撈起，而後連同少許煮麵水倒入裝有醬汁的平底鍋中，煮 1～2 分鐘後再上桌。正因為製作和烹調方式和一般的義大利麵不同，所以義大利麵疙瘩和義大利麵條是截然不同的。

❷ 為什麼義大利麵疙瘩在煮好時會浮起？

其實這和麵疙瘩的加熱程度一點關係都沒有，但解釋起來很有趣：由於水在微滾或沸騰時，氣泡會浮到表面，而在浮起時，有些最小的氣泡會攀附在麵疙瘩上。等上一段時間後，為數眾多的小氣泡會毫不誇張地「載」著麵疙瘩浮起，就像小浮漂一樣。也或許是出於幸運或碰巧，這些氣泡停留在麵疙瘩上的時間，幾乎跟麵疙瘩煮熟的時間相同，所以並非是因為煮熟了，所以麵疙瘩才浮起喔！

為什麼義大利麵的表面質地如此重要？

這當然是因為麵的表面可留住醬汁！通常麵的表面越平滑，醬汁就越容易滑過表面；但如果表面的顆粒越多，就能吸附越多的醬汁。所以越廉價的義大利麵往往也越平滑，因為是用鐵氟龍模具來加速製造過程。而優質的義大利麵則會用黃銅或青銅塑形，因為製造速度較為緩慢，所以會形成較不規則的表面，也更能吸附醬汁。此外，條紋麵條通常會用來搭配較濃稠的醬汁。

注意，這是技巧！

為什麼天使細麵、圓直麵和細扁麵非常適合液態醬汁？

我知道……這聽起來或許很驚人，但沒想到細長的直麵竟然是最適合搭配液態醬汁的麵條！邏輯上，我們認為醬汁會在表面流動，並積在盤子底部，但根本就不是這樣！而這有兩個理由（第一個很容易明白；第二個則必須加以證明！）。

(1) 這很單純地和我們所說的「交流表面」有關，基本上，與醬汁在麵條上可停留的表面積大小相符。一般來說，若是接觸的麵條表面積越大，液態醬汁便能提供越多的味道。說明到這邊，不知道你能理解嗎？或許參考右邊圖片的說明你會更容易明白。

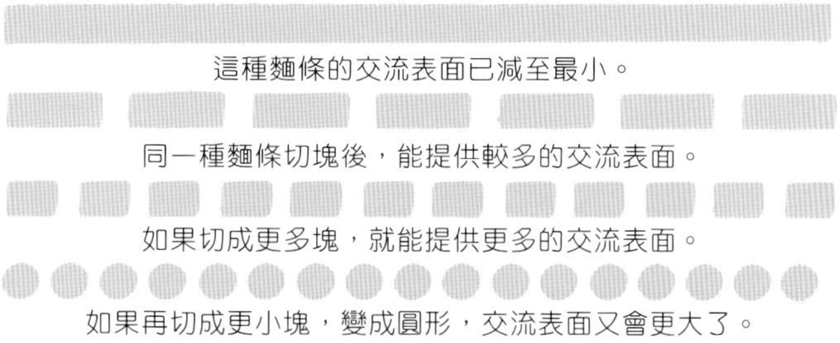

這種麵條的交流表面已減至最小。
同一種麵條切塊後，能提供較多的交流表面。
如果切成更多塊，就能提供更多的交流表面。
如果再切成更小塊，變成圓形，交流表面又會更大了。

(2) 這是液態醬汁的毛細現象。你還記得學生時期的物理化學課嗎？不記得？請讓我小小提醒一下：毛細現象就是所謂的「毛細」作用（即固體與液體間的附著力，大於液體本身的內聚力）結合液體表面張力的現象。很簡單不是嗎？很好，那我們再回到原本的話題：當 2 根麵條互相接觸，上頭的液態醬汁往往會延展開來，覆蓋麵條表面，但同時也會躲藏在麵條接觸的地方。所以當麵條之間接觸的表面積越大，醬汁就越多。而這些細長的麵條便可創造出這樣的接觸表面！讓我再透過右邊的另一張圖，來為你呈現這個概念。

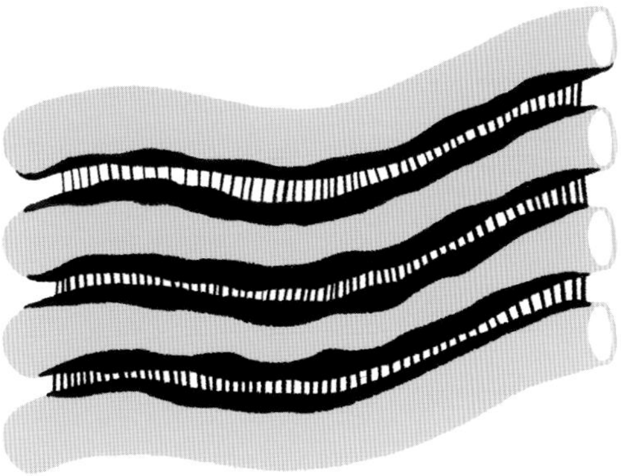

醬汁透過毛細作用，處於麵條之間的接觸面。當麵條越細，接觸面就越多，因此麵條上便能附著越多的醬汁。

義大利麵

實心長麵條

這些長麵條用來搭配清淡、液態，甚至是略微濃稠的醬汁都非常出色。
醬汁可以輕鬆地包覆麵條表面，而極小塊的食材也可能卡在交纏的麵條中。

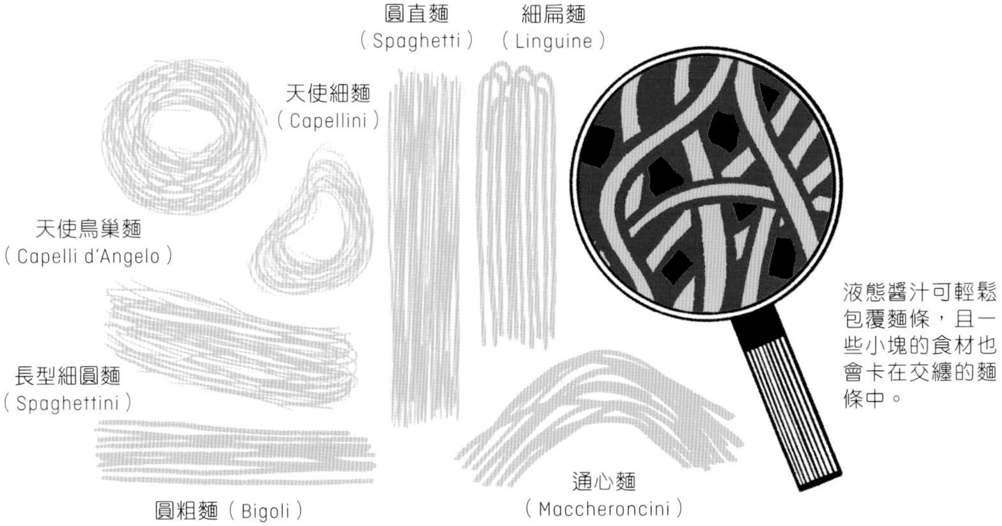

除了以上這些麵條外，
還有：細麵（Vermicelli）、粗直麵（Spaghettoni）、溝紋直麵（Spaghetti Rigate）等。

中空長麵條

我們發現中空長麵條也擁有和實心長麵條同樣的特點，
但又具備了更多的口感，而且可能會有少許液態醬汁進入兩端的洞中。

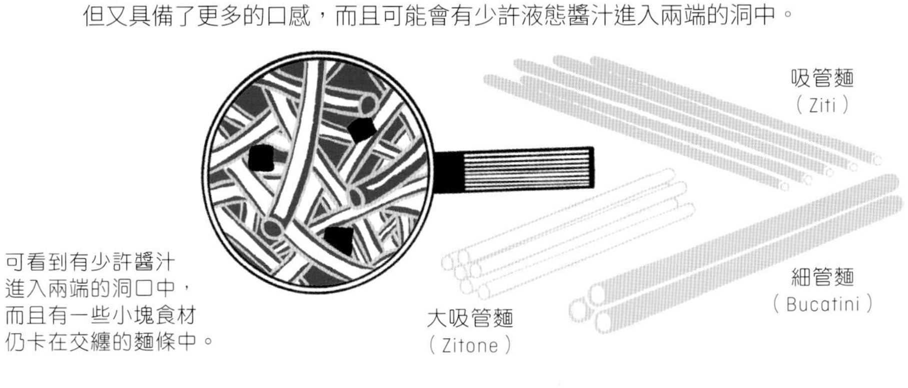

帶狀麵條

這些麵條的平坦表面會比細麵更容易吸附濃稠的醬汁，
而且大塊的食材（如家禽類的肝）也容易卡在交錯的麵條中。

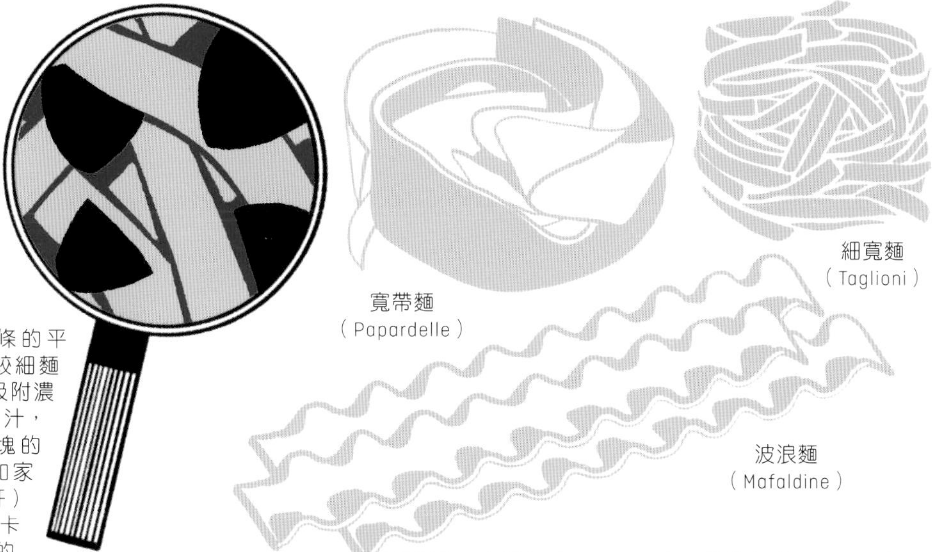
這些麵條的平坦表面較細麵更容易吸附濃稠的醬汁，而且大塊的食材（如家禽類的肝）也容易卡在交錯的麵條中。
寬帶麵（Papardelle）
細寬麵（Taglioni）
波浪麵（Mafaldine）

另外還有：寬扁麵（Tagliatelle）、緞帶麵（Fetuccine）。

片狀麵條

這些平滑且大片的義大利麵，為搭配的醬汁提供了廣大且平坦的接觸表面。
千層麵通常會以焗烤的方式製作，而義大利手帕麵則是簡單地在表面鋪上食材。

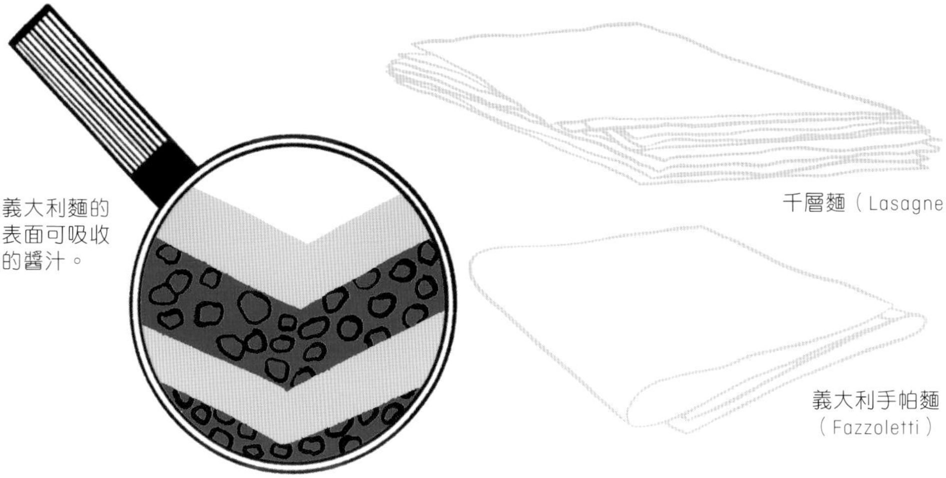
這些義大利麵的平坦表面可吸收大量的醬汁。
千層麵（Lasagne）
義大利手帕麵（Fazzoletti）

義大利麵

平滑麵條

這些麵條和燉煮醬汁、清淡醬汁或濃稠醬汁都是絕佳的搭配。
食材可停留在凹洞處，而且當麵條越寬，可留在凹洞的食材就越大塊。

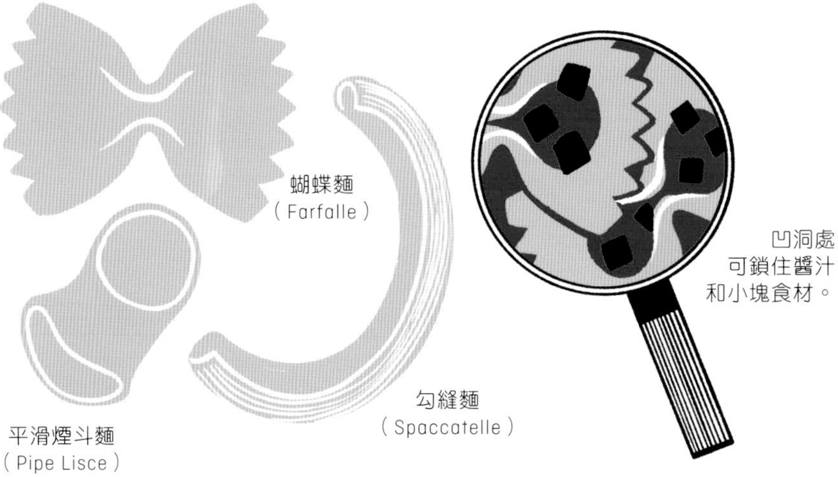

條紋麵條

這些麵條最重要的特色，在於表面具有條紋，而且條紋通常不會太粗：
條紋可讓部分的醬汁停留；而醬汁必須夠清淡，才能穿透麵條，
但同時又必須夠濃稠，才能附著在麵條上。麵條的表面經常是粗糙的，才能吸附最濃稠的醬汁。

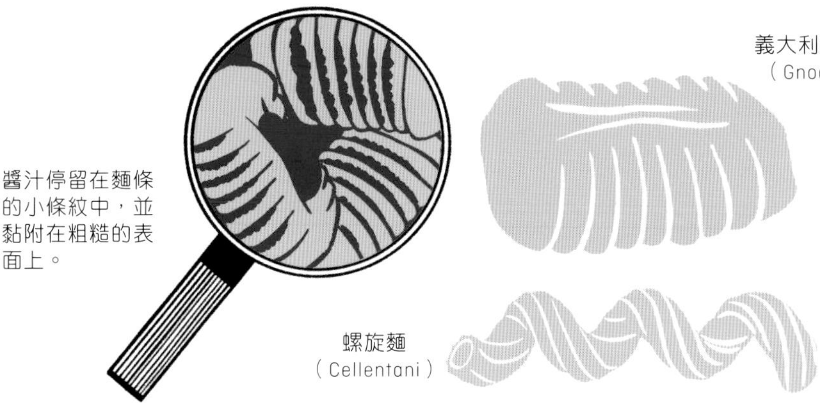

貝殼狀通心麵

空心的麵條是多麼地有趣！這讓小塊的蔬菜或肉可以藏在裡頭。
而醬汁製作時，必須清淡中略帶濃稠，才能覆蓋整個表面。
我們會發現，沒有條紋的麵所附著的醬汁較少。

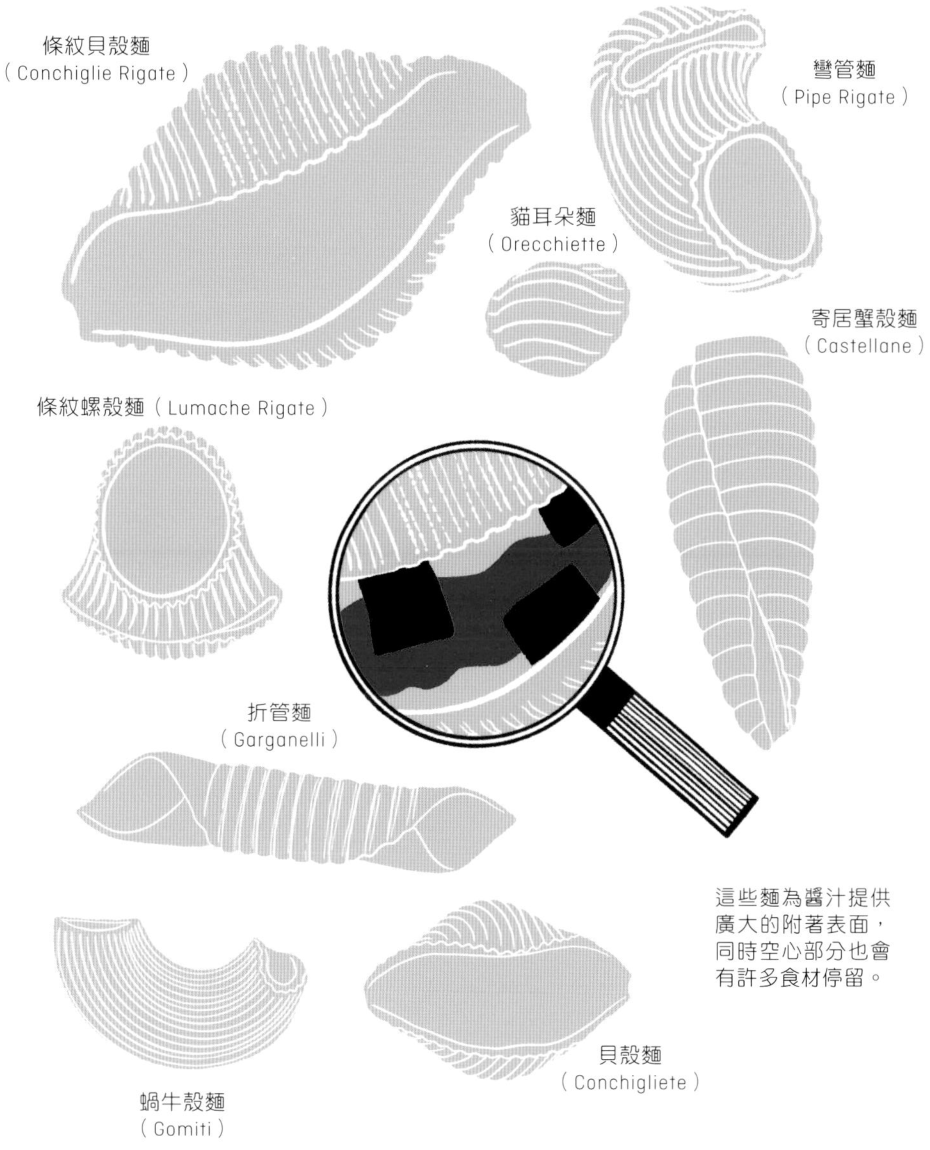

除了以上這些麵外，還有：條紋貝殼麵 (Conchiglie Rigate) 。

義大利麵

螺旋或翼片麵

螺旋和翼片麵越寬，就越能讓濃稠的醬汁附著在麵上。
反之，螺紋間隔越小的細螺旋麵，則越適合搭配如青醬等較不濃稠的醬汁。

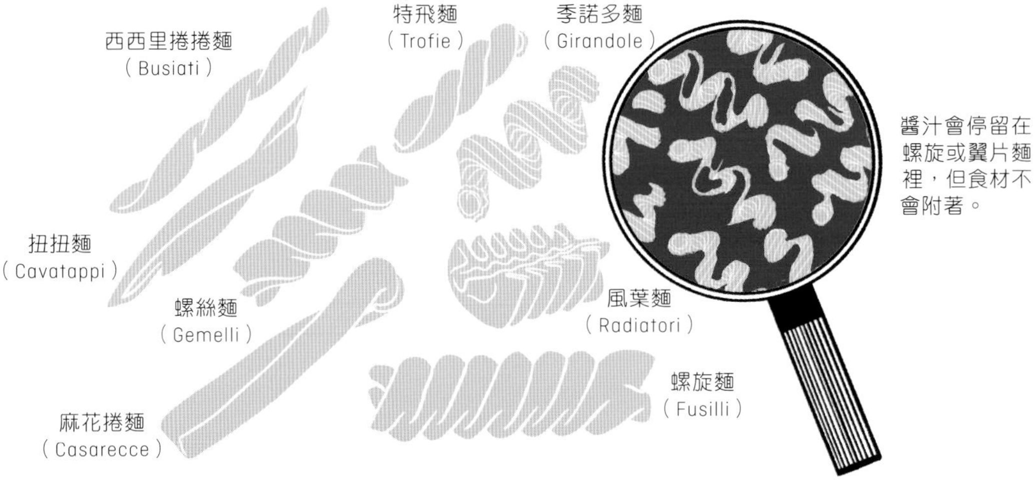

管形麵

管子越粗，就有越多的醬汁和大塊食材可以進入麵管裡。
這些麵也很適合焗烤，較適合搭配略為濃稠和／或小火慢燉的醬汁。

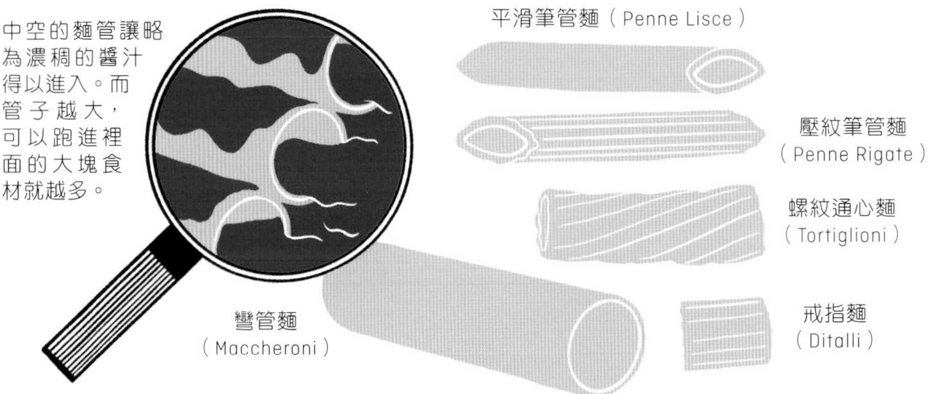

除了以上這麵條種類，還有：手指麵（Ditalini）、短管麵（Mezzi Tubetti）、填餡手工水管麵（Cannelloni）、螺紋水管麵（Rigatoni）、迷你通心麵（Coquillettes）。

義大利麵餃

我們通常會用味道單純而且較不濃稠的醬汁來搭配這些麵餃，以免蓋過餡料的味道。
說到這裡，請立刻忘掉學校或員工餐廳裡，浸泡在重口味番茄醬汁裡的
方形義大利麵餃（Ravioli）吧！因為這些義大利麵餃需要精緻的醬汁。

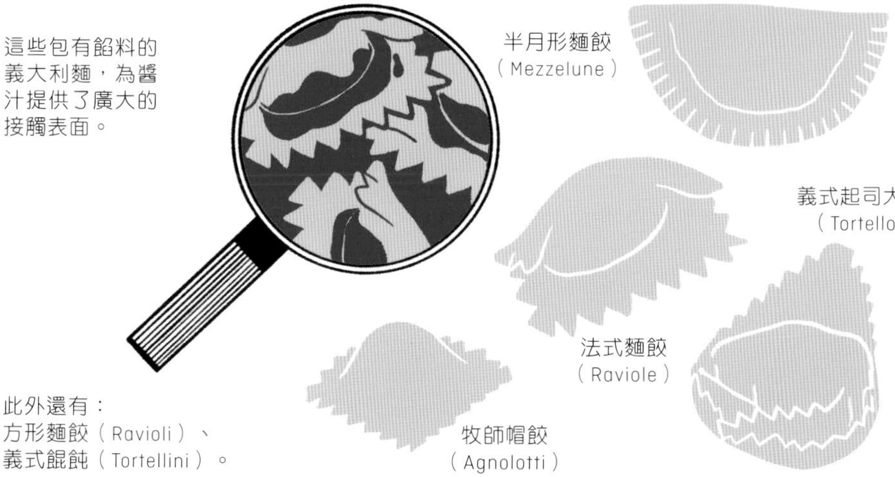

可做成湯麵或搭配濃稠醬汁的麵種

這是一種可用高湯煮成美味湯品的麵，
或是作為食材，直接浸泡在濃稠的醬汁裡，也可以用醬汁焗烤。

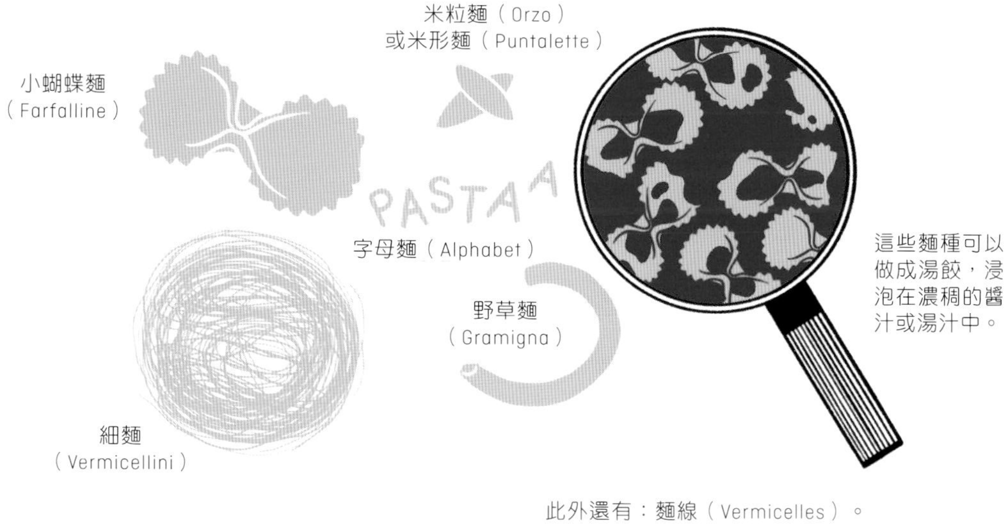

義大利麵

為什麼有些麵會以巢狀販售？

有些麵太薄而且太脆弱，無法以原狀販售，例如天使髮絲麵。但如果把它們捲成鳥巢狀，就變得沒那麼脆弱，而且較經得起運送。此外，麵的形狀也會影響煮麵時在鍋內加水的高度。如果是寬扁麵等長麵，鍋中的水位就需要比較高，但巢狀麵因為在鍋中較不佔空間，所以需要加的水也較少。

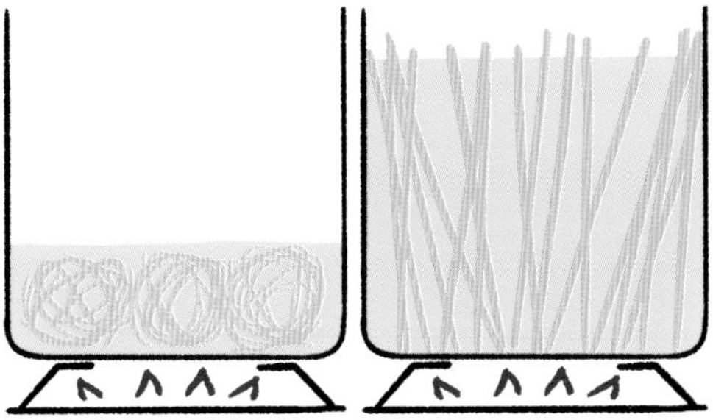

巢狀麵較不脆弱，而且比起展開的直麵，只需要用較少的水量烹煮。

為什麼要在煮麵水中加鹽？

這有兩個理由。

第一是技術問題：在清水中，義大利麵的澱粉會在 85℃左右膠化，但在鹽水中，膠化則從 90℃才開始。所以如果能略微提高膠化溫度，就能延長加熱時間，讓麵的裡外都能更均勻地受熱。

第二是味道問題：烹煮時，麵會吸水，如果水中加了少許的鹽，麵就會更有味道。

「但在煮好之後再加鹽也一樣啊！」太太這麼對我說。

「呃……親愛的，這並不完全一樣。如果我們在煮麵水中加鹽，麵會從內部帶有鹹味（以科學語言來說，這稱為「等味」〔Isosaveur〕）；但如果在烹煮後再加鹽，只有表面會帶有鹹味。」

而這從味道上來說完全不同，因為麵的味道越豐富，就越不會被醬汁的味道蓋過。我們應該是品嘗義大利麵搭配醬汁，而不是醬汁配義大利麵，不是嗎？

至於該在煮沸前還是煮沸後在水裡加鹽，這不會帶來任何改變。當然，比起未加鹽的水，加鹽的水會在較高的溫度才沸騰，但這要視添加的鹽量而定。沸騰的溫度差異最多就是攝氏 1/3 度，大概是 2～3 秒的加熱時間差。總之，在你想加鹽的時候加就對了！

聚焦

為什麼有些長麵會有洞？

我們發現，對於如吸管麵等口徑大的義大利麵，熱度足以深入麵條並讓中央熟透的時間，會讓麵的外部過熟。因此，要讓麵均勻烹煮的解決方式，就是打造一個中空的管道（在整條麵裡打洞），讓水能夠進入，並從內部將麵煮熟。

為什麼煮麵水經常會溢出？

麵在煮熟時會流失澱粉。這些流失的澱粉會浮到表面，形成某種「蓋子」，阻擋正要向上升起的氣泡。而在蓋子下方產生的蒸氣會一直將蓋子往上推，直到溢出。為了避免這樣的麻煩，其實有個萬無一失的方法可以試試（請見後續說明）……

為什麼應該在煮麵水裡加油？

噢，當自認擅長烹調的「旁人」（或是長輩）居高臨下地看著你，一邊向你說明：「在煮麵水中加油可以讓麵不沾黏」時，雖然你可以照做（這是溫柔地讓他閉嘴的技巧），但是你應該要知道，在煮麵水中加油根本不是為了這個原因……

水和油無法混合，油會浮在水面上，這個原理我們都知道。但有趣的是，油會穿插在漂浮的澱粉微粒中並將它們分開，讓澱粉不會在水面上形成著名的「蓋子」而使水溢出。

所以你可以視情況向長輩說明，在平底深鍋的一側斜放 1 根木匙也有同樣的效果，只是過程不同：澱粉會聚集在木匙周圍，讓煮麵水的部分表面無法形成「蓋子」。

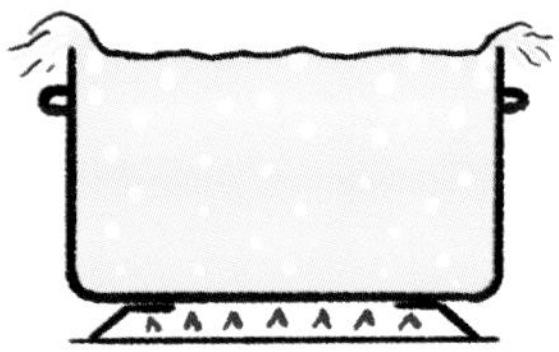

義大利麵的澱粉會在表面形成蓋子，使蒸氣積聚，導致煮麵水溢出。

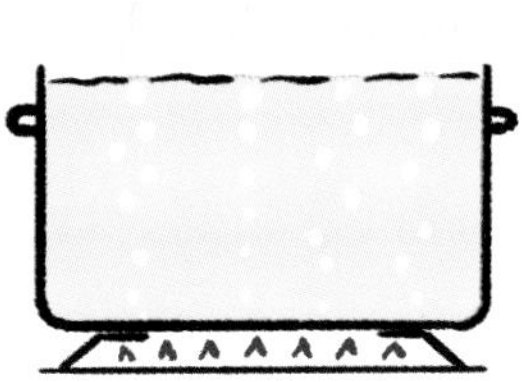

油會將水中澱粉微粒分開，讓蒸氣得以通過，煮麵水就不會溢出了。

為什麼要這麼做

為什麼用大量的水煮麵沒有任何好處？

我經常讀到這樣的敘述：「用大量的水煮麵，每 100 公克的麵至少要用 1 公升的水。」老實說，這是多麼地荒誕可笑！好吧，請容我解釋 ;-）

當醬汁含有澱粉，而麵條上也還有澱粉時，醬汁就越容易附著在麵上。所以當澱粉越多，就有越多的醬汁附著。所以我們可以試著比較以下兩種煮麵方式：

選項 1：如果你用 1 公升的水煮 100 公克的麵，也就是相對大量的水，麵的澱粉就會被稀釋。所以當你在醬汁裡加入少許這樣的煮麵水，並不會為濃稠度帶來太大的改變，因為它只含有極少的澱粉，然後麵條上也會只有極少的澱粉，讓上述醬汁難以附著。最後造成的結果是：煮成了附著力不好不壞的醬汁。

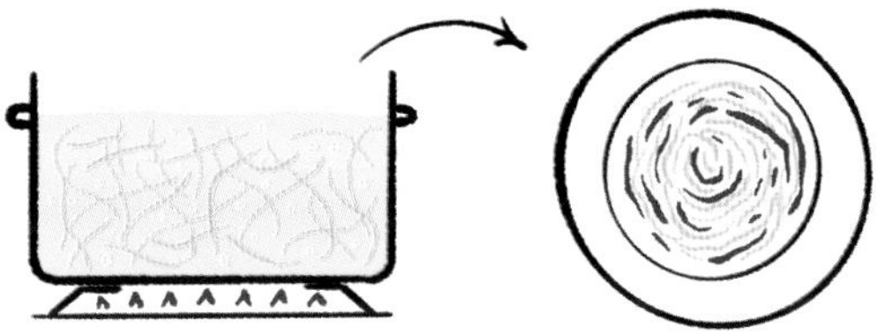

如果用太多水來煮麵，澱粉會被稀釋，
醬汁便無法附著在麵上。

選項 2：如果你用 500 毫升的水來煮 100 公克的麵，即選項 1 一半的水量，水裡的澱粉濃度會是 2 倍以上。同意嗎？當你在醬汁中加入少許這樣的煮麵水，醬汁便能更容易地附著在麵條上，麵條也更能被醬汁充分包覆和附著。結果就能煮出更容易附著的醬汁。

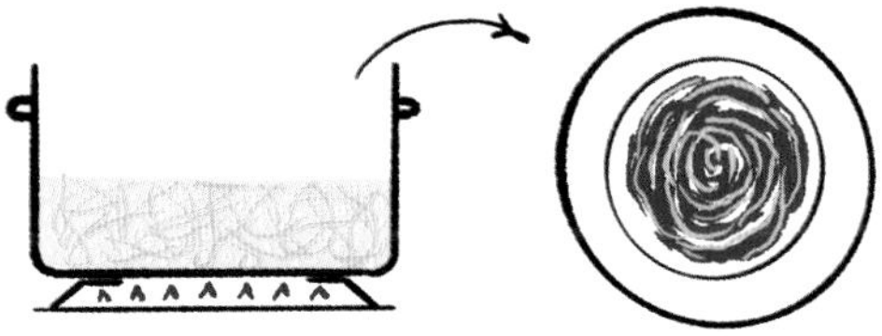

如果用更少的水煮麵，澱粉的濃度更高，
醬汁會緊緊黏附在麵上。

結論：用比平常習慣少許多的水量來煮麵，能讓醬汁更容易附著在麵條上。說明到這裡，你相信了嗎？如果還是不相信，那麼請實驗看看，你將會看到兩者之間出現巨大的品質差異。順道一提，麵條在烹煮時會吸收其重量 1.5～1.8 倍的水量喔！

義大利麵

注意！

為什麼在一開始煮時仔細攪拌麵條非常重要？

最主要的原因，就是為了避免麵條沾黏。剛開始煮的時候，麵條所含的澱粉吸收了水分並轉化為膠質（之後就會硬化而且不再沾黏）。如果這時不攪拌麵條，每根麵條膠化的澱粉就會和其他麵條黏在一起，結果你會發現它們結成一大團的麵，並且黏在鍋底，就像三姑六婆在交頭接耳一樣 ;-)
但如果在麵條烹煮的前2～3分鐘仔細攪拌，可以使澱粉中的部分膠質溶解在水中，而麵條也不會彼此沾黏了。

為什麼人們說要將麵煮到「彈牙」？

「將義大利麵煮到彈牙」──這是會令我惱火的手法！不過首先要看我想不想要，其次才是這是否有根據！而會出現將義大利麵煮至彈牙的烹調方式，是二次大戰期間才出現的新作法，完全不是傳統煮法。在 20 世紀初期之前，人們經常會花上幾個小時用醬汁煮麵。其實，彈牙的煮法尤其適合新鮮的義大利麵，人們會預先讓麵乾燥幾小時，使麵變得結實。在烹煮時間有限時，人們會避免過度烹煮麵的外部，以形成熟度適中且結實的麵芯。但這對乾燥的義大利麵來說卻沒有任何好處，因為麵芯會因此而無法煮透。但我也不是說要把你的麵煮成粥好嗎！請依個人喜好煮至你喜歡的熟度，這才是最重要的，因為要吃這些麵的人是你。

噗通！

為什麼不該為了「避免麵沾黏」而在麵裡加油？

如果旁人堅持要你在麵裡加油，而且向你解釋必須在煮麵後加入少許油「以防沾黏」，那麼你大可向他說明，這樣麵條確實不會黏在一起，但醬汁也會因此無法附著在麵條上。如此一來，他應該會知道這道料理將不會帶來任何品嘗的樂趣 ;-)

加了油，醬汁便無法附著在麵條上。

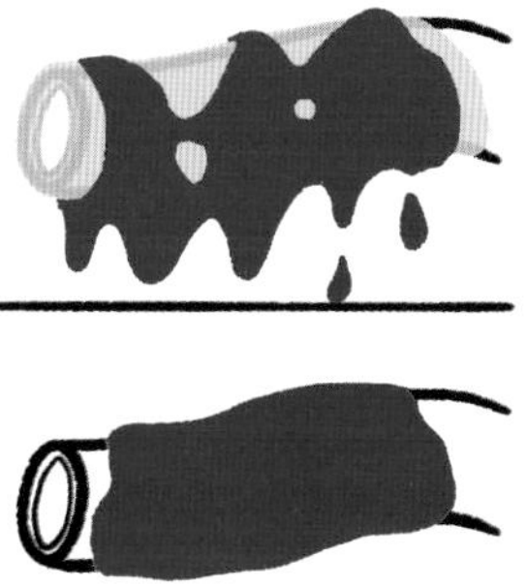

沒有油，醬汁可附著在麵條上。

為什麼用烤箱烘烤的麵絕對美味？

我們經常只會用水煮麵，但我能向你保證，例如搭配烤羊肩所「烤出」的麵，絕對美味。重點是要在烤盤中加入足夠的高湯，讓麵可以吸水膨脹並煮熟。事實上，馬鈴薯千層派也是同樣的原理，只是這是運用在義大利麵上。按照慣例，我們會先放麵，接著加入番茄、香料，加入高湯淹蓋過麵，並在中央或表面鋪上肉。在烹煮的過程中，麵會吸飽高湯和肉汁。此外，這也是 19 世紀常見的煮麵法。老實說，這是會讓人上癮的玩意兒！

為什麼應該將麵放入醬汁中，而不是反過來放？

怎麼會想到要先把義大利麵放在盤子裡，接著倒入醬汁再混合，用這種方式是絕對無法讓麵條和醬汁完美融合的！所以不妨學學義大利人：先在大鍋中煮好醬汁，接著再加入煮至彈牙且瀝乾的義大利麵，以及少許的煮麵水。不停攪拌 1～2 分鐘，趁熱攪拌至全部混合，並讓麵條吸收大量的醬汁。最後倒入熱的大餐盤後再上桌。

為什麼永遠都要在醬汁中加入少許煮麵水？

麵條在烹煮時釋出的澱粉，和我們在麵粉或馬鈴薯中發現的澱粉是相同的：這是一種增稠劑，也能提供些許如奶油般濃稠的特性（如同義式燉飯）。此外，當澱粉溶於液體中時，會形成「黏性」結構，讓醬汁得以附著在麵條上。而比起醬汁無法附著在麵條上，還積在盤底，有醬汁附著的麵條當然比較好，不是嗎？因此請在你的醬汁中加入少許含有澱粉的煮麵水吧！

在醬汁中倒入
少許煮麵水。
加入瀝乾的麵。
在熱醬汁中
將麵拌勻。

為什麼奶油培根蛋義大利麵中既沒有鮮奶油，也沒有培根？

這種會被放學後饑餓的學生狼吞虎咽吃下的油膩玩意兒，被稱為「奶油培根蛋義大利麵」，但味道其實和正宗精緻的奶油培根蛋義大利麵相去甚遠。請大家告訴大家：正宗的奶油培根蛋義大利麵不含鮮奶油，而是混有胡椒、佩科里諾羊乳酪（Pecorino）和／或帕馬森乳酪，以及少許煮麵水的蛋黃。此外，也不含培根，而是風乾豬面頰肉（Guanciale，抹上香料的豬頰肉）。這兩種版本的奶油培根蛋義大利麵並沒有任何關聯。所以用鮮奶油和培根來製作奶油培根蛋義大利麵，就像用艾曼塔乳酪或格律耶爾乳酪來製作披薩一樣，真是罪過！

波隆那肉醬義大利麵

啊，波隆那肉醬義大利麵為什麼會叫「波隆那」？
沒錯，就是那個「波隆那」，或者是法文所說的「波隆那式」……
不過這並不是很重要，因為無論如何，波隆那肉醬義大利麵根本就不存在。

小故事

為什麼波隆那肉醬肯定來自法國？

我或許很難讓我們的義大利朋友理解，但沒錯，「波隆那肉醬」肯定來自法國。波隆那是一座學生人數佔人口四分之一的城市，而且已有 900 年歷史。波隆那大學在文藝復興時期極負盛名，許多法國學生也會到這裡接受優質的教育。也就是這些法國學生引進了需要長時間燉煮的肉類食譜，也就是法式作法的燉菜（義大利完全不會這麼煮）。此外，義大利文的 Ragù 一詞，即來自法文的「Ragoût」（燉菜），用來指稱這種醬汁，而這也就是所謂的肉醬麵（Pâtes al Ragù）的由來。

為什麼波隆那肉醬義大利麵不存在？

這單純只因為義大利麵是來自義大利南方的麵，而波隆那是北部的城市，它們之間的距離超過 800 公里。「波隆那肉醬義大利麵」是義大利裔美國人的發明，他們想要吃有肉的麵，但在美國找不到寬扁麵，所以便運用手邊的材料來製作，但和原始配方差了十萬八千里。

概念強化

為什麼細長型義大利麵（Spaghetti）和波隆那肉醬的組合並非明智之舉？

Spaghetti 是種細長型的義大利麵，這已不是新鮮事。而波隆那肉醬是一種濃稠的醬汁，內含小肉塊和蔬菜。原本 Spaghetti 就因為太細而無法承受過多的重量，但卻搭配如此濃稠的醬汁；因此，我們會發現有只少許醬汁沾附在麵條上，而肉末卻落在盤子底部。這是多麼大的損失啊！

正確作法

為什麼煮波隆那肉醬時，應該要加白酒而非紅酒？

波隆那肉醬是一種濃郁的醬汁。白酒可提供淡淡的酸味，有助提味並刺激我們的味蕾，讓波隆那肉醬吃起來較為清爽（如同在燉飯中的作用）。相反地，紅酒會「撲滅」這些味道。這是義大利人的小祕密……所以請試試看，白酒會改變一切！

為什麼我們會在波隆那肉醬煮好時，加入牛乳或鮮奶油？

在波隆那，人們會在煮肉醬期間或煮好時加入全脂牛乳或鮮奶油，以便為醬汁增添圓潤的口感，同時緩和番茄可能帶來的酸味。咦……沒人跟你說過嗎？你知道義大利人就是愛故弄玄虛，他們很會保守他們的小祕密 ;-）真是調皮！

注意！

為什麼用絞肉來煮波隆那肉醬是一種謬誤？

喔，不！你不要再用絞肉來煮波隆那肉醬了，這玩意兒會在幾分鐘內流失湯汁，而且變得很柴！請千萬不要再這麼做了！我們會在「絞肉與香腸」章節中說明詳情，簡單地說，主要是因為在將肉切碎時，肉的纖維都被切斷；因此，肉末在烹煮時會快速流失肉汁，而這些肉末也會在自己流失的湯汁中煮沸，而且也無法上色。坦白地說，5 分鐘就能煮熟的肉，以小火慢燉長達幾小時有什麼意義？你會花幾個小時的時間來煎牛排嗎？不，當然不會……製作波隆那肉醬必須以小火慢燉，如同煮蔬菜牛肉湯一樣，否則味道會有極大差異。但如果（看著你這麼做讓我撕心裂肺）你手邊只有絞肉，最好的解決方法是以極少量進行烹煮，雖然湯汁會快速蒸發，但也能稍微上色；或者更好的辦法是，將絞肉製成肉丸，將每一面都煮到上色，然後在倒入高湯時再壓碎。千萬不要以為你已經煮到乾掉的肉，會在烹煮時因為醬汁而重新獲得水分好嗎？這只是自欺欺人。事情不是這樣的。呃，所以用絞肉來製作波隆那肉醬，老實說……

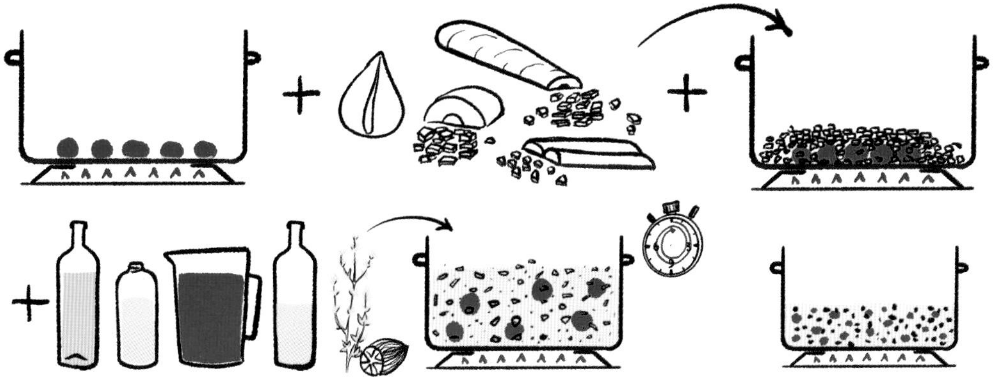

波隆那肉醬是需要受到尊重的！首先，我們將肉煎到上色以產生肉汁，接著將火力調小，加入切好的蔬菜，接著是白酒，稍微將湯汁收乾；接著再加入番茄泥、高湯和一些香草。以小火慢燉 3～4 小時後，加入液態鮮奶油或牛乳再煮 1 小時就完成囉！

肉的品質

噢，好棒的肉啊！但請注意，這裡說的可不是超市肉架上已經包裝好的肉，而是用愛和熱情飼養的嚴選動物肉品。因為牲畜的生活品質造就了肉的品質。

為什麼某些季節的肉較優質？

不同的季節為我們珍貴的動物提供不同的飲食，既然飲食有所變化，肉質也會依照不同的月份而有所不同。

春季時，綠油油且開滿花的草賦予牛肉和羔羊肉細緻的風味，但夏季被太陽曬乾的草則讓更多的動物得以生長。到了秋季出沒的蚯蚓成為優質家禽的糧食。而時序進入冬季時，如伊比利豬隻就會找到優質的橡實作為食物，進而形成美味的豬肉。

和蔬菜水果一樣，四季都有適合品嘗的優質肉類。

驚人！

為什麼飲食品質對豬肉和家禽的肉質影響很大……

豬和家禽（或人類）一樣，只有個一個胃。這種所謂單胃的消化系統的特色，就是肉的本身也會帶有食物的味道。這就是為什麼比起在繁殖場以麵粉或穀物飼養的動物，自由放養的豬和家禽，因為必須在大自然中覓食，所以擁有較優良的肉質。

……但對於牛肉和羔羊肉的影響卻沒那麼大？

不同於豬或家禽，牛和羊是反芻動物，牠們的消化系統是由幾個胃所組成，用來消化草中所含的纖維素。因此，飲食對這些肉的味道影響微乎其微，甚至不造成影響。另一方面，它們的味道取決於油脂，油脂為牠們賦予豐富的滋味，所以缺乏油脂的牛肉，味道遠不如帶有美麗油花的牛肉。

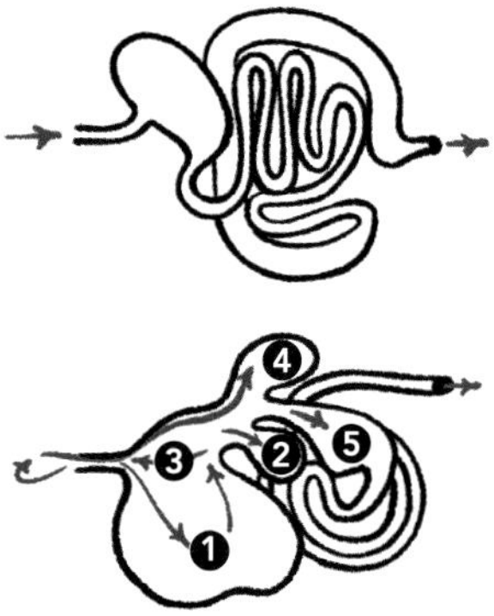

咀嚼後，草下降來到瘤胃，
再倒流以進行反芻，
接著再下降至消化系統。

肉的品質

為什麼牛肉可以在「帶血」的狀況下享用，而豬肉和雞肉卻不行？

首先，對豬肉和雞肉來說，「帶血」的煮法並不真的存在，因為這些肉是淡粉紅色的，而它們的肉汁並非紅色。而當豬肉和雞肉煮至「粉紅色」的熟度時，其實僅接近牛肉的「三分熟」。

牛肉若沾染上危險的細菌，細菌只會停留在肉的表面，而不會深入內部。所以在將牛肉煮至上色、細火慢燉或水煮時，表面的溫度其實已高到足以殺菌；因此無論內部是「帶血」（即二到三分熟），甚至是45℃的極生（即一分熟），細菌都已被消滅殆盡。但還是要注意生牛肉片和生肉的保存！

豬肉的原理幾乎和牛肉一樣，但若豬隻的飼養條件不良，可能會有蟲進入肌肉內，並在內部產卵。而如果肉內部的溫度加熱得不夠高，蟲卵仍會存活。不過今日這樣的污染已極為少見，而且以60℃將肉煮至呈現粉紅色便已足夠。

雞隻由於會在自己的糞便上行走，使得細菌在牠們的爪子上增生。此外，由於牠們在運送時屍體會彼此交疊，細菌也會轉移並污染肉質。所以一定要高溫快速或低溫長時間烹煮，以消滅這些細菌。雞肉通常會在65℃時變成「粉紅色」，此時食用是安全的。

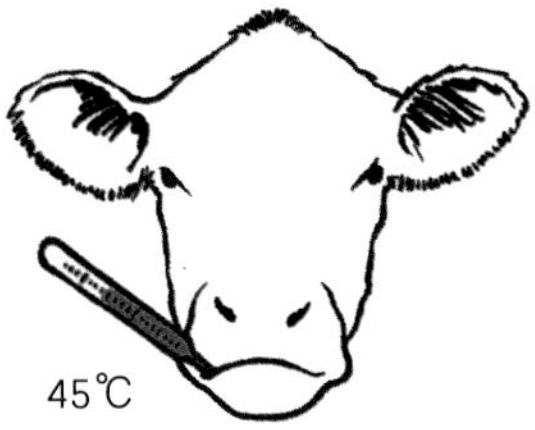

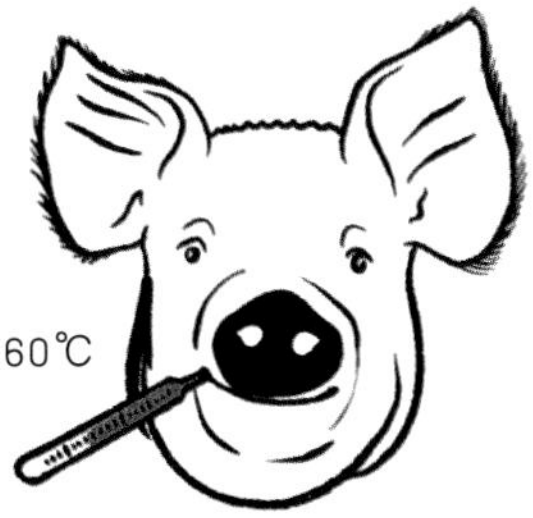

為什麼帶骨的肉塊更加美味？

誰沒有將附在骨頭上的肉塊刮下品嘗的經驗？人們喜愛帶骨肉是有理由的。通常靠近骨頭的肉往往最為美味，對此有以下幾種解釋：首先，因為在烹煮時，有些骨頭的骨髓會流出而產生汁液；其次，骨頭也會產生一些汁液，這些大量的湯汁會流動然後附著在骨頭附近，為肉帶來豐富的滋味。而且附著在帶骨肉上的結締組織，也會讓肉變得更加可口。所以結論就是，帶骨肉是極致美味的象徵！

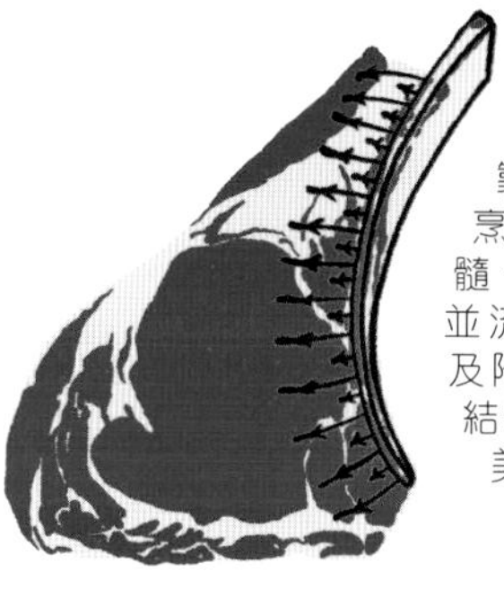

靠近骨頭的肉因烹煮時流散出的骨髓、骨頭表面形成並流下的湯汁，以及附著在骨頭上的結締組織而變得更美味。

關於和牛的3項疑問

1 為什麼人們經常談論和牛（WAGYU）？

你不知道和牛嗎？那容我向你說明，因為這是一種美味至極的肉。和牛就是日本的牛肉：「和」（wa）的意思是「日本」，而「牛」（gyu）就是「牛肉」。這些體型小的牛過去主要用於協助稻田的農務。牠們的肉帶有完整的油花分布，這是因為牠們協助農務時需要運用大量體力，而體力則來自於肌肉所含的油脂。今日，人們在農場裡將牠們養肥，就像為了獲取肥肝而將鵝或鴨養肥一樣。人們甚至會放音樂給和牛聽，讓牠們可以好好放鬆……而且為了不要破壞肉質，這些和牛也不施打抗生素。

2 而且為什麼和牛如此美味？

油脂對肉來說非常重要，因為這就是肉的主要風味來源。而講到油脂，和牛可是有充沛的油脂：在這上乘動物的優質肉塊中，與其說肉被油脂包覆，不如說是肉淹沒在油脂當中。和牛的飲食包括穀物、全穀米，以及啤酒製造過程中未使用的大麥殼，也就是這些極為特殊的飲食，為油脂帶來豐富的風味。

3 但為什麼在日本以外地區販售的和牛，並不是真正的和牛？

在日本以外地區並不能使用「和牛」一詞，因為和牛的名稱和意義無法保留法律效力。於是，畜牧業者開始鑽漏洞，為通常與美國安格斯黑牛（在育肥場生長並施打大量抗生素的美國牛品種）雜交的動物賦予「和牛」的名稱。但是獲得的結果和真正的和牛相去甚遠：這些外國「和牛」以厚切牛排的形式販售，但其油脂毫無吸引力；而真正的和牛則是切成薄片品嘗，讓肉片在舌上緩緩融化。在日本以外地區飼養的和牛，就像在上海製造的莫札瑞拉乳酪，或是以美國超高溫消毒牛乳製作的卡門貝爾乳酪一樣。只是徒有虛名，而且嚴格來說，味道和口感都完全不同。

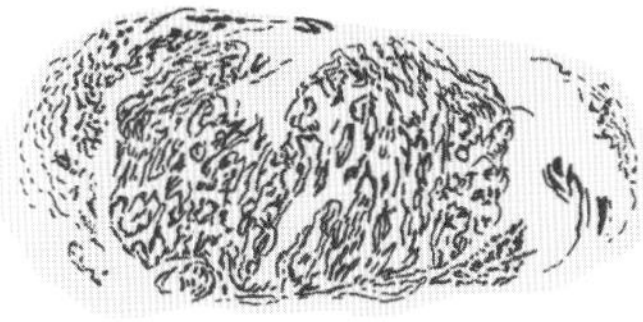

正宗和牛沙朗牛排

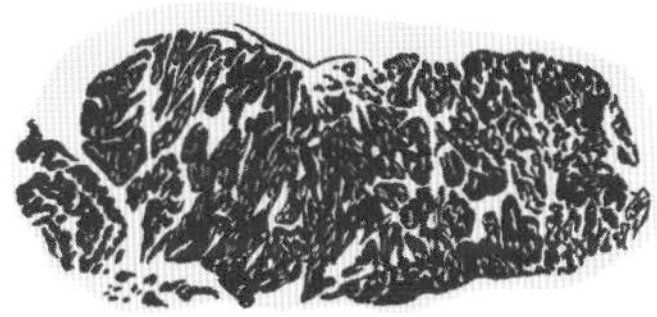

假和牛沙朗牛排

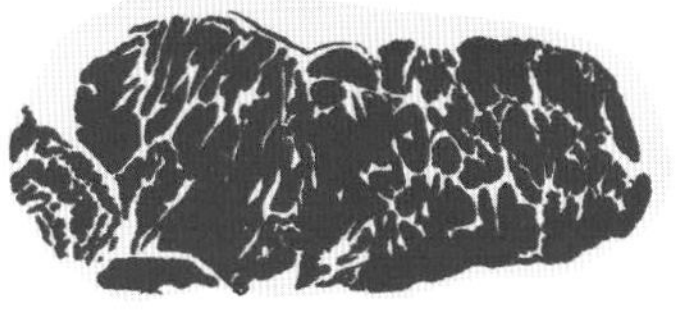

諾曼第品種的沙朗牛排

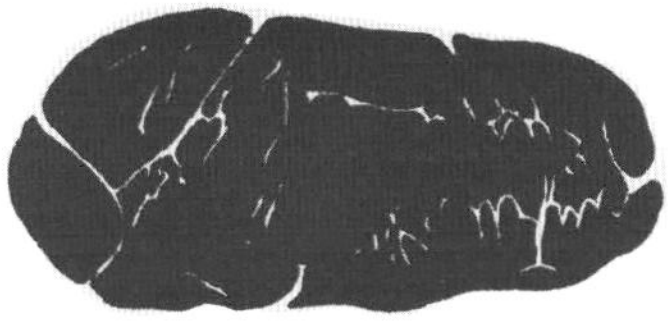

常見品種的沙朗牛排

肉類

肉的顏色

不，從肉中流出的汁液並不是血！
不論我們之前對肉的顏色所知多少，接下來我們將進一步探究……

為什麼肉的顏色不盡相同？

肉的顏色取決於肌肉中的肌紅蛋白含量。肌紅蛋白是將氧氣運送至肌肉裡的蛋白質。越是需要耐力的肌肉，就含有越多的肌紅蛋白以提供氧氣。例如需要長時間飛行的鴨子肌肉顏色就很紅，而只需要安靜地走來走去的雞，肌肉就很蒼白。

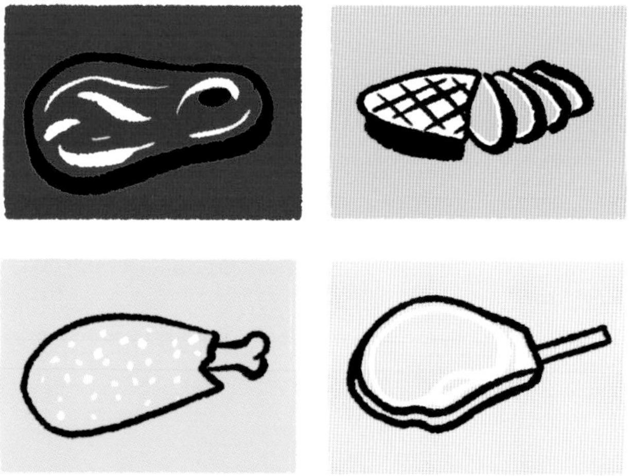

為什麼真空保存的肉，在環境空氣下會變回紅色？

當肉以真空包裝時，根據定義，肉是處於沒有空氣，即無氧環境下。而由於沒有氧氣在肌紅蛋白中停留，真空包裝的肉會比其他的肉顏色更深。在打開包裝後，肌紅蛋白可再度讓空氣中的氧氣停留，因此肉會變回紅色。

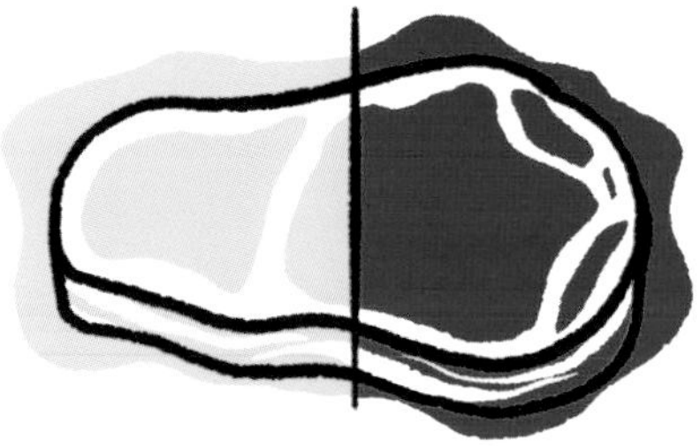

以真空包裝的肉呈現深紅色，
但一旦開封並接觸到氧氣後，就會變回鮮紅色。

為什麼從肉中流出的紅色汁液並不是血？

很簡單，因為動物已經放過血，所以已不再有血液。你是否有注意到，小牛肉不會流出紅色的汁液，但牛肉會？然而，小牛是有血的。從肉中流出的紅色汁液和肌紅蛋白的含量有關。牛肉流出的汁液是紅的，但小牛或雞所流出的汁液則幾乎無色。

為什麼我們無法從牛肉的顏色來判斷新鮮度？

優質的牛肉可能是明亮的鮮紅色，但也可能相反，呈現深紅色。肉的顏色主要和肌紅蛋白有關。肉的顏色會依據以下三項因素而有所變化：

(1) 是否暴露在空氣中。我們稍早知道了，真空保存的肉會比暴露在空氣下的肉顏色更深。

(2) 熟成度。熟成 5～6 週的肉，自然會比只放 15 天的肉顏色更暗（請參見「熟成」章節）。

(3) 動物的年齡。高齡動物的肉，自然含有比中、低齡動物更多的肌紅蛋白，肉的顏色也因而較深。

唯一可以鐵口直斷新鮮度不佳的肉品，是呈現稍微變綠的深栗色牛肉。碰到這樣的牛肉，唯一的建議就是……快跑！

為什麼牛肉的油脂會呈現白色或淡黃色？

這取決於牛的飲食。只攝取以穀物為食物的牛具有白色的油脂，而放養在田野裡的牛，則因牧草裡含有胡蘿蔔素的關係，肉質會呈現具淡黃色的油脂。

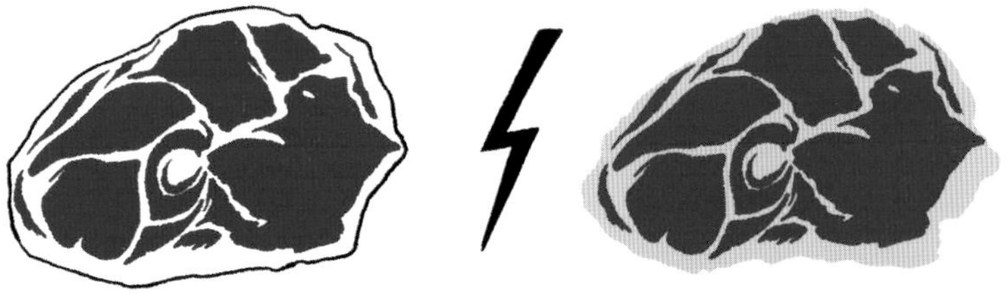

肉質中帶有白色油脂，
表示該牛隻是以穀物為主的飲食。

肉質中帶有黃色油脂，
則表示該牛隻是以新鮮牧草為主的飲食。

為什麼小牛的肉質有可能從極白到深紅色？

以母乳或奶粉飼養的小牛，因肉質中缺鐵（牛乳中幾乎不含鐵），因此肉為淺色；而以牧草飼養的小牛，會因肉質富含鐵，使肉質呈現深紅色。此外，年齡也很重要，隨著動物老化，肌肉中的肌紅蛋白含量也會增加，肉就變成深紅色了。

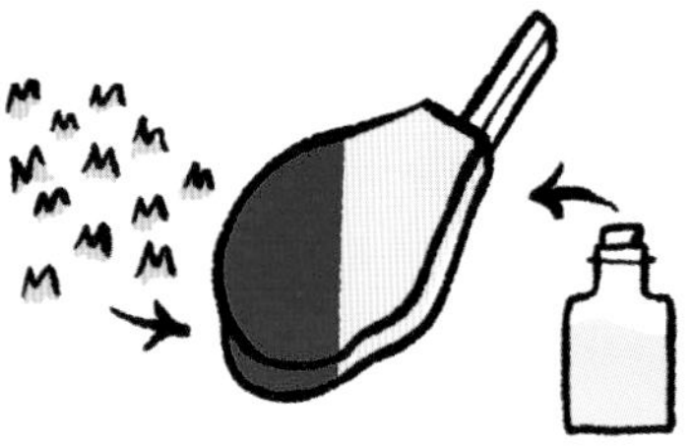

以肥沃牧草飼養的小牛，會形成深紅色的肉質和濃郁的味道，而以母乳飼養的小牛則會形成非常蒼白且味道清淡的肉。

為什麼有些品種的豬肉顏色很紅？

如同小牛，有些品種的豬天生帶有較紅的肉，而畜牧方式也會對肉質帶來重大影響：通常集約養殖的豬肉顏色較淡，這是因為生活在豬圈裡，活動不足；而放牧的豬則因為會在田野和灌木叢裡嬉戲，大量行走並擁有優質的飲食，肉質因而呈現較深的紅色。

油脂正是美味所在！

嘖嘖嘖！我已經看到你一直搖頭說「這太油了，不好吃……」。
但你錯了，確切地說，肉的美味歸功於油脂，而非肉本身。
因此肉的油脂越多，肉嘗起來就越美味。
讓我們為油脂平反吧！

為什麼雪花肉的味道較濃郁……

烹煮時，煮熟的油脂會稍微融化並帶來豐富的滋味。如果肌肉中帶有油脂，你品嘗的每一口都能接收到味道。接著，油脂會在你的舌頭上停留，形成某種美味的薄膜，而且會持續一段時間才消失，這就是所謂的「餘味」。

……而且也更柔軟多汁？

事實上，雪花肉並不是真的味道比較濃郁，而是它讓我們有這樣的感受。肉類蛋白質在加熱時會硬化，但油脂往往會融化。所以在我們咀嚼帶有油脂的肉時，油脂的柔嫩會提供「汁液」，因此帶給我們「多汁」的感受。

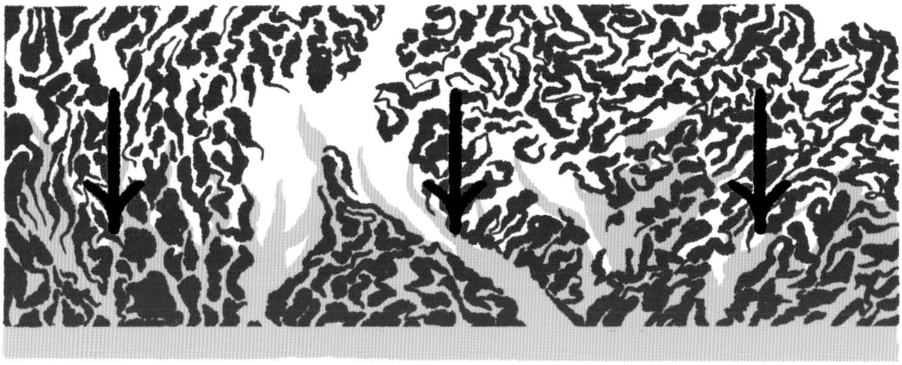

在帶有油花的肉煮熟時，熱的滲透較為緩慢，可避免肉過快變乾。
而受熱融化的油脂亦能提供柔嫩度和餘味。

證明完畢！

為什麼肥肉比瘦肉更經得起長時間烹煮？

第一個理由是，油脂可平衡肉質因過熟而變得乾柴，這也是過去人們會在某些可能會過度烹煮的肉裡塞肥肉的原因。第二個理由是，油脂能讓熱較慢傳導至肉本身，這是因為當肉帶有「油花」時，熱需要更多時間才能滲透，因此肉的中央可保持柔嫩多汁較長的時間。

驚人！

為什麼牛比豬「瘦」，但牛肉卻含有比豬肉更多的油脂？

牛肉的油脂屬於肌肉內油脂，也就是說位於肌肉的內部。此外，在某些肉塊，例如有油花分布的牛肋排中，可以清楚看到油脂的存在。而豬肉的油脂則主要位於背部和胸部的皮下，也有部分位於肌肉之間，但內部卻極少有油脂分布。因此，當我們在實行低脂飲食時，食用豬肉會比牛肉更好。

那為什麼羔羊肉是所有肉類中油脂最為豐富的？

這群小動物從早到晚都蹦蹦跳跳的，大量奔跑，朝四面八方跳躍……簡言之，牠們消耗的體力無法計算。也正因為牠們如此大量的活動，耗費非常多的能量，身體自然也有相應的機制，也就是羔羊會用吃進去的食物來製造油脂，好為肌肉提供能量。這就是為什麼羔羊肉裡外都充滿油脂的原因。

好吃！

為什麼優質的豬肋排外部有大量的油脂？

集約養殖並在 6 個月屠宰的豬，會被施打大量可快速成長的激素，但是牠們的身體卻還沒有時間可以生長出油脂。反觀純種豬，會以較緩慢的步調飼養至 2 歲大，以讓牠們有時間吸收良好的營養，並發展出優質的肉質及肋骨周圍的漂亮油脂。所以如果你看到豬肋排周圍有油脂，這就是品質的象徵，請盡情品嘗！

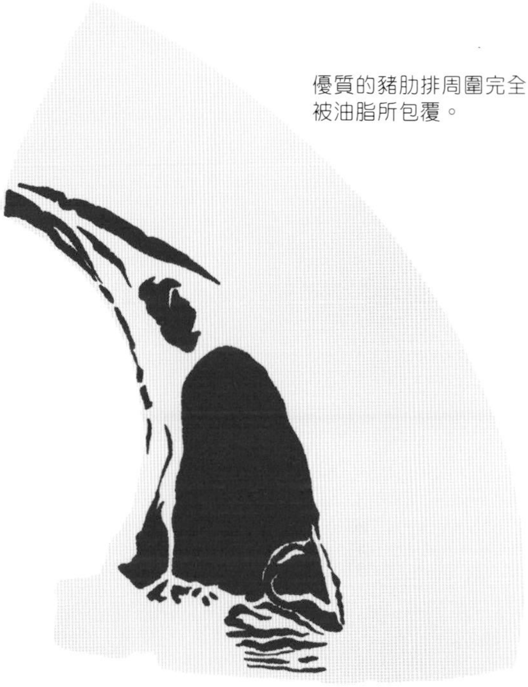

優質的豬肋排周圍完全被油脂所包覆。

為什麼小牛肉和豬肉在烹煮過程中會快速變柴？

這兩種瘦肉的肌肉內部幾乎不含油脂，而這會帶來三種影響：

(1) 油脂會延緩肉的溫度上升，因此瘦肉熱得較快，也較快變柴。

(2) 通常當油脂受熱而融化，會為肉帶來更多的湯汁。但是由於這些肉幾乎不含油脂，因此湯汁也較少。

(3) 一般而言，油脂會刺激唾液腺，讓唾液腺分泌更多的唾液。而當嘴裡的唾液越多，每一次咀嚼時嘴裡的汁液就越多，因此會感覺較為美味多汁。所以建議你：在烹煮初期先將小牛肉和豬肉煮至上色，接下來以不過高的溫度小火慢煮，就能避免肉質變柴。

肉的軟硬度

我買的肉怎麼會這麼硬？
沒錯，這肉確實很硬！但肉不會因為硬就比較不美味。
它只是需要更長的烹煮時間，之後便能大飽口福！

為什麼有的肉質地偏硬，而有的偏軟？

這和膠原蛋白的含量有關。膠原蛋白是一種結締組織，會在肌肉纖維周圍形成罩子，就如同電線周圍的塑膠護套。當每根纖維都被膠原蛋白所包覆，接著另一層膠原蛋白罩又包覆著數百根肌肉纖維群，接著又有另一個罩子包覆著數百個肌肉纖維束……那麼當肌肉越常活動，以及動物越年長，膠原蛋白也會越多，肉也就越硬。

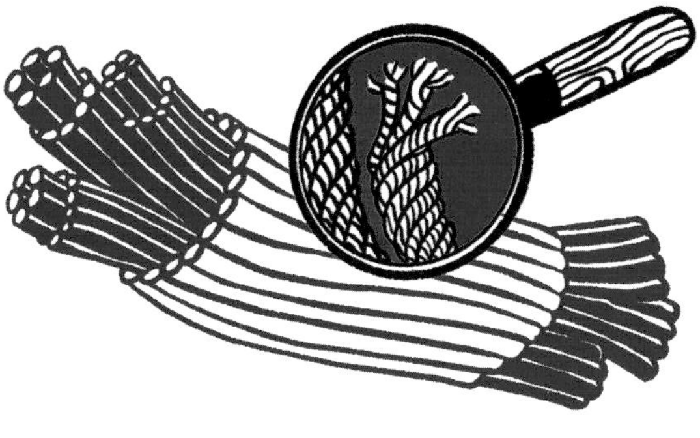

膠原蛋白像罩子般包覆著每根肌肉纖維，
而罩子本身也被另一層膠原蛋白罩所包覆。

注意，這是技巧！

為什麼切肉的方向會決定肉的軟硬度？

肉的軟嫩度大多取決於你切肉的方向。沒人告訴過你嗎？你會發現這真的很不可思議……肉是由類似吸管的纖維所組成。如果採用與纖維平行（順紋）的方式切肉，我們嘴裡咬到的便會是「長吸管」，感受到的口感會較硬。但如果採用與纖維垂直（逆紋）的方式切肉，我們會獲得類似「吸管薄片」，而咀嚼小塊纖維理所當然會比咀嚼長纖維要容易得多。等等！我還沒說完，還有一件非常重要的事：纖維切成薄片時，其中所還的湯汁會比長纖維更容易流出，而且當你一邊咀嚼時，小纖維的湯汁還會再繼續流出。結論是，以逆紋切肉，你不但會獲得更柔軟多汁的肉，也會更加美味。

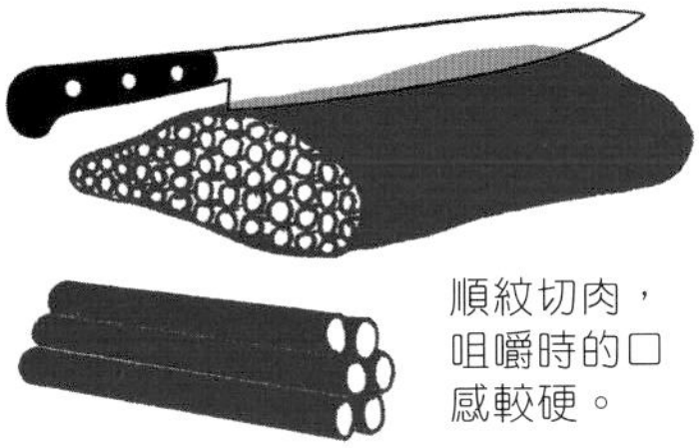

順紋切肉，咀嚼時的口感較硬。

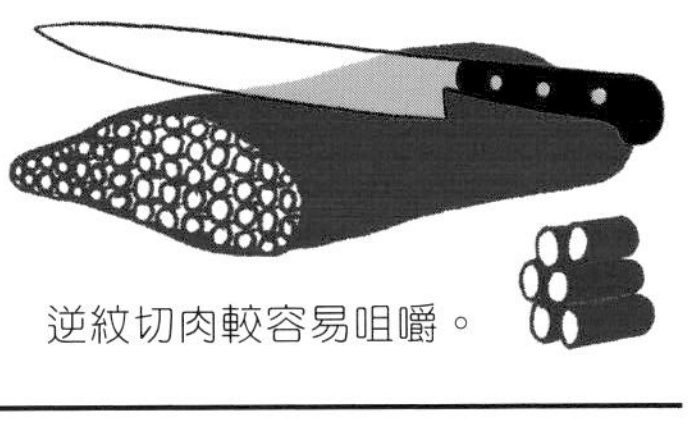

逆紋切肉較容易咀嚼。

為什麼比起其他的動物，牛肉較多硬肉？

牛肉的重量比起小牛肉、豬肉、羔羊肉和其他的雞肉要重得多。這是因為牛肉中的部分肌肉經常被使用，因此含有較多厚且硬的膠原蛋白，形成硬肉。

小牛肉也有硬肉，例如用來製作白醬燉小牛肉（Blanquette）的部位，但由於它們的膠原蛋白較細，烹煮起來也較快。此外，若將小牛胸肉切片也能縮短烹煮時間，而整塊的小牛胸肉則應以長時間烹煮。

豬的腿肉特別硬。但如同小牛肉一樣，如果能將某些部分（例如火腿或肩肉）在烹調時以切片方式進行，就能讓烹煮更快速。

羔羊的腿肉和肩肉也是一樣。

而在**雞肉**中唯一含有膠原蛋白的肌肉是雞腳，但雞腳煮起來卻很快。

為什麼質地偏硬的肉質主要位於牛的前半部？

因為前肢承載著比後肢更多的重量。更重要的是，牛在前進時必須靠前肢帶動（和豬相反，豬是靠後肢推動）。這就跟車子一樣，有的動物屬「牽引」類型，如同牛，也有些屬於「推動」類型，如同豬。

為什麼牛腰肉的肉質非常軟，但卻也非常貴？

牛腰肉（菲力）位於臀肉和上腰肉（沙朗）下方，是很少活動且含有極少油脂的肌肉。因為不活動，所以非常軟嫩，也因為所含的油脂極少，所以也沒什麼味道。真正的肉食愛好者對於這品嘗起來缺乏樂趣的肉不屑一顧，而會將目標轉向更美味也更有嚼勁的部位。

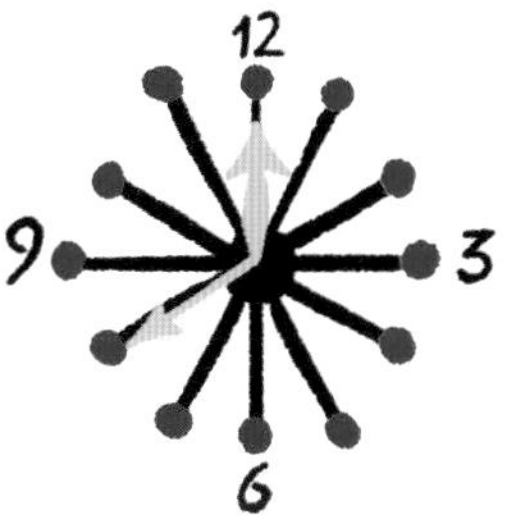

為什麼質地偏硬的肉質需要更長的烹煮時間？

生肉的膠原蛋白具有彈性且較硬，因而無法食用。但如果以小火長時間熬煮後，膠原蛋白會轉變成美味的明膠，肉質也因此而軟化。然而這就是法式蔬菜牛肉湯和紅酒燉牛肉愛好者的幸福泉源。

美味肉塊的祕密

你懂得分辨優質的牛肋排嗎？能夠挑選最適合做布根地炸肉火鍋的肉塊？
你知道如何發揮羊腿肉的美味？
在本章節中，就讓我來與你分享這些烹調肉類的小祕訣吧！

關於牛肋排的3大疑問

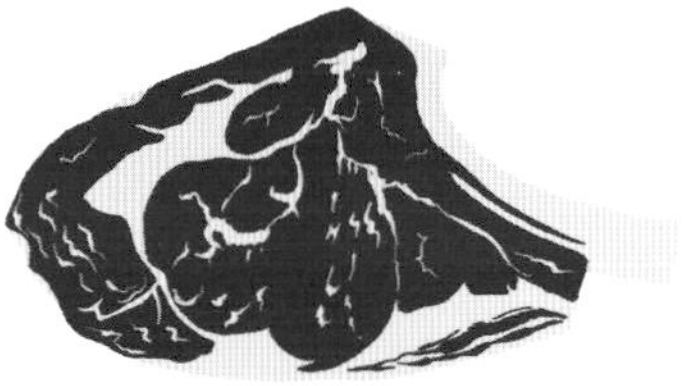

1 為什麼優質的牛肋排一定要帶有油脂？

我們已經知道油脂是非常重要的味道媒介。油脂少＝乏味。因此，請選擇有漂亮油花分布的牛肋排，這樣味道才會更加美味。

2 為什麼在烹煮時，牛肋排不像肋眼牛排那麼快變柴？

肋眼牛排和牛肋排是同一個部位。肋眼牛排可能位於肋骨之間，但也可以是去骨的牛肋排，不過烹煮時卻會出現極大的差異。因為牛肋排大部分的肉是附著在骨頭上。我們已經在「肉的品質」章節中看到，附著在骨頭上的肉不但不會收縮且口感多汁，肉質也不會變柴。這就是牛肋排總是比肋眼牛排更加多汁的原因。

3 但為什麼料理牛肉時，要在前一天加鹽？

我們在前幾個章節中已經看到鹽對肉的效果（可參考 P.32～41「鹽」）。但為了懶得翻頁回去看的人，我再重述一次：不同於刻板印象，提前撒鹽的肉可保留更多的肉汁，因為鹽會改變蛋白質結構，並避免蛋白質在烹煮時扭曲而排出部分肉汁。而對於很厚的牛肋排來說，應該讓鹽有時間可以深入滲透至肉中。因此請在前一天，甚至是提早 48 小時在肉上撒鹽。

為什麼豬胸肉是精華部位？

豬胸肉是豬肉最美味的部位之一（而且也很便宜）。烹調時，應該將豬皮面朝上，以小火慢烤，讓皮稍微融化，最後用烤架將豬皮烤至上色。噢，還有一個小祕訣：前一天將豬胸肉放在盤中，豬皮面朝上，接著撒上少許泡打粉；這將會改變外皮的 PH 值，讓它變得更柔軟，讓你能品嘗到純粹的美味！

……就像羔羊胸肉一樣？

這是我最愛的羔羊部位。這個部位很少受到人們關注，因為它的外觀不太起眼，通常會用來製作庫斯庫斯或羔羊湯底。羔羊胸肉可帶骨以「胸肉」的名稱販售，或是去骨以「小羊排」的名稱販售。當然，帶骨會更有滋味。只要搭配奧勒岡或百里香，用烤箱烘烤就能上桌；然後要記得在廚房背著你的孩子偷偷將骨頭上的剩肉啃完，享受這人間美味，哈哈哈！

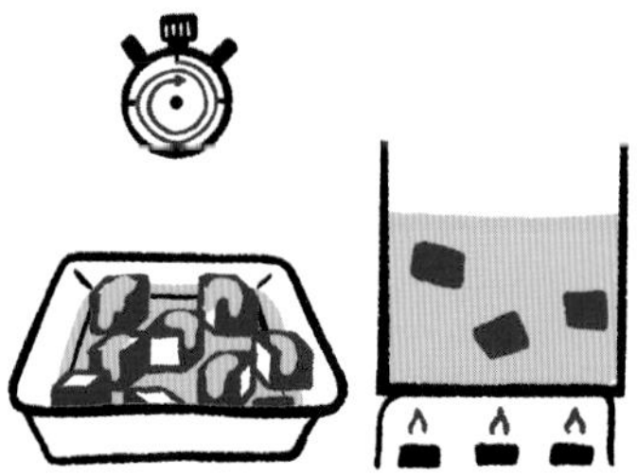

只要備妥醃漬 24 小時的後腰脊翼板肉（Bavette）或膈柱肌肉（Onglet），以及夠熱的油，就是布根地炸肉火鍋最成功的關鍵。

為什麼後腰脊翼板肉和膈柱肌肉，最適合用於布根地炸肉火鍋（Fondue Bourguignonne）？

我知道肉販們通常會大力推薦一些他們稱為「火鍋肉片」的肉給你。但請立刻忘掉這些乏味的肉，它們大多是切剩的肉，而且完全不適合你的料理；即使它們很軟嫩，卻也幾乎沒有味道，而且難以上色。

如果要煮出美味的火鍋，你需要利用熱油就能快速炸酥的肉，因此，沒有比膈柱肌肉、後腰脊翼板肉，或甚至是靠近大腿內側的腹部肉（Hampe）更適合的了。你可以用這些肉塊炸出非常酥脆的美麗酥皮，而內部卻像夾心軟糖一樣軟嫩多汁。而靠近大腿內側的腹部肉和後腰脊翼板肉的滋味，甚至比膈柱肌肉更突出。

噢，說到這裡，我還有兩個關於火鍋的小祕訣要跟你分享。

祕訣 1：我會將肉塊切成兩口大小（絕不要超過這個尺寸），並且用橄欖油、大蒜、胡椒、百里香和滿滿 1 杯的卡宴辣椒粉等混合材料，將肉醃漬 24 小時。

祕訣 2：平底鍋的熱度通常不足以讓鍋裡的全部食材同時上色，因此我會先在廚房裡將油預熱至 180℃，上桌時，在鍋底也擺滿小茶燭以維持烹煮溫度。因此，我的油可以維持較久的熱度。

為什麼在羊腿中鑲人蒜瓣並不是聰明的作法？

首先我們要了解，加熱時，傳至肉內部的溫度並不足以讓塞進如羊腿等大塊肉裡的蒜瓣煮熟：一般來說，肉加熱至 60℃為三分熟（帶血），加熱至 65℃為五分熟，所以你能期待蒜瓣會有多熟呢？最後，你會發現煮好的肉的熟度雖然恰到好處，但裡面的蒜卻還是生的，而且味道極嗆，不過還是有解決的方法。

如果你喜歡用大蒜來搭配羊腿，可以將蒜片擺在羊腿外皮上，那裡的溫度較高，大蒜就能煮熟。或者也可以提前在鍋中用橄欖油以極小的火煎蒜瓣約 10 分鐘，接著再鑲進肉的內部。但要提醒你的是，在這兩種情況中，蒜味的香氣擴散力極弱，僅不到 1 公釐。

是真是假

為什麼應該避免用肥肉薄片包烤肉？

人們一直以來會用肥肉薄片包烤肉，其實是基於三個錯誤的理由。

(1)「這可避免肉在烹煮時變柴」。這是錯誤的，而且 20 幾年前便已經過科學證實。肥肉無法避免肉汁蒸發：不論有沒有包裹肥肉，肉因烹煮而流失的重量都一樣。

(2)「這麼做可在烹煮時使肉質柔潤」。這也是錯的，理由很簡單，因為連醃料在 1 小時內都無法滲透 0.1 公釐。而你卻期待油脂可以更快滲透？

(3) 這樣說可能會讓我交不到朋友，但好吧……我坦白說，一旦包上肥肉，肥肉就可以和肉一起秤重，並以同樣的價格販售，但肥肉根本不值這樣的價錢。

不過我主張要避免用肥肉包裹烤肉的最大理由是：這麼做會無法烘烤到被肥肉包住的部位。烤肉越是無法上色，就越難發揮美味，所以被肥肉包住的烤肉，應該會比不包更沒味道。所以如果你還是要這麼做，就請接受這樣的結果吧！

火腿

「豬肉的每個部位都很美味嗎？」是的，各位！
有了火腿，我們簡直可以到達美味的巔峰。讓我們來進行一個有關火腿的小小導覽……

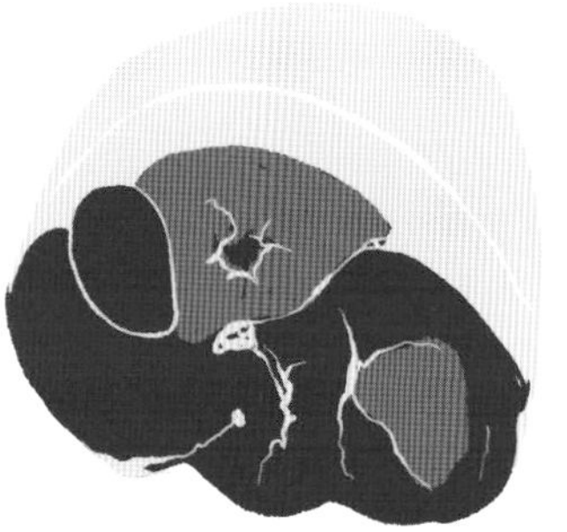

為什麼同一隻優質白火腿會產生不同的顏色？

豬腿是由多種不同功能的肌肉所組成：有些用來行走，有些只是用來維持站立。因此，有些肌肉含有較多的肌紅蛋白而呈現鮮豔的紅色。這些不同顏色的存在，表示動物受到良好的飼養和製作處理，千萬別想太多了！

為什麼熟火腿是粉紅色，而生火腿是紅色的？

而且同一塊肉還有兩種截然不同的顏色？……讓我來向你說明。**「白」火腿**的製作方式是，將豬肉浸泡在混合了水、香料、糖和鹽的鹽水中數日，之後再用高湯或蒸氣烹煮。而會呈現粉紅色，是因為用了硝酸鹽來使淡粉紅色澤固著定色；而未添加硝酸鹽的天然火腿則是淺灰色的。

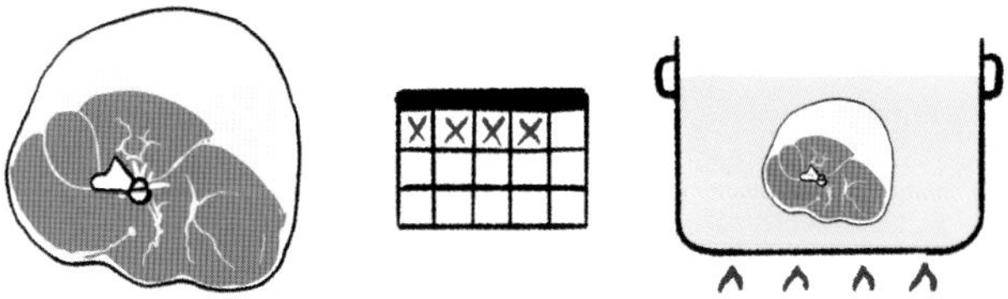

生火腿製作時，會先用香料和鹽的混合材料包覆，之後再乾燥數個月。乾燥期間會使肉上色，而讓烤雞散發美味氣味的梅納反應也會在生火腿上進行；當糖分濃縮、油脂氧化後，顏色就會漸漸轉變成深紅色了。

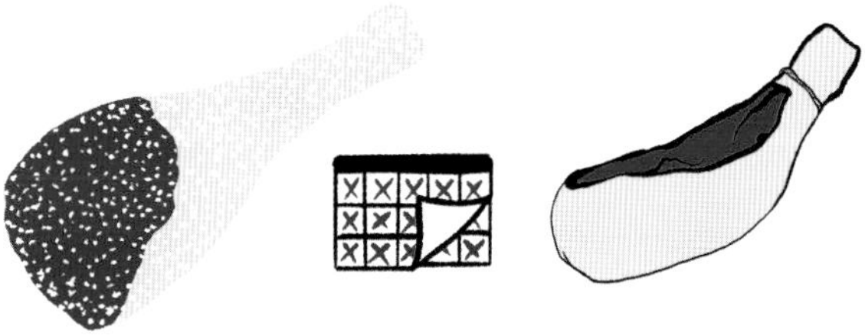

聚焦

為什麼義大利和西班牙的火腿如此美味？

這跟豬的品種以及專業知識有關。義大利和西班牙的主要品種來自伊比利種，並和凱爾特及亞洲種並列三大最完整的品系。其中，伊比利種的直屬後代明顯是最優質、精緻的豬肉，因而能製成最美味的火腿。

關於伊比利火腿的2項疑問

❶ 為什麼有人說伊比利火腿是世上最優質的火腿？

啊，據說是如此……但是坦白說，就算不是世界第一，也一定會是前五名，這絕對是肯定的！其實，伊比利火腿屬於特殊的豬隻品種：伊比利黑豬，特色是會將從食物中攝取到的油酸吸收到牠的油脂中。這種豬在西班牙西南部半開放式的環境下生長，並會從豐富的橡實、植物的根、果皮、蔬菜等冬季極優質的飲食中獲取充足的養分，讓肉質變得更加美味。此外，大自然的環境和職人純熟的燻製技術，也為這些熟成 3～5 年的生火腿帶來風味上的差異。

❷ 而且為什麼伊比利火腿如此昂貴？

生火腿就如同菇類，有一般的種類，也有品質卓越的頂級產物。而伊比利火腿便是一種極為罕見的頂級產物，帶有淡淡的甜味與融合核桃、榛果、灌木叢的味道和驚人的餘味……所以物以稀為貴。但請注意！即使冠上了伊比利火腿的名稱，還是可能會有等級上的差別。如依照飼養的方式，伊比利火腿可分為以下幾種：

正宗伊比利火腿（Pata Negra）會以純種橡木子（100％伊比利品種）的名稱販售。這是一種品質和口感皆優良出眾的火腿，販售時會別上黑色的標籤作為識別。

而**橡木子等級（Bellota）的伊比利火腿**雖然採取同樣的飲食，但因為僅採用具 75% 血統的伊比利豬製成火腿，所以會以紅標販售。

再其次則為**農場飼料等級（Cebo de Campo）的伊比利火腿**，這是以沒有食用橡實，且採自由放牧，有 75% 血統的伊比利豬製成。

最後是**飼料等級（Cebo）的伊比利火腿**，是選用關在穀倉內生活的 50% 血統的伊比利豬做成的火腿。通常以白色標籤販售。

為什麼現在有牛肉製的火腿？

其實這從 2000 年前就存在於西班牙或義大利了！但最富盛名者，是來自西班牙西北部的萊昂牛火腿（Cecina de León）。這種火腿是以生長不到 5 年的牛後腿所製成，加工方式和某些風乾火腿幾乎一樣：經過加鹽、煙燻，接著風乾並熟成。品嘗時通常會淋上少許橄欖油享用，如同以義大利牛後腿製成的義式風乾牛肉（Bresaola）一樣。

雞和鴨

當我想起奧坦絲阿姨在禮拜天餐桌上所端出的雞肉和橙汁鴨等料理，
就讓人覺得這是多麼美好的回憶啊……
但在此還是必須要向大家更新一下，關於家禽類料理的相關知識！

驚人！

為什麼雞腳上有鱗片？

雞會在糞堆、雜草等地到處閒晃，而腳上的鱗片可保護牠們的腳不會感染疾病。

為什麼雞有砂囊？

雞有喙，但卻沒有牙齒。為了磨碎食物，牠們會吞下極小的碎石，並儲存在稱為「砂囊」的肌肉囊袋中（編注：即為雞胗），而這也是牠們 2 個胃的其中一個。而牠們可不是隨機選擇這些小碎石，關於石頭的大小、形狀和品質等，都會依據飲食和需求來精心挑選。

為什麼雞腿肉的顏色比雞胸肉來得深？

因為腿部的肌肉承載著動物的重量，並協助動物移動、奔跑。由於活動量明顯較大，也需要更多的氧氣，而這氧氣是由紅色的蛋白質（即肌紅蛋白）所提供。至於雞胸片的肌肉則是大懶鬼，只用於呼吸，因此不需要肌紅蛋白。這也就是雞腿肉的顏色較深的原因。

聚焦

為什麼被稱為「連傻子也不要」的肉，並不在我們所認為的部位？

這塊人見人愛的著名肉塊，雖然被稱為「連傻子也不要」，但卻並非真正的傻子不要。此外，也沒有任何傻子會將它留下，因為它太大，也太醒目。這部位的名稱應該稱為「雞肉上的生蠔」，因為它很像……生蠔。而真正的「傻子才不要」其實更小，而且幾乎看不到。它藏在皮下，位於尾骨的凹槽裡，就在臀部旁邊。最初的定義出現在1798年《法蘭西學院字典》（Dictionnaire de l'Académie）中，並在 19 世紀經過錯誤修改。現在的字典已逐漸恢復原本的定義，而且終於將確切的位置還給了「連傻子也不要」。

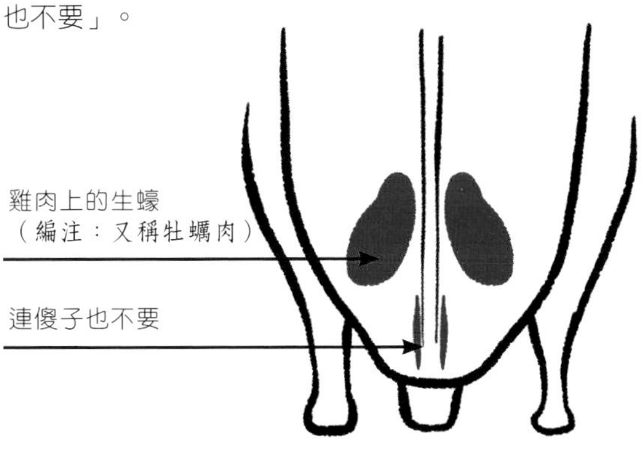

細微差別！

為什麼野鴨和飼養場的鴨有明顯差異？

野鴨大多為候鳥，牠們的油脂用來為長途飛行提供能量。當牠們被獵殺時，通常比飼養場的鴨子更瘦，但味道卻更濃郁。我們可在克瑞克塞拉（Kriaxera）品種的鴨子身上找到這樣的特點，而牠們是一種由巴斯克地區部分的畜牧業者精心養殖的美味鴨子。

關於鴨胸的3項疑問

1 為什麼我們只能在肥鴨身上找到鴨胸肉？

為了生產肥肝而育肥的鴨子比一般的鴨子更富有油脂，因而稱為「肥鴨」。牠們的側腹在厚皮下含有豐富的油脂，以「胸肉」的名稱販售。而其他鴨子的側腹較小，油脂較少，皮也較薄，經常以「里肌」的名稱販售。

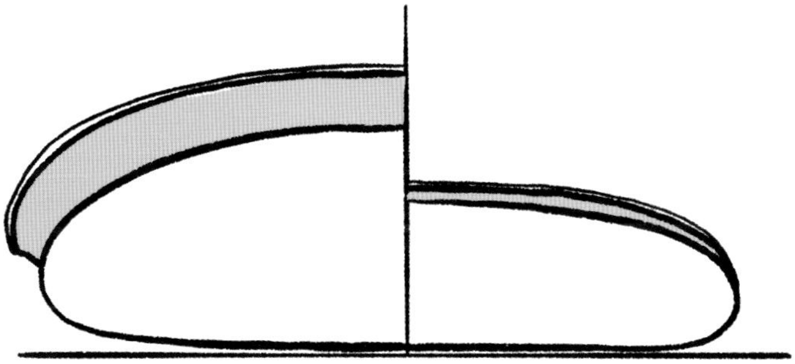

鴨胸肉（肥）　鴨里肌（油脂不足）

2 為什麼鴨胸是近來的發現？

肥肝鴨過去會以油封，或有時以烘烤的方式烹煮。但在 1959 年法國熱爾省（Gers）的歐什城（Auch），一位名為安德烈·達金（André Daguin）的廚師，開始以如同燒烤紅肉的方式來料理鴨肉，甚至後來還發明了綠胡椒醬來搭配這道料理。但這道料理一直到 1970 年才在美國獲得認可，其中一個原因是頗負盛名的小說家羅伯特·達利（Robert Daley）在《紐約時報》撰寫了一篇被廣為稱頌的文章，說明他在法國發現一種新的肉：鴨胸，因而讓這道料理聲名大噪。

3 為什麼叫「胸肉」（Maget）？

即使被油脂所覆蓋，鴨胸依舊屬於瘦肉（Viande Maigre）。你看出其中的關聯了嗎？沒有？呃……瘦肉（Viande Maigre）→胸肉（Magret）。此外，我們發現這個部位也被稱為「Maigret」。

雞和鴨

為什麼要這麼做

為什麼在烹煮前水洗雞肉是件愚蠢的事……

因為活雞會將腳踩進糞便裡，使雞皮表面沾有大量的細菌，所以有好長一段時間，人們會用水清洗雞肉後再保存。問題是，這個過程會讓大部分的細菌散播到水槽周圍各處和我們的手上。因此千萬不要用流水清洗你的雞肉；無論如何，其實只要烹煮便能去除這些細菌！

在烘烤前先將雞肉浸泡在鹽水中是有好處的？

當我們將雞肉浸泡在鹽水中一晚，鹽便有充足的時間可滲透到雞肉裡。由於鹽會改變蛋白質結構，並避免蛋白質在烹煮時扭曲而將肉汁排出，以保持多汁的口感，所以為了發揮最佳效果，請將你的雞肉以 6％的鹽水（每公升水加 60 公克鹽）浸泡一晚，再將雞肉取出，沖洗乾淨並用廚房紙巾擦乾後，再進行烘烤。

將雞肉浸泡在鹽水中12～24小時，
可讓鹽深入滲透至肉中，讓肉在烹煮後更為多汁。

為什麼也要讓雞肉冷藏乾燥2天？

如果將優質的雞肉開封後擺在冰箱冷藏架上 2 天，雞皮就會緩慢地乾燥。就是這樣的乾燥過程，讓你在烹煮時可以獲得出奇酥脆的雞皮。如果更講究的話，還可以加鹽來加速水分蒸發的過程。如果你忘了先靜置乾燥 2 天，還有一個妙招：將雞肉擺在烤箱的烤架上，以解凍模式烘烤。這個模式會啟動風扇，產生可加速乾燥的氣流。通常預計至少 8 小時或一晚，就可獲得理想的結果。

正確作法

為什麼要先燙煮鴨肉後再淋醬？

烤鴨的原則就是要形成極為酥脆的皮。而就如同雞肉一樣，鴨皮在經過長時間乾燥後就會變得酥脆。在製作烤鴨時，我們同樣要讓鴨肉在略為通風處乾燥。而為了避免氣流將動物身上的細菌散播出去，人們會先用沸水燙煮 2～3 分鐘。就這樣，所有的細菌都會被殺死，你便可將鴨肉晾乾，而不必擔心其他的食品受到污染。

先燙煮鴨肉消滅細菌後，
接著再晾乾。

為什麼應該在鴨胸的皮上劃幾刀再烤？

常見的解釋是「可避免鴨皮收縮」。但是非常抱歉，這個理由實在是太愚蠢了！皮還是一樣會收縮，因為刀痕之間的間距正是鴨皮收縮所形成。話雖如此，但先劃刀還是很重要，因為還有這個原因：鴨胸皮收縮後，會讓油脂更容易融化並流下；而且烤熟之後，鴨胸肉的油脂會更為細緻，肉也會更加美味。

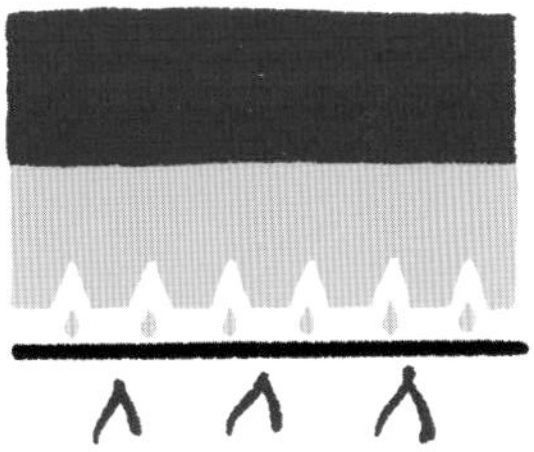

在鴨胸皮上劃出切口，
可讓油脂更容易融化和流出。

是真是假

為什麼肥鴨肝優於肥鵝肝？

喔，不，但不，不，不！肥鴨肝並不是最優質的，根本就不是如此！肥鴨肝的味道較為濃郁強烈，肉質也較軟嫩，並且帶有漂亮的淺橘色。肥鵝肝則較為細膩精緻，餘味更長，烹煮時較不會縮水，但淡淡的灰色讓它顯得較不可口。因此，如果我們較常看到鴨肝，這是因為販售鴨肉的市場比鵝肉的多。

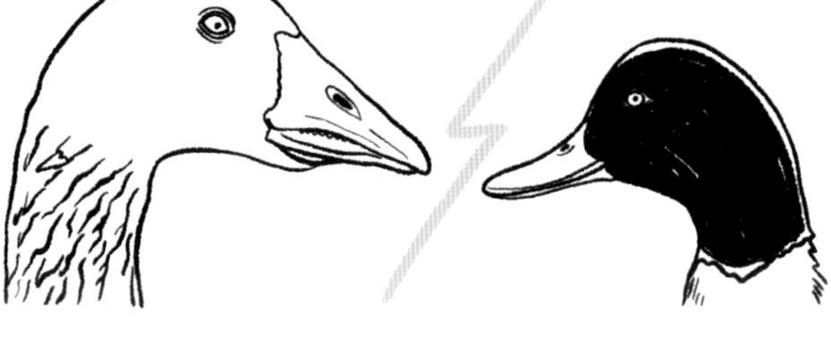

為什麼我們無法「去除肥肝的神經」？

簡單且充分的理由是：肥肝沒有神經。既然沒有神經，就無法去除。但肥肝有血管，因此，我們會為肥肝「去除血管」，但不會「去除神經」。

絞肉與香腸

巴黎Mamie Colette餐廳禮拜三的漢堡排和香腸馬鈴薯泥……
裡頭同時蘊含了孩子的幸福與大人的夢魘。
所幸還是有解決方法！

為什麼應該先選肉，再請肉販絞碎？

你不必購買肉販已經切下來的肉。你大可要求他現場分切你指定的肉，而且通常好的肉販會很樂意這麼做。如此一來，你也能購得符合喜好的肉。

為什麼自行選擇肉塊製作絞肉是極佳的好主意？

嗯……因為這樣可以充分掌握料理的風味，例如：假如你喜歡味道濃郁的肉，可選擇膈柱肌肉；如果你偏好較清淡的肉，則可選用肩肉。你也可以依照食譜選擇想要的油脂量：若需要長時間烹煮的料理，需要 20% 的油脂；短時間烹煮時，油脂含量 10～15% 便已足夠。你也可以用小牛、豬肉或家禽等製作絞肉，通常無須使用絞肉機，只要有刀片的電動調理機就很好用，但記得要斷續地分次攪打，讓肉保留一些口感，而不要完全攪打成泥。

嘖嘖！

為什麼不該購買超市裡的包裝絞肉？

我們從來不知道可以在這堆裹上保鮮膜販售的（偽）絞肉中找到什麼（其實它們是以最劣質的肉製成的，也就是將無法販售的肉切碎至無法辨識）。更糟的是，我們從來不知道這種絞肉裡包含幾種動物來源；事實上，這是用巨型機器處理過的幾百公斤剩肉，全都混在一起後再切碎而成。最後，我們會在一盒肉中找到上百種不同動物的肉。我沒有在開玩笑，這玩意兒真的很可怕！

將精心挑選的優質肉塊，
放入絞肉機中，便可自製漢堡排。

為什麼必須先將漢堡排解凍後再烹煮？

我們都有將冷凍的漢堡排煮過頭、變得太柴，以至於難吃至極的經驗，甚至就這樣端給我們的孩子吃。坦白說，我們應該感到羞愧……
會造成這樣的結果，原因在於我們錯估了解凍時間，使得熱能從外到內的傳導時間過久，而讓漢堡排煮過頭。其實我們可以做得更好，所以，先去重修小學四年級的數學課吧！你會發現這非常簡單。

如果你直接煎冷凍漢堡排，由於必須從 –18℃（冷凍庫的溫度）來到 +50℃（帶血肉的溫度）。因此，我們的漢堡排必須歷經從 –18℃到 +50℃，即 68℃的溫差。而這段非常巨大的溫差，會使得烹煮的時間過長，導致肉質變乾。

如果你預先將漢堡排以冷藏的方式解凍，從冰箱取出時是 5℃，必須歷經的溫差變成從 5℃到 50℃，即 45℃的溫差。如此不但會讓烹煮的時間較短，而且肉會略帶湯汁。這樣已經能讓肉排品嘗起來好很多了……

如果你將漢堡排先冷藏解凍，再置於常溫下回溫後再煎，漢堡排便只需歷經從 20℃至 50℃，即 30℃的溫差。這才是真正理想的狀態！不但烹煮時間短，中央夠熱且多汁，而且在外部煎至金黃色時，剩餘的部分也不會過熟且太乾。

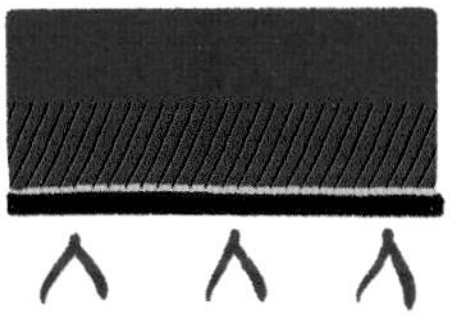

68℃是漢堡排中央煮熟之前必須歷經的溫差。熱能到達中央的時間，會讓厚肉塊的表面過熟。

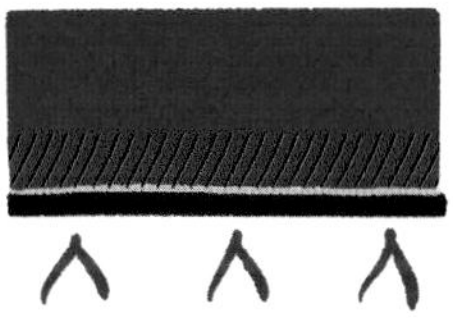

45℃是冷藏解凍漢堡排需歷經的上升溫度。在內部受熱之前，外皮還是有點過熟。

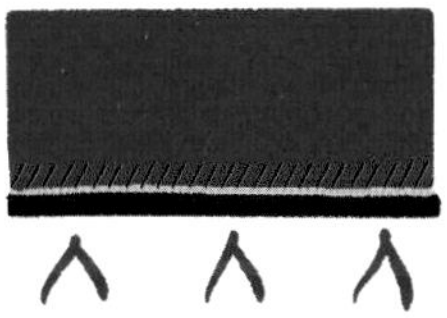

30℃是我們煎常溫漢堡排所必須歷經的溫差，而且熱能深入滲透的時間也讓肉排表面不會過熟。

注意，這是技巧！

為什麼絞肉在烹煮時會流失大量的湯汁？

肉由纖維和約 70% 的水分所組成。肉在烹煮時，纖維因受熱而收縮，切口兩端會排出少許湯汁。但當肉被切得細碎時，這些纖維會立即流失大量湯汁，肉根本是在自己的肉汁中煮沸，而不是煮至收乾和上色。最終，我們發現這只是幾乎無味的碎肉大雜燴，因為它幾乎不會上色，加上又已經流失所有的湯汁，口感又乾又柴。真是損失慘重……

為什麼絞肉不易保存？

切碎的肉提供更多的表面以及極大量的空隙讓細菌得以生長。因此，這是一種非常脆弱的肉，既需細心處理，也必須儘速食用。建議最晚須在購買後 24 小時內食用完畢。

絞肉與香腸

為什麼應避免使用絞肉來製作波隆那肉醬……

既然絞肉幾乎無法發展出任何風味，而且在上色過程又會快速變乾，那麼用來製作肉醬不是有點愚蠢嗎？此外，義大利人不會說波隆那肉醬，而是說肉醬（al Ragù），作法會像製作法式蔬菜牛肉湯一樣長時間燉煮（請參見「波隆那肉醬義大利麵」章節）。但如果你還是決定用絞肉來製作波隆那肉醬，以下提供一個小祕訣供你參考：用大平底煎鍋以極大火將三分之一的絞肉炒至上色（絞肉會乾掉但可換取上色的香味），接著再加入另外三分之二的絞肉（仍保持多汁，而且會增添風味）和番茄。

……也不適合用來製作韃靼牛肉？

絞肉缺乏口感，也無需咀嚼，但說實在的也沒什麼好咀嚼的，因為就算我們讓絞肉在嘴裡繞了一圈後再吞下，也感受不到它的滋味。但如果是用刀切，還能保有可咀嚼的肉塊。不過也因為咀嚼讓我們有時間可以感受肉的所有滋味，其中包括醬汁和香草的味道，所以最好也能挑選自己喜歡的部位。我太太不喜歡味道太重的肉，所以喜歡用膈柱肌肉製作韃靼牛肉，但你也能選擇更軟嫩的部位。所以請依個人喜好做選擇，這才是最重要的 ;-）

用刀切碎的韃靼牛肉仍有嚼勁，可感受到所有的滋味；
而以絞肉製作的韃靼牛肉則已沒有可嚼食的部分，讓人食而無味。

為什麼我們會在自製肉丸時加入蛋、少許麵包粉和其他食材？

肉丸的最大問題是必須放在醬汁中烹煮，亦即長時間加熱，好讓肉丸的味道變得更加豐富。因此，為了避免肉丸太乾而碎裂，我們會加入一大堆東西：例如能讓肉丸保持濕潤的蛋黃、讓肉丸緊實黏合的蛋白、浸泡過牛乳的麵包粉。這些食材都可以讓肉丸保有更多水分（加倍濕潤）且軟嫩。

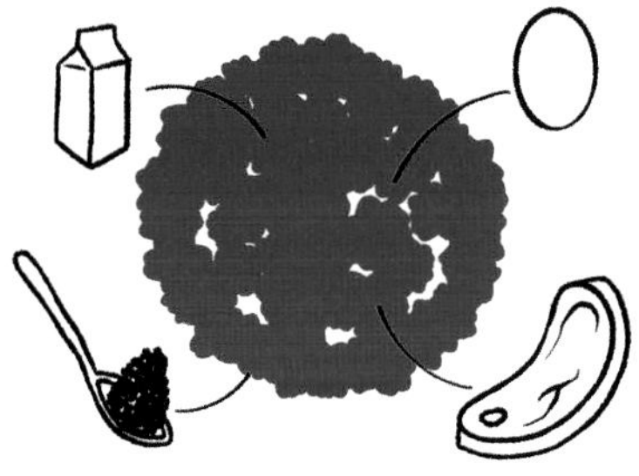

正確作法

為什麼自製香腸時要先在絞肉中加鹽？

如果你要自製香腸，請在灌腸的前一天先在肉餡裡加鹽。法式陶罐派和餡餅也是同樣的道理：鹽會滲入肉的內部，改變蛋白質結構，讓肉餡在烹煮時較不會流失大量肉汁（請參見「法式陶罐派與肉醬餡餅」以及「鹽」章節）。這就是香腸美味多汁的祕訣 ;-)

為什麼絕不要在香腸、法式北非香腸（Merguez）和其他的英式早餐腸（Chipolata）上戳洞？

腸衣可保持餡料的水分，但也能留住烹煮期間稍微液化的油脂。所以如果你在香腸上戳洞，就會讓水分和油脂流失，使得香腸變得更乾。此外，從戳洞洞口中流出的肉腸油脂會滴落到炭上，讓炭起火燃燒之餘，也會使原本烤得漂漂亮亮的香腸燒焦。因此絕不要在香腸上戳洞，絕對不要！

就是這樣！應該留在香腸裡的一切都流了出來，並且燒焦……全盤皆輸！

為什麼應避免購買香腸，寧可自己做？

當然是因為你不知道裡面到底有什麼！通常用來製作香腸的肉不會太漂亮，品質也不會太好，也不夠軟，但往往會太油；而且調味經常很重，並且會放入乾燥香草來增加風味。所以這種現成的香腸有點像大零售商的絞肉一樣，看到請快逃！如果是自己製作香腸，就能依個人喜好製作調味配料，加入真正優質的新鮮香草，並且混合肉的不同的部位等等。

證明完畢！

為什麼有些香腸在烹煮時會爆開？

當香腸內部受熱，所含的部分水分就會轉變成水蒸氣。問題是蒸氣的體積比水大多了，而且真的大很多：確切地說是 1700 倍大。因此，香腸所含的部分水分轉變成水蒸氣後，會讓體積膨脹。而唯一可以攔住蒸氣的就是腸衣。如果腸衣的品質優良，便可承受體積的增加；但若是品質低劣，就會在壓力下爆開。而且如果過度加熱或燒焦也會導致腸衣爆裂。因此，爆開的香腸代表腸衣品質低劣，或是以過高的溫度烹煮。

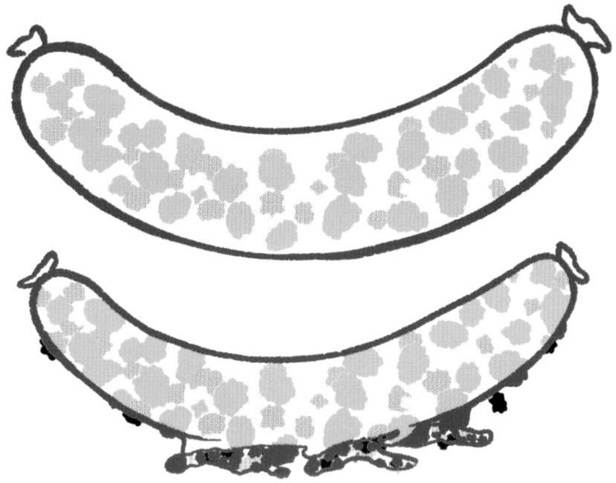

魚的品質

當我想到有些小孩以為魚天生是方的，而且是裹上了麵包屑時，總讓我不自覺搖頭⋯⋯
其實魚應該被認為是結合了美味、口感和營養價值的珍寶。
不過雖然說魚不是方形的，但卻仍有很多特殊之處⋯⋯

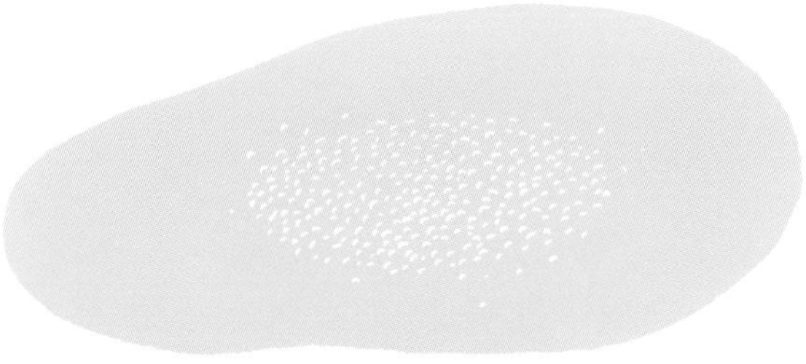

為什麼有些魚的背是藍綠色的？

這些魚包括鯖魚、鯷魚、沙丁魚、美洲胡瓜魚，甚至是鮪魚和鰹魚，牠們都屬深海魚，也就是說牠們會不停地游泳，而且非常靠近水面。牠們藍綠色的背可重現天空映照在水面上的顏色，而這種方式能讓牠們在遇到來自上方的掠食者時，盡可能不引起注意。此外，牠們通常會採集體生活，成群結隊而行，並且會混在其他魚類當中行動，以減少個別被捕捉的機率。

驚人！

為什麼扁平魚類是扁的？

這些魚出生時和所有的魚類都一樣，頭的兩側各有一隻眼睛。接著，在牠們還是幼體的階段時，牠們選擇貼平海底游泳，漸漸地，長在下方的眼睛便移動至表面。成年時，牠們會緊貼在沙子、淤泥或碎石底部生活，灰色面朝上，以躲避掠食者。而若是仔細觀察常見的扁平魚種，你會發現大菱鮃和菱鮃是左撇子，因為牠們的嘴巴位於眼睛的左邊；而鰈魚則是右撇子，因為牠的嘴巴位於眼睛的右邊。

注意，這是技巧！

為什麼鯊魚具有如此特殊的鱗片？

大多數魚類的魚鱗為扁平圓形，主要提供保護的作用。但鯊魚的魚鱗卻極為不同：有著向後彎曲的尖銳鱗片，並帶有像牙齒的小溝槽。而這樣的形狀和特殊的突起鱗片會形成將水流帶至凹陷處的漩渦，不但可減少水的阻力、湍流和拖力，也讓移動可以更無聲無息。研究證實這些鱗片讓鯊魚游得更快速，而這樣的特性被稱為「漣漪效應」，並且也被應用於航空空氣動力學和一級方程式賽車等領域。

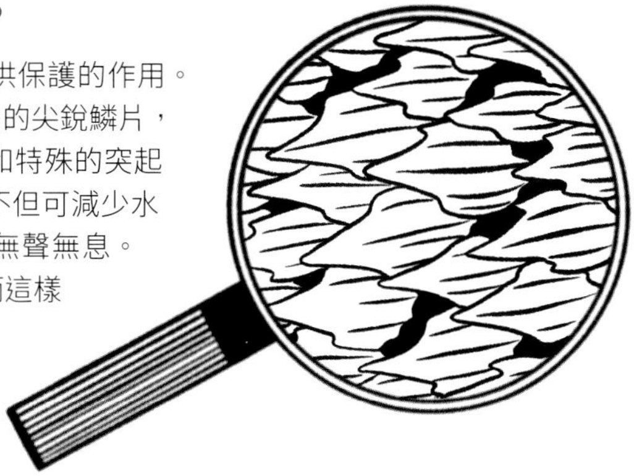

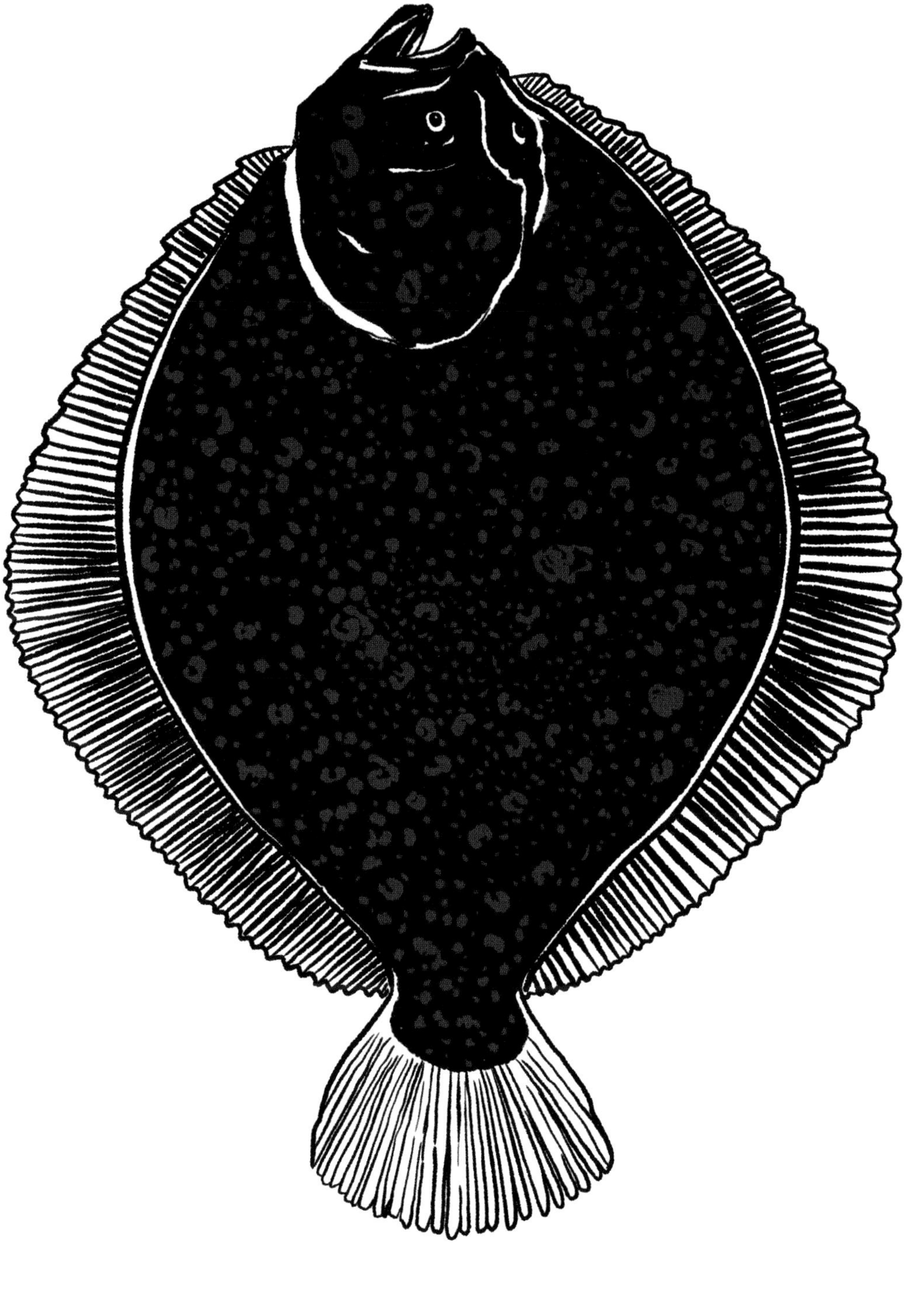

魚的品質

細微差別！

為什麼大部分的魚是白肉？

魚不需要肌肉來支撐身體，因為牠們浮在水中。牠們頂多需要能快速逃離掠食者的肌肉，然而這些需要爆發力的肌肉幾乎不含肌紅蛋白，即為耐久肌肉提供氧氣的紅色蛋白質（請參見「肉的顏色」章節）。而當這些肌肉的紅色肌紅蛋白含量極少時，魚肉便沒有血色，甚至呈現白色。

鱈魚

但為什麼鮪魚肉是紅色的……

鮪魚家族的魚游泳速度很快，而且時間很長。速度越是增加，水的阻力也越大。由於牠們的肌肉必須強壯且持久，因此含有較大量的肌紅蛋白而呈現紅色。

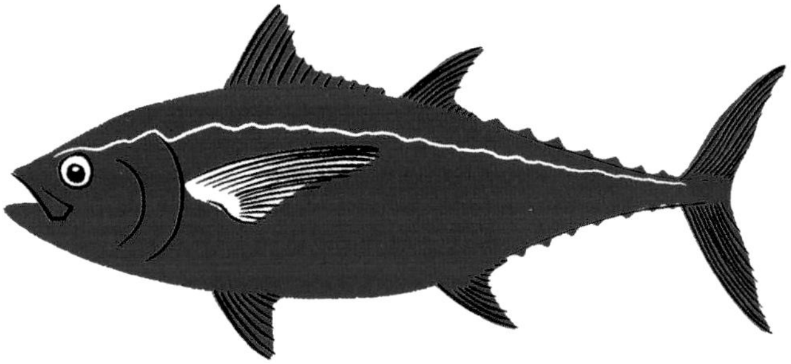

鮪魚

……而鮭魚和鱒魚肉卻是橘色的？

啊！這些魚的情況略有不同：牠們具有將鮮紅色蛋白質，即蝦青素的顏色固著在肌肉裡的特性。而蝦青素大量存於鮭魚經常攝取的小型甲殼類動物和小蝦之中。此外，龍蝦也因為具有同樣的蛋白質，煮熟之後亦呈現漂亮的紅色（請參見「龍蝦」章節）。

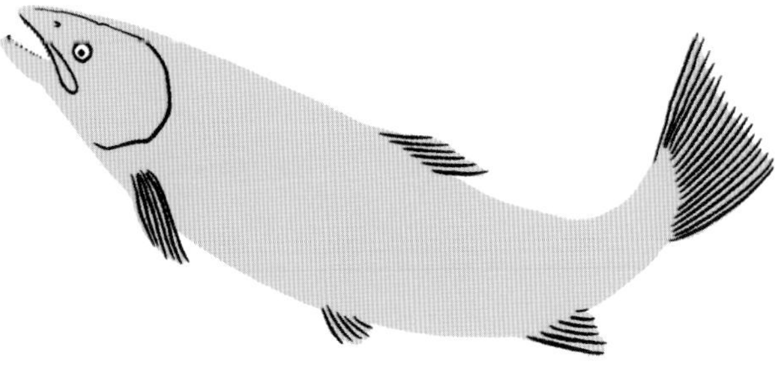

鮭魚

關於鮭魚的3項疑問

❶ 為什麼野生鮭魚的品質優於養殖鮭魚？

首先，野生鮭魚的飲食依照季節和漁場而有所不同，這讓牠們得以發展出更豐富且複雜的風味。由於野生鮭魚需要花更多力氣攝食，因此比起在近海網箱或陸地漁場養殖，終年以同樣的精選飲食所飼養、以便快速成長的養殖鮭魚，野生鮭魚的肉質較為結實，油脂也較少。

❷ 為什麼鮭魚的棕色部位較不美味？

這些部位其實就是那些可長時間游泳時所使用的肌肉，因而含有大量的肌紅蛋白。而鮪魚的中央肌肉也是一樣，帶有強烈的味道，並略帶金屬味。

❸ 為什麼鮭魚的顏色無法作為品質的象徵？

我們已經知道鮭魚的粉紅色澤主要來自飲食。而養殖鮭魚的飲食通常必須經過細心挑選，以便培育出帶有光澤且終年一致的橘色肉質；甚至還有色卡（就像油漆的色卡）可作為蝦青素份量的指南，而蝦青素就是能讓鮭魚呈現橘色的蛋白質！通常，野生鮭魚肉的色澤取決於牠們在產區裡攝取的食物，如：阿拉斯加鮭魚的肉質鮮紅，因為牠們主要以磷蝦，即一種生活在冷水中的小蝦為食；而波羅的海鮭魚的肉質則是很淡的粉紅色並帶有乳白色，這是因為牠們食用大量的鯡魚和禾本科植物。

阿拉斯加鮭魚

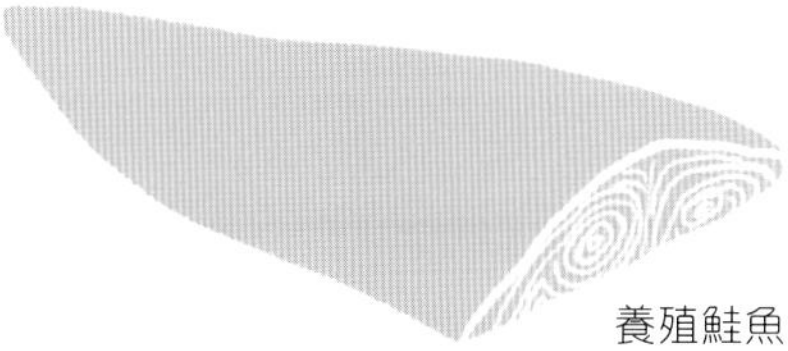
養殖鮭魚

波羅的海鮭魚

為什麼有人說吃魚會變聰明？

我們常一再對孩子們說：「吃魚會讓你變聰明！」好吧，這完全是正確的，但要注意的是，這也取決於魚的種類和烹煮方式：會「讓人變聰明」的魚是富含油脂的魚，牠們富含的 Omega-3 可讓大腦的神經細胞運作更順利，促進某些神經元的連接，有利於學習、智力的發展、加速思考等，也非常有益於中樞神經系統，甚至是視網膜。

但請不要隨便亂煮，否則會破壞這些 Omega-3！所以請跳過油炸，而是以蒸煮或烘烤的方式烹調，而且不要猶豫，請加入用奶油翻炒的小塊蔬菜或新鮮香草。而適合孩子攝取的魚類包括鮭魚、鯖魚、鯡魚、沙丁魚、鮪魚、鱒魚、鮟鱇魚。但不要一次全部都來，請理性一點。

魚的挑選與保存

魚類料理並不是只能選用冷凍魚，使用新鮮的魚更好！
所以為了挑選並保存狀況良好的鮮魚，需要懂得一些訣竅。
我向你保證，這一點也不複雜！

為什麼絕對不要將魚直接放在冰塊上保存？

我們絕對不會直接將魚擺在冰塊上！絕對不會……好的魚販總是會在碎冰和魚之間墊一張紙，原因有兩個：

(1) 他們知道冰塊會將魚「煮熟」，而且還會改變魚的分子結構，因而破壞肉質。

(2) 他們知道一旦冰塊化成水，細菌就會找到超適合它們生長的場所，進而降低了魚的保存期限和品質。

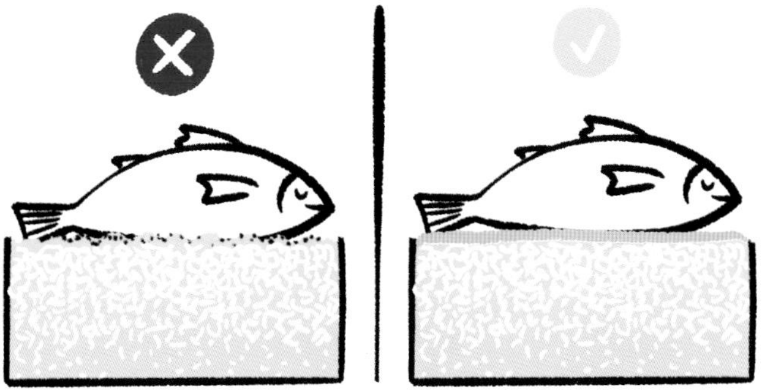

為什麼品嘗魚肉也要看季節？

一年當中，有些魚類會遇到遷徙、繁殖、找不到優質食物的狀況等等，使得魚的肉質並非呈穩定發展：在繁殖之前，魚會囤積熱量，這時便是肉質最鮮美的時刻。而當為了遷徙和繁殖而用盡所有儲存的營養後，魚肉便會變得淡而無味；因此請打聽一下各種魚類最適合食用的季節，例如；狼鱸最美味的時節是年底，而海鲂則是在盛夏。此外，魚肉的味道也會依照國家，甚至是地區的不同而有所變化。

正確選擇

為什麼應該選擇眼睛明亮、魚鰓鮮紅，且表皮有光澤並略帶黏性的魚？

因為這些是判斷魚新鮮度的準確指標。

眼睛含有水分時，會顯得透明且鼓起，所以當水分隨著時間蒸發，眼睛就會凹陷，透明感消失，而且會被一層淺灰色的薄膜所覆蓋。因此，我們應選擇眼睛明亮的魚。

魚鰓之所以呈現鮮紅色，則是因為含有大量的肌紅蛋白，通常魚類在接觸到氧氣時顏色會變深。因此，當魚鰓的顏色越深，甚至是變成深栗色，就表示魚接觸空氣的時間越久，也越不新鮮。

一般而言，**魚皮**會被黏液所覆蓋，這層黏液可保護魚不受水生環境所傷害。所以當魚處於新鮮狀態時，黏液是濕的且略帶黏性；但如果魚皮乾掉，則表示魚已離開水面很久了。

嘖嘖！

為什麼魚那麼快就變臭？

並非所有的魚都以同樣的速度變臭：例如，河魚即使變質也不太會有味道，但海魚就會很快變臭。而海魚當中的某些品種，例如鱈魚或牙鱈，由於牠們的皮很薄，因此會比其他魚類更快散發出臭味。而這樣的臭味來自三個原因：

(1) 活的海魚在調節牠們的鹽含量：海水含有3%的鹽，而魚的鹽含量則比海水少3倍。所以，當魚死後，調節鹽含量的物質會降解，並產生少量氨的衍生氣體。

(2) 在魚活著時，免疫系統會保護魚免受表皮、鰓和腸道裡的細菌傷害。一旦被捕撈，魚的免疫系統就會停止運作，有些細菌就會滲透至魚肉中並產生甲胺（即另一種氧的衍生氣體，但數量較多），進而產生臭味。

(3) 產生其他化學反應，而引發如同腐爛的蛋的硫味、醋味，甚至是油耗味。簡言之，不新鮮的海魚聞起來真的很臭！

為什麼在冷藏保存整隻魚之前，應快速沖洗並晾乾？

如果魚販沒有清理魚內臟，請儘快以流動的水清洗你的魚，以去除腸道裡以及體內和表皮的部分細菌，直到不再具有黏性❶。接下來將魚徹底晾乾，以免在接觸到水時滋生細菌❷。最後，用買魚時包裹的紙或保鮮膜將魚包起來，與氧氣隔絕❸。

為什麼鰈魚要等幾天再煮？

首先，因為在捕獲之後的幾天，鰈魚的肉質會像木頭一樣硬，而且不太美味；再加上烹煮時結締組織會收縮，使得魚會捲起而無法接觸到鍋面，因此我們無法烹煮當天捕獲的鰈魚。所以捕撈後須等待3天，讓肉質變軟，並讓不飽和脂肪「成熟」，才能發展出豐富的風味。

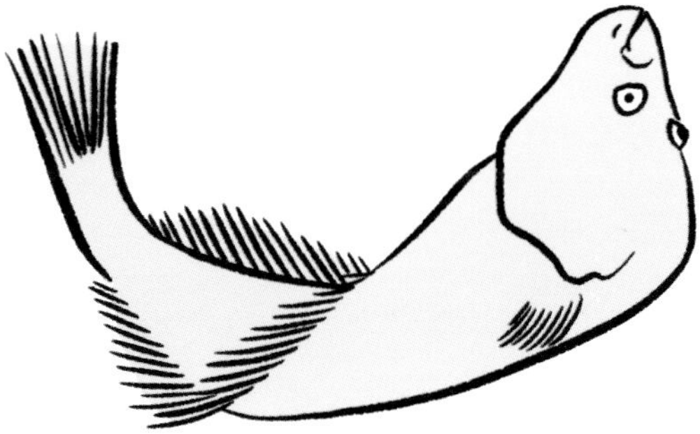

注意，這是技巧！

在為魚脫鹽時為什麼要經常換水？

在脫鹽的過程中，魚肉會喪失鹽分（這就是目的），鹽分會轉移到浸泡的水中，這就是滲透的原理。問題是，水所能攜帶的鹽量有限（一段時間後就會飽和），而魚的鹽分會越來越難、也越來越慢才能轉移到水中。所以如果可以經常換水，便可避免上述現象，而且你的脫鹽程序也會更快更有效率。

日本魚

讓我們忘了捕鯨，以及用冷凍魚製作的壽司。
在日本，魚是一種哲學，一門藝術。
同時也為我們帶來啟發……

小故事

為什麼日本人會食用大量的魚？

首先，日本是由將近 7000 座小島組成的群島，大部分的人口居住在海岸邊，到處都是海。其次，自 7 世紀佛教傳入後，日本禁止食用肉類，一直到 1870 年明治天皇才重新開放，因此日本有 1000 年以上的時間是食用海鮮產品為主。再者，日本主要由山脈和火山所構成，很難發展農業。換句話說，日本人之所以能如此擁有如此專精的捕魚和處理魚類的技術，完全是因為幾世紀以來風土文化與歷史生活的累積。

注意，這是技巧！

為什麼活締處理可為魚帶來非凡的味道和口感？

活締處理法是日本人所發明的一項特殊活魚處理技巧，也是一種可為魚類料理提供更佳口感和風味的技術，對於非日本人來說可能是一個全新的領域，但該技巧卻能讓人體會魚真正的滋味！咦……我彷彿聽到你說你知道魚的味道……抱歉我必須要反駁你，因為你真的不知道！你並不認識「魚真正的味道」，你所知道的應該是「死魚的味道」；就像日本人所說：魚的味道會在船的甲板上緩慢死去。

然而魚承受壓力後所帶來的影響，就和其他動物一樣會讓肉質變硬；因為肌肉會快速僵硬，甚至讓纖維在壓力下完全破裂。一旦歷經了屍僵，魚肉便不再結實。

因此活締處理的原理就是為了避免這件事：讓魚不是在 15 分鐘內窒息死亡，而是轉瞬間在毫無知覺和壓力的狀態下死去。以下就讓我來介紹一下活締處理法吧！

❶每隻魚會採個別殺死的方式，用金屬棒小心地刺穿兩眼間的小腦。這很簡單、快速、沒有痛苦，而在臨床上，動物在這一刻就已經死亡。

❷從尾巴處切開，為魚放血。

❸最後從中心脊骨插入另一根金屬棒，以去除脊髓。

用這種方式，可延緩「屍僵」的發生，且肌肉纖維僅會輕微收縮，而不會先撕裂後再度放鬆。

最後，我們讓魚「熟成」，或者說「醞釀」2 星期，讓肉質在軟嫩中仍帶有結實度，並因釋放出大量的胺基酸（請參見「熟成」章節），而使肉質變得更加美味。

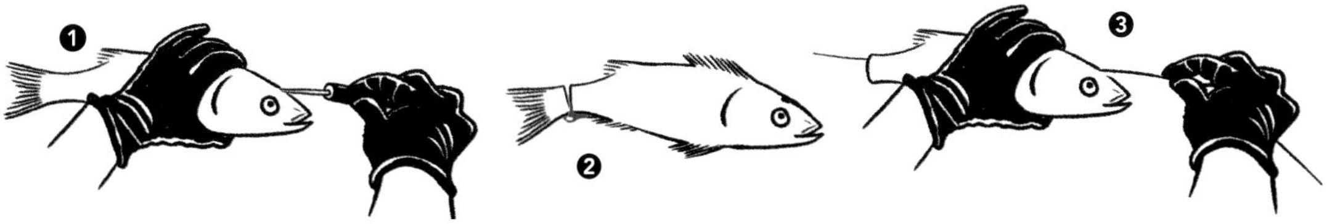

為什麼亞洲的低溫冷藏法可使魚類保存更久？

人們往往認為用 0～4℃的溫度來冷藏魚肉是最好的。但在亞洲，尤其是日本和南韓，人們會在更乾燥的環境且更低的溫度（約 −2～−3℃的）來保存魚肉。而處於這個溫度的魚肉並不會呈現冷凍狀態，因為只有在核心溫度達 −18℃時才會冷凍。這種方法稱為「低溫冷藏」，即以「偏低的冷藏溫度」將水凝結，以大幅減少細菌的孳生。正也因為這個方式，所以能讓這些魚的保存期限延長 2 倍，而且不會影響魚肉的品質。

為什麼在日本找不到鮭魚壽司？

鮭魚可能含有即使以烹煮或冷凍處理也無法殺死的寄生蟲，但更主要的原因是，日本人發現牠帶有令人不快的泥沙餘味。因此在日本的高級壽司店裡，我們見不到鮭魚壽司。

為什麼生鮪魚不同部位的味道也不同？

位於鮪魚中心脊骨周圍的肌肉，因為用來游泳的關係，含有大量的肌紅蛋白，此部位肌肉最強而有力，所以不會用於生食。而日本餐廳使用的鮪魚分為 3 個不同部位，從最瘦到油脂最多，也是從顏色最深至最淺，依序為：赤身、中脂和大脂。後者需要稍微熟成以破壞纖維，讓肉質變得柔軟。通常肉的油脂越多，越容易在舌頭上融化，就像和牛的油脂一樣。

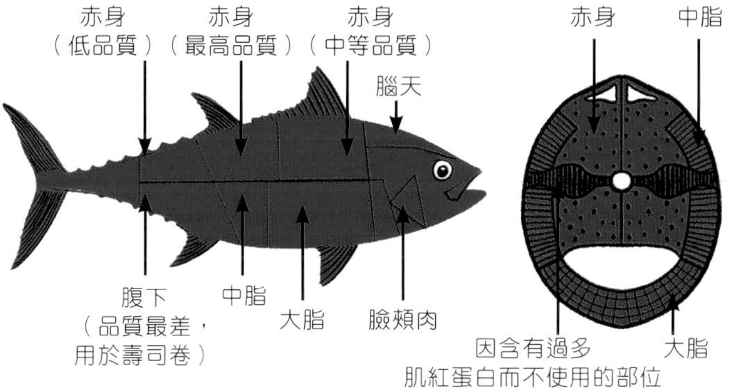

關於河豚的2項疑問

為什麼河豚可能會致命？

河豚是一種日本魚，在肝、腸道、卵巢、腎臟、鰓和眼睛裡都含有致命的河豚毒素，而這種毒素沒有任何解毒劑。當不慎食用後，這種物質會先阻擋神經系統的信號，接著癱瘓肌肉和橫膈膜，食用者在幾個小時內就會窒息死亡，而且在這段毒發的時間裡，食用者的意識卻完全是清醒的⋯⋯雖說今日絕大多數的河豚來自養殖，而且不含毒素，但和野生河豚的肉質完全無法相提並論。

為什麼河豚如此稀有珍貴？

在日本，唯有研修多年且獲得河豚廚師國家執照的主廚才能料理河豚，由此可見處理河豚的複雜度。當然，在品嘗河豚生魚片時，恐懼感也會列入食用的考量之一，但它清脆又入口即化的口感，以及輕微的酸甜味，還是令愛好者心醉神迷。

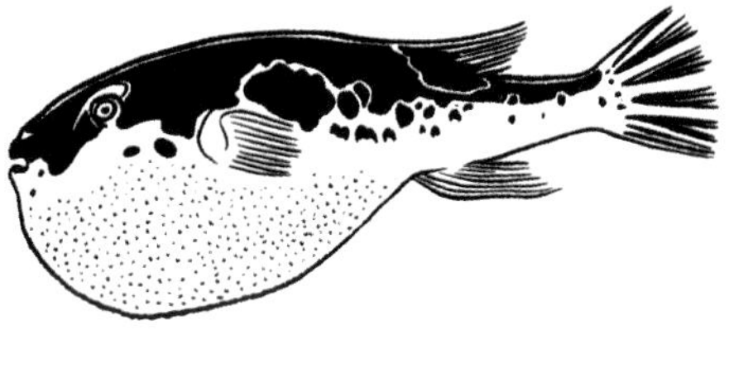

魚子醬和其他種類魚卵

沒錯，魚子醬很貴。
這是一種奢華的食品，就像非常高級的葡萄酒一樣，但它非常美味！
說真的，你們還是先品嘗過美味的魚子醬和完美熟成的烏魚子後，我們再回來討論⋯⋯

驚人！

為什麼鱘魚如此特殊？

鱘魚是一種多刺的魚，沒有魚鱗，像爬蟲類般在淤泥的底部緩慢移動。牠們以無脊椎動物和小魚為食，特色是離水後還能存活數小時。而且跟鮭魚一樣，鱘魚是一種洄游魚類：成魚在淡水進行繁殖，出生後的小鱘魚會順流而下來到河口生活，接著進入大海；等到成年後，會再度回到河口，逆流而上進行繁殖。

此外值得一提的是，牠們可追遡自1億多年前，居然和恐龍生活在同一年代！鱘魚可說是存活至今最古老的魚種。

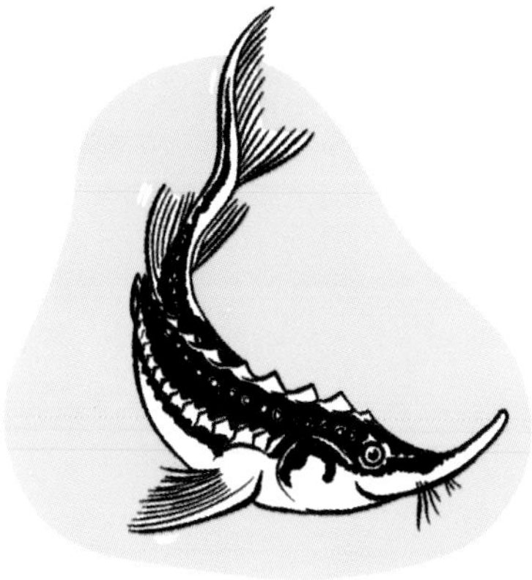

為什麼會有不同顏色的魚子醬？

魚卵的顏色依品種而定，但在各品種的魚類當中也存在個別差異。而鹽漬的階段也有所影響，因為這往往會加深顏色：如奧賽嘉（Oscietre）魚子醬從金色至淺棕色，貝魯迦（Beluga）是較淡的黑灰色，賽魯佳（Sevruga）則是深灰色，而歐洲最常見的養殖品種貝禮（Baeri）會形成深酒紅棕色的魚卵，白鱘魚則會形成深黑色的魚子顆粒。

為什麼會有不同的顆粒大小？

這也是依魚的品種和體型而定：通常魚的體型越大，魚卵就越大。

最小顆粒（2～2.5公釐）：

貝禮（Baeri，0.5～1公尺，7～30公斤）
賽魯佳（Sevruga，0.7～1.5公尺，30～80公斤）
白鱘魚（L'Esturgeon Blanc，0.7～1.3公尺，20～80公斤）

中型顆粒（2.5～3.5公釐）：

奧賽嘉（Oscietre，1.5～2公尺，80～150公斤）
阿穆爾河鱘魚（Fleuve Amour，1.5～2公尺，100～190公斤）

最大顆粒（3.5～4公釐）：

卡露伽（Kaluga，1.5～6公尺，100～1000公斤）
貝魯迦（Beluga，1.5～6公尺，100～1000公斤）

為什麼要這麼做

為什麼魚子醬這麼貴……

首先，人們為了鱘魚卵而過度捕撈，讓鱘魚在 20 世紀末幾乎滅絕。如今，世界各地都已禁止捕撈鱘魚，因此所有的魚子醬幾乎都來自養殖。而且鱘魚很晚才性成熟，約在 3 歲左右才能分辨性別。通常，小型品種的雌魚會在 6～9 歲之間產卵，而如大白鱘貝魯迦等大型品種，則直到 15～20 歲才產卵。當然，每種魚都只能產卵一次，因為要採集魚卵就必須將魚殺死（編注：現已研究出擠壓法和活體取卵手術法可保留種魚）。

而魚卵的採集和後續處理是精湛技藝的成果，而且完全依賴手工，以便為這出色的產物增值。以下為大家說明魚卵的採集和處理：

❶**採集**：在預先敲昏並放血的鱘魚身上採集卵囊（含有魚卵的囊）。

❷**篩選**：進行篩選，去除小皮和薄膜。

❸**鹽漬**：鹽漬有助保存，但鹽的品質與份量可能會改變魚卵的結構與品質：如果鹽放太少，魚子醬會很快腐壞，但若是鹽放太多，魚卵則會太乾且變得有黏性。鹽的濃度從 3～10% 都有，前者包括馬洛索（Molossol）魚子醬，保存期限因而較短，而後者則較鹹，雖然不容易腐壞，但也較不精緻。

❹**乾燥**：乾燥可去除魚卵在鹽漬後流失的水分。過度乾燥，魚卵會變得太乾且帶有黏性；但若乾燥程度不夠，味道則會被過多的水分稀釋。這道程序會持續 5～15 分鐘。

❺**裝罐**：裝罐是更棘手的程序。不但要去除氣泡和過多的水分，同時又要保存足夠的水分和空間，讓魚子醬的顆粒不會受到擠壓。

❻**熟成**：這時可開始在調節至 –3℃的冷藏室中進行熟成，但是別擔心，因為有經過鹽漬，所以魚子不會結凍。而依據品種、顆粒大小、養殖來源與生產目的地等，會以不同方式進行熟成，讓魚子醬在 3 個月後發展出最具吸引力的風味。

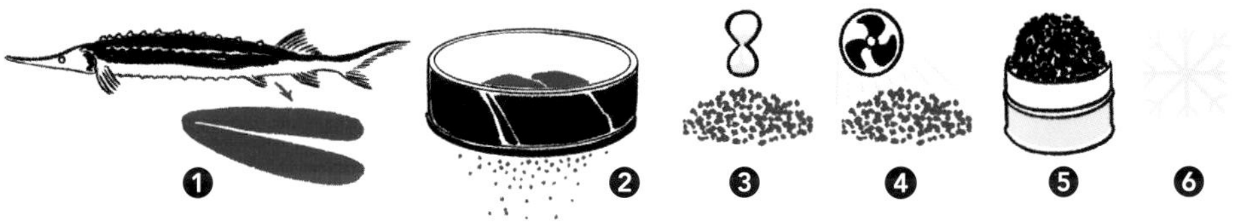

……而且又如此美味？

品嘗要從外觀開始：先觀察亮度、光澤，顏色則從金黃、深灰到黑灰色都有；接著再看魚子的大小和均勻度。放進嘴裡，我們會讓魚子醬在舌頭和上顎間滾動，以感受顆粒的結構、結實度和彈性。接著可以感受到各種複雜的風味，例如鮮味、輕微或濃郁的碘味，以及榛果、腰果、奶油等香氣。

貝魯迦品種的魚卵帶有極薄的薄膜，以及非常細緻的榛果和奶油香，予人齒頰留香感受的時間較為長久。是最著名的魚子醬。

奧賽嘉品種的魚卵較硬，較容易在舌間滾動，帶有微妙且極為平衡的海味和堅果味。是經典的魚子醬。

貝禮品種的魚卵相當硬，一開始的味道是果味，之後取而代之的是礦物味，接著是木頭味。

白鱘魚生產濃郁的魚子醬，餘味悠長，味道相當複雜，略帶碘味和新鮮核桃味。

為什麼應使用牛角匙或珍珠貝母匙來品嘗魚子醬？

這是由於湯匙的銀與魚卵接觸時會產生化學反應，為魚子醬帶來金屬味，因此會使用牛角匙或珍珠貝母匙等完全中性的湯匙，以避免這個問題。

魚子醬和其他種類魚卵

鮭魚卵

圓鱈魚卵

烏魚卵

為什麼雌魚懷有如此多的卵？

單純是因為大多數的卵會被其他的魚吃掉，而有部分的卵不會受精：據估計，一顆卵孵化的機率僅有千分之一至兩百萬分之一！而孵化的魚從幼體到魚苗的狀態，也是許多掠食者首選的食物。

好吃！

為什麼魚卵如此美味？

如同雞蛋，每顆魚卵由提供生命的中心細胞所構成，周圍是濃稠的液體，包覆著卵繁殖所需的營養素。而這些濃度極高的營養素含有高達20% 的脂肪以及大量的胺基酸，所以能產生如此誘人的美味。

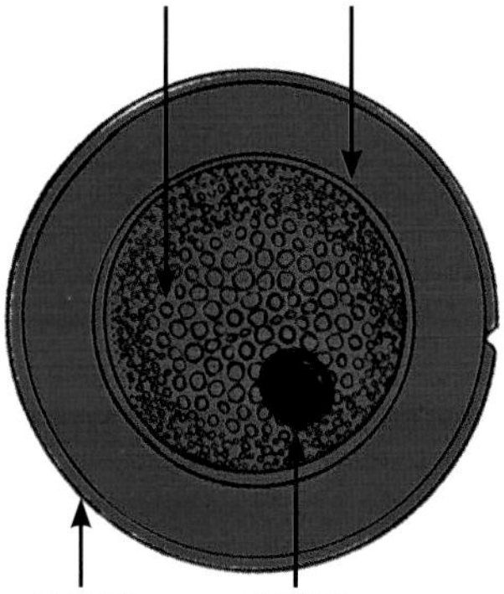

噗嗤！

為什麼我們咬魚卵時會在嘴裡爆開？

魚卵受到一層薄膜保護，受精時，雄性的精子會穿破這層薄膜。魚卵越是年輕會越硬，而越是高齡就越軟，以便能適當受精。因此品嘗時，與其咬破，不如試著讓魚卵在舌頭和上顎之間爆開，如此可充分享受它們的味道和香氣。

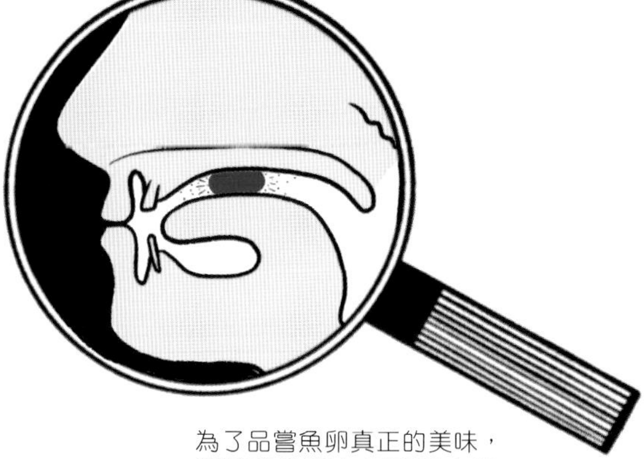

為了品嘗魚卵真正的美味，應該讓魚卵在舌頭與上顎之間輕輕爆開。

關於鮭魚卵的2大疑問

❶ 為什麼鮭魚卵也有產季？

鮭魚為洄游魚類，也就是牠們在大海中生活，但會游到淡水繁殖。我們會在鮭魚產卵前進行採集，而且依鮭魚生活地區（包括漁場）和品種的不同，採集的時間也會有所不同：例如在北方會提早，以避開嚴寒和結凍的河流；而南方可能會在秋季進行。

❷ 為什麼鮭魚和鱒魚的卵是橘色的？

我們已在「魚的品質」章節知道鮭魚和鱒魚的肉呈橘色，是因為牠們食用含蝦青素的甲殼類，而蝦青素是類胡蘿蔔素家族的天然色素。在雌魚準備繁殖時，蝦青素會被輸送至卵巢，使魚卵變成橘色。而蝦青素的作用是讓魚卵免於受到光線可能造成的損害，同時讓雄魚更輕易地找到魚卵進行受精。

嘖嘖！

為什麼有些圓鰭魚的卵是紅色，有些是黑色？

圓鰭魚是生活在北大西洋或波羅的海的小魚，牠們的卵原本是灰色的，但為了使它變得更加誘人，會在魚卵中添加紅色或黑色的色素。但是這些顏色卻一點都不自然……

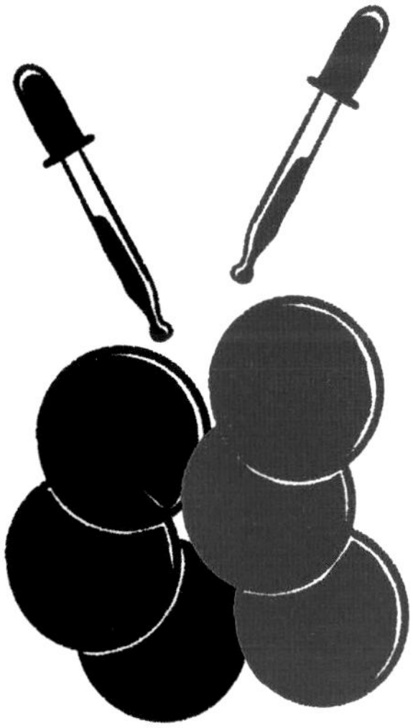

為什麼有白色和粉紅色的魚子沙拉（Taramosalata）？

鱈魚卵可做成白色的魚子沙拉，而用烏魚的卵當然就是偏粉紅色的魚子沙拉。至於在超市裡買到的魚子沙拉，它之所以呈現粉紅色是因為添加了色素，所以讓我們立刻忘了它吧！真正的魚子沙拉應該具有輕盈柔滑的口感，而且成分只有魚卵、麵包屑、油和／或法式酸奶油。說明完畢！

為什麼法國的烏魚子會包著一層蠟？

烏魚子卵囊經過將近 2 週的鹽漬和乾燥程序後，接著會壓實，再以蠟包覆。蠟可保護烏魚子不會被空氣氧化，在最佳的時間點阻止魚子熟成，讓魚子可以保存更長的時間。不過請注意，這層蠟不能食用，請去除後再吃！而且，只能在食用前一刻再剝除，以免烏魚子乾掉。

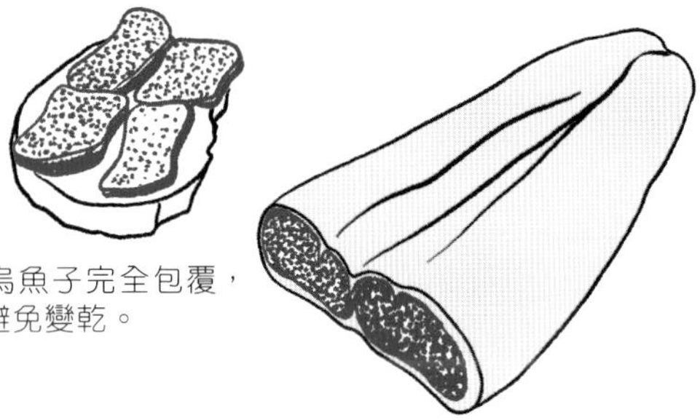

用蠟將烏魚子完全包覆，是為了避免變乾。

魚類與海鮮

貝類

鰓纖毛、足絲、黏液、淤泥，以及卵、三倍體和第一浸水是什麼？
貝類有著精緻的碘味？看來我們有得學了。
所以在這篇關於退潮時能讓餐桌飄香的貝類生物詞彙小導覽，
或許可以解開你的一些疑惑，不妨來看看吧！

為什麼在暴風雨過後的沙灘上經常可找到峨螺？

峨螺和小龍蝦一樣，屬於食肉和食腐生物。暴風雨期間，牠們會被大浪沖到海岸線附近，並以因險惡氣候而死的小生物為食。

為什麼吃鮑魚之前要先打一打？

鮑魚有結實的纖維，必須像某些牛肉部位一樣經過熟成。去殼後（放心，牠們會立即死亡），會先用鍋底或桿麵棍捶打10幾次，並建議按摩幾分鐘後再冷藏熟成3～4天；它們的味道會變得更加細緻。

為什麼在食用貝類前應先去除鰓纖毛？

這些鰓纖毛的作用是為貝類過濾海水，讓飲食盡可能純淨。因此我們也會在這些組織中發現被海水污染的痕跡，不過，即使只是極輕微的污染，最好還是避免食用。

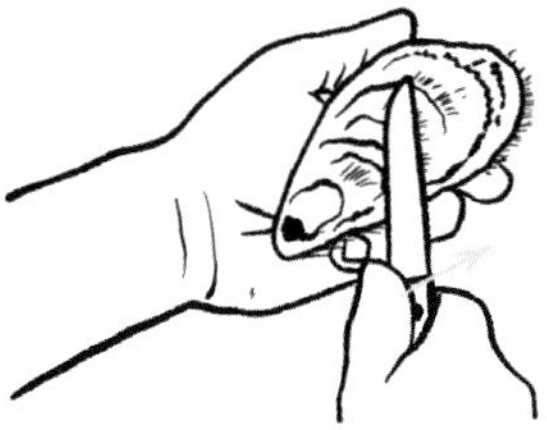

正確作法

為什麼烹煮海螺和峨螺前要先吐沙？

這些是海蝸牛，就像我們在陸地上找到的蝸牛一樣，由於牠們身上充滿黏液，所以如果沒有先讓牠們吐沙就烹煮，海螺和峨螺就會被一團黏黏的東西所覆蓋，即牠們在烹煮時所流失的黏液。為了避免這樣的不快，烹煮前請先用加了大量鹽的水和少許醋浸泡 1 小時，並換水數次。

為什麼在食用或烹煮貝類、蛤蜊、金星蛤或櫻蛤前要先泡水……

牠們是擅於挖掘的貝類，生活在沙子或淤泥中，因此殼內經常帶沙。為了去沙，或更確切地說，為了讓貝類將沙子排出，必須用非常鹹的水（如同海水）浸泡 2～3 小時。

浸泡鹽水有助於貝類吐出體內的泥沙。

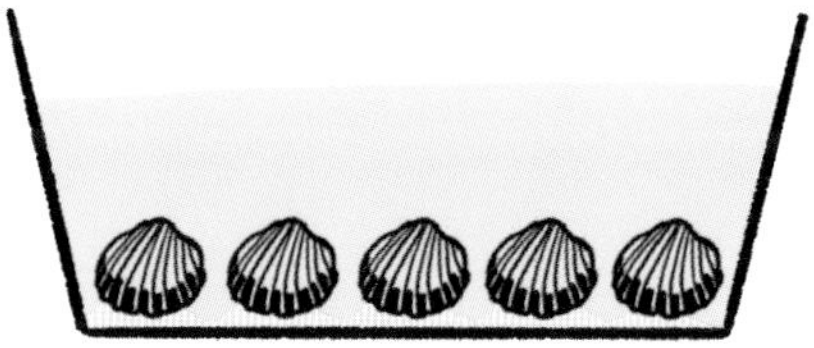

為什麼應在洗淨淡菜（貽貝）後再去除足絲？

足絲是淡菜分泌用來攀附在如養殖場木柵或長藤蔓等支撐物上的細絲。通常足絲會緊緊連接著淡菜的肉，當你拔除時，貝類可能會保持微張的狀態。所以如果你在清洗前拔除足絲，淡菜將會吸收部分清洗時的水而流失大量的美味，所以應該將去除足絲做為烹煮前的最後一道手續。

……為什麼淡菜尤其如此？

不同於毛蚶、蛤蜊等，淡菜不住在泥沙底部，而且是一種過濾型貝類：淡菜會過濾水，以浮游生物為食。所以如果讓淡菜浸泡在水裡，牠就會開始再度過濾，並流失大部分的味道，因此請用流動的水來清洗淡菜。

以流水清洗可避免淡菜過濾水並流失部分的味道。

為什麼地中海的淡菜體型較大？

不同於大西洋和英吉利海峽常見的淡菜，地中海淡菜屬於另一個淡菜家族，即使在世界各地已漸漸開始可以找到地中海淡菜的蹤跡。牠的學名是 *Mytilus Galloprovincialis*，比紫殼菜蛤（Mytilus Edulis）更大，而且不如後者美味。而這種經常被稱為「西班牙淡菜」的地中海淡菜，也經常會塞入餡料，或者作為海鮮拼盤生食。

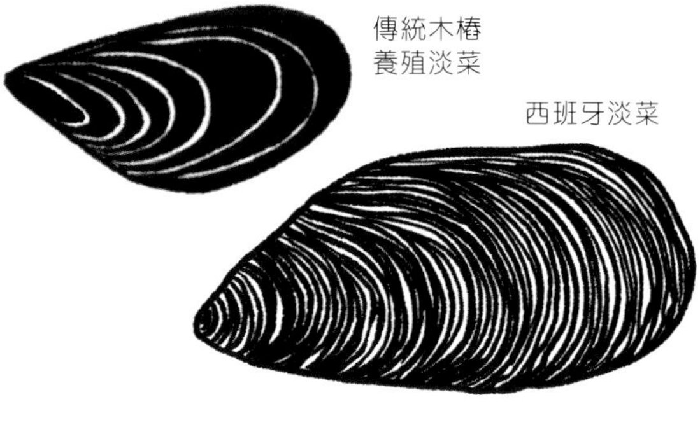

傳統木樁養殖淡菜

西班牙淡菜

貝類

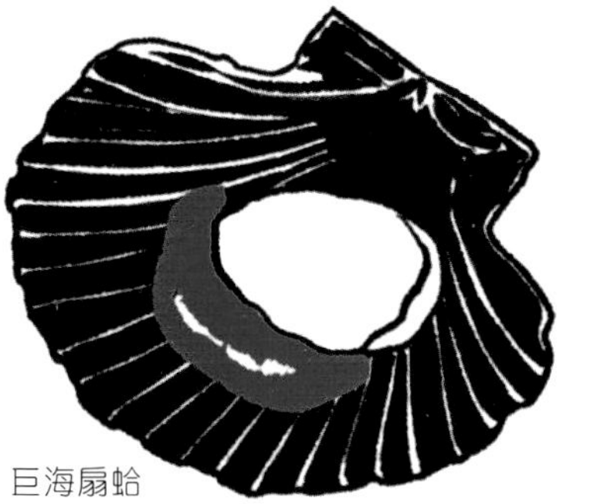

巨海扇蛤

扇貝

為什麼我們會在漁期以外的時間找到巨海扇蛤？

在法國，巨海扇蛤的捕撈受到嚴格限制，僅能在 10 月 1 日至 5 月 15 日之間進行，每天 5 小時，而且會依照潮汐狀況而有所變動。而在其他國家的法規又有所不同，例如英國和愛爾蘭便允許全年捕撈。因此，在法國漁期以外時間所販售的貝類，都來自國外。

細微差別！

為什麼不該將巨海扇蛤與扇貝搞混？

即使牠們都同屬於扇貝科，但這兩種貝類卻截然不同：歐洲扇貝體型小許多，有 2 片鼓起的殼，而巨海扇蛤上面的殼是平的，另 1 片則是鼓起的。而最大的差異在於，牠們嘗起來的味道有如天壤之別：扇貝較不細緻，而且淡而無味。

驚人！

為什麼巨海扇蛤的卵在一生中會變換顏色？

巨海扇蛤屬於雌雄同體的生物：白色部分是雄性器官，橘色部分是雌性器官。通常生殖腺在出生時是白色的，此時為雄性，後來在轉變為雌性後，顏色會變成橘色。而在這兩個時期之間時是雌雄同體，通常越靠近 5～9 月的繁殖期，魚卵的體積就會越大。

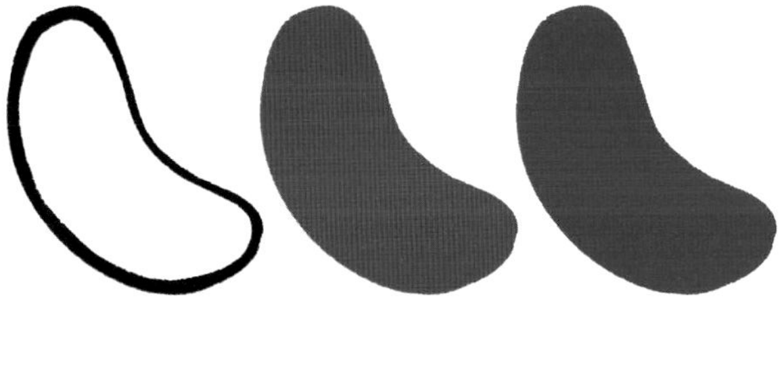

為什麼巨海扇蛤有時會更甜？

在接近繁殖期時，巨海扇蛤會充滿葡萄糖，以作為牠們後代未來的能量來源。而葡萄糖是一種糖，可為貝類帶來甜味，此外，這也有利於烹煮時形成漂亮的焦糖。

關於生蠔的4項疑問

❶ 為什麼要將生蠔剛開殼的水丟棄？

這些水是所謂的「第一浸水」，就是純粹的海水。將這水倒掉後，生蠔便會從本身組織裡釋出細緻且更多美味的「第二浸水」。

❷ 為什麼夏天的生蠔會有一種乳白色物質？

夏季是生蠔繁殖的季節，也是法文中沒有「r」的月份 ，即5月至8月。在這段期間，生蠔會產生一種乳白色物質，用來為產下的卵提供養分，它似甜非甜的味道，可能會掩蓋生蠔細緻的風味。不過，這並不是人見人愛的味道，有些人可能還會感到厭惡……所以請依個人的喜好進行品嘗。

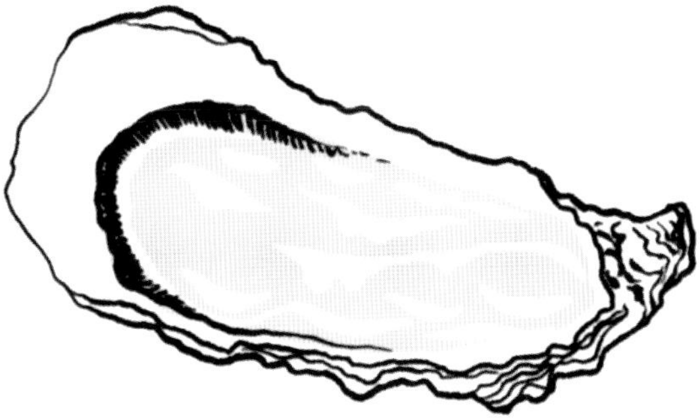

❸ 為什麼二倍體生蠔與三倍體生蠔之間有差異？

生蠔有2組染色體（二倍體），就像人類以及大多數生物一樣。而為了克服繁殖期產生的乳白色物質所產生的食用問題，科學家引進了具有3組染色體的生蠔（三倍體），由於無法繁殖，因此也沒有乳白期的問題。這為食用者帶來莫大的喜悅，讓人們全年皆可品嘗生蠔。不過請注意，這些三倍體生蠔並非基因改造食品，因為並未引進外來的基因。

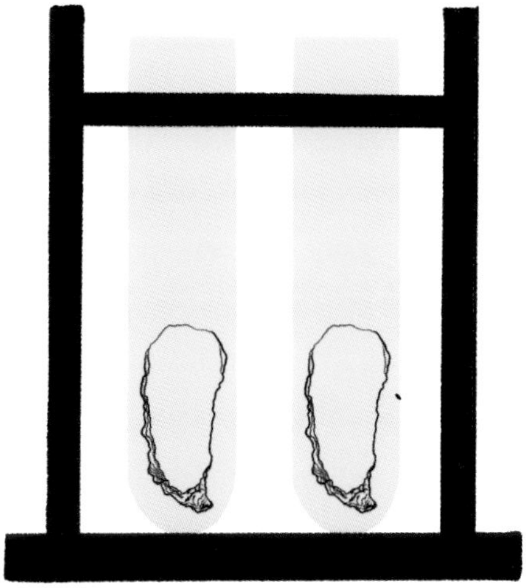

❹ 為什麼我們生吃生蠔時，牠們毫無感覺？

生蠔沒有中樞神經系統，因此也沒有大腦。即使生蠔在你淋上檸檬汁時會收縮，讓人覺得牠們似乎感受得到酸，但沒有任何科學研究能夠加以證實。所以，牠們能感受到痛苦（或快樂）的可能性幾乎是零。

龍蝦

我是藍色的，但人們喜歡我變成紅色的。
我經常出現在年終節慶的菜單上，但我不會在鍋裡尖叫。
我是誰，我到底是誰？

為什麼龍蝦有螯，但小龍蝦卻沒有？

龍蝦是大食怪，會吃掉所有經過牠面前的東西，如：小魚、螃蟹、軟體動物、貝類……等，因此牠需要螯來抓住並夾碎獵物，然後再吞下。而小龍蝦則是以藻類、無脊椎動物以及腐肉為食，像鬣狗一樣會吃屍體，但由於這些柔軟的東西不需要切割，所以小龍蝦沒有大螯。

為什麼龍蝦的兩隻螯長得不一樣？

龍蝦有 2 隻大螯，各有不同的功能。其中一隻細長、尖銳，而且具有很多小尖齒，被稱為「切割螯」或「剪刀」，可用來抓住如小魚等柔軟的獵物並進行切割。另一隻螯稱為「粉碎螯」或「錘子」，較厚重並具有大齒，可用來打碎某些獵物的貝殼和甲殼，或者另一隻龍蝦……因為這種動物會吃同類！

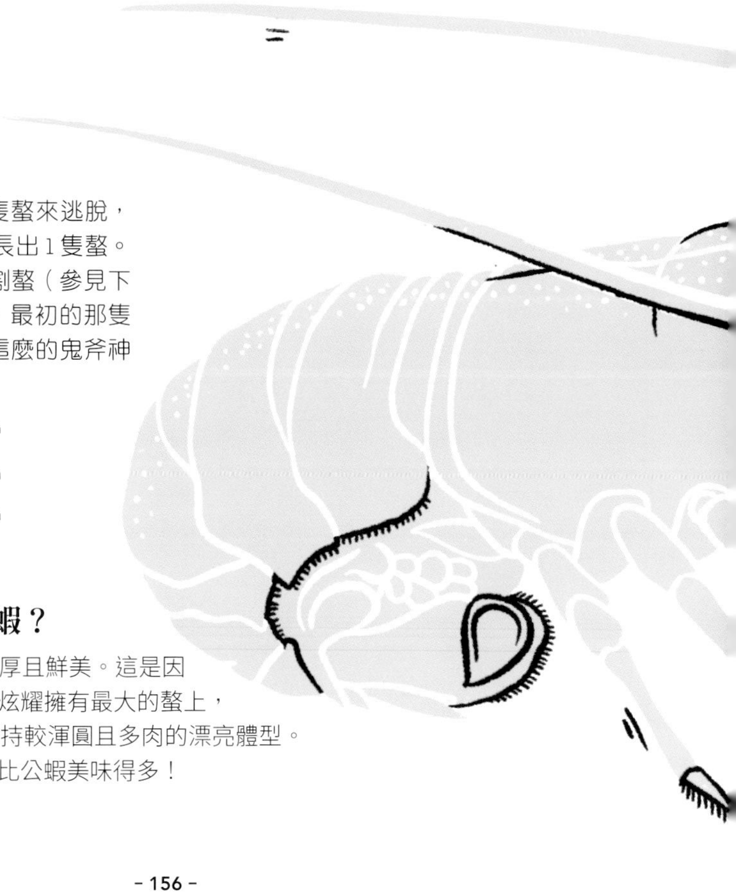

驚人！

為什麼我們有時會捕到只有1隻螯的龍蝦？

龍蝦在被抓住時，可能會放棄 1 隻螯來逃脫，就像某些蜥蜴會斷尾一樣，會再長出 1 隻螯。問題是，重新長出的螯必定是切割螯（參見下方敘述）。而如果有 2 隻切割螯，最初的那隻就會轉變成粉碎螯。大自然就是這麼的鬼斧神工……

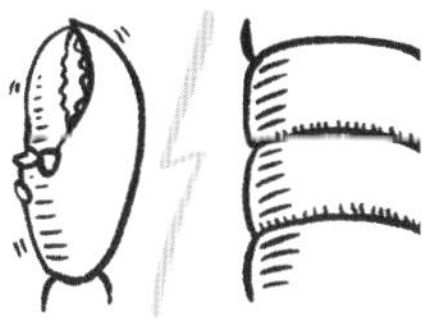

為什麼母蝦的肉質優於公蝦？

公蝦有大螯，但母蝦肉質卻比較肥厚且鮮美。這是因為公蝦偏好將所有的熱量都用在能炫耀擁有最大的螯上，而更聰明的母蝦則是將熱量用來維持較渾圓且多肉的漂亮體型。所以，品嘗時最好選擇母蝦，因為比公蝦美味得多！

為什麼龍蝦會脫殼？

骨骼通常位於身體內部，而且會和肌肉一起成長。但對龍蝦，就跟小龍蝦、螃蟹和昆蟲一樣，牠們的骨骼稱為「外骨骼」，生長在身體外部。既然這樣的骨骼無法長大，這些小動物只好在長大時換殼。因此，當龍蝦要換殼時，會停止進食並開始變瘦，當外骨骼長得太大後就會碎裂形成開口，讓龍蝦可以脫身而出。接著龍蝦的體積會因為吸水而變大，並生長出新的外骨骼。終其一生大約 40 年的時間，龍蝦每次成長都會更換新的外骨骼。因此請馬上放棄在龍蝦脫殼時品嘗的念頭吧：這時的龍蝦不是太瘦，就是裝了滿滿的水。在這兩種情況下，龍蝦都是淡而無味的！

不可不知！

為什麼應避免在節慶及年底時食用布列塔尼（Breton）龍蝦？

布列塔尼龍蝦在秋初停止捕撈。因此，節慶時出現的布列塔尼龍蝦可能是留在籠子裡數個月的龍蝦，肉質不但較瘦，也較不美味，而且經常因為和同類打架而受傷；但也有可能是淡而無味的美國龍蝦。總之，這不是吃龍蝦的理想季節！

細微差別！

為什麼布列塔尼龍蝦肉質比加拿大龍蝦更細緻？

牠們是遠親，因為都來自大西洋：藍龍蝦（或稱布列塔尼龍蝦）在布列塔尼海岸捕撈，而加拿大龍蝦則是在北美海岸捕撈。但牠們在品質上卻是天差地遠：藍龍蝦生活在礁岩間，可找到極優質的食物，為牠們帶來微妙、結實並帶有碘味的肉質。而牠們的加拿大遠親則生活在不具美味價值的泥濘中，形成如同棉絮般柔軟的肉質，不具獨特風味。

龍蝦

為什麼購買龍蝦時必須仔細檢查是否還活著？

龍蝦死後，會釋出酵素和攻擊組織的細菌。所以在購買前請先將龍蝦提起，確認是否還會掙扎，尾巴是否會在胸下捲起，以及觸角是否還能活動自如。

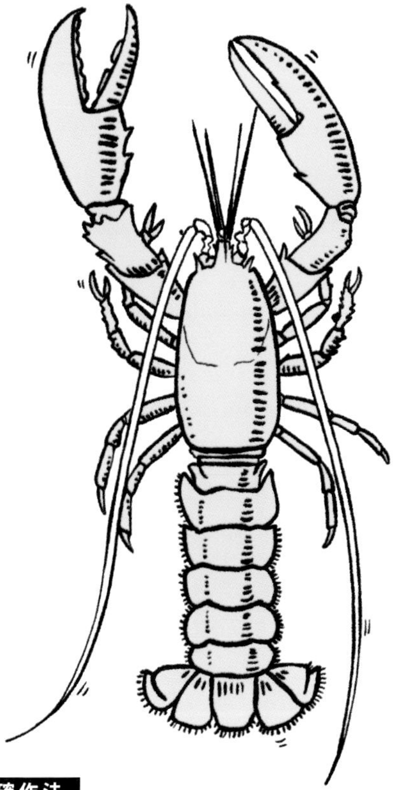

為什麼應該選擇殼夠硬的龍蝦？

最不適合品嘗龍蝦的時期就是龍蝦剛脫殼時，我們剛剛已經知道這件事。因此龍蝦的殼越是硬厚，就表示離脫殼期越遠。

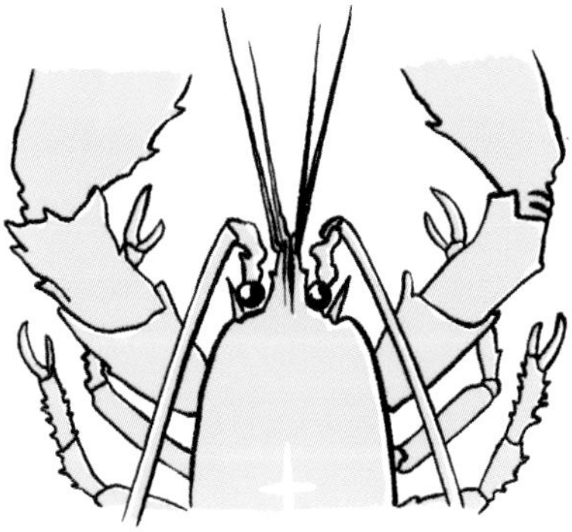

為什麼殺龍蝦時應該將刀插入龍蝦頭頂上的十字型位置？

龍蝦沒有中樞神經系統，或者說已經退化。所以雖然研究顯示龍蝦對刺激有反應，但我們不知道牠是否能感受到痛苦。在無法確定的情況下，殺龍蝦的最好方式，還是將刀尖插入牠頭頂上的十字型位置；這麼做可瞬間將龍蝦殺死，讓龍蝦沒時間感受到痛苦。

正確作法

為什麼要將龍蝦對半剖開再煮？

烹煮時，龍蝦肉會流失少許湯汁。如果先油煎有肉的一面再翻面，湯汁就會留在殼裡並轉變成水蒸氣，溫柔地煮熟你的龍蝦。但如果反過來操作，湯汁就會流失，這就太可惜了……

龍蝦肉最終會被自身所含的水蒸氣蒸煮至熟。

為什麼要這麼做

為什麼我們在水煮龍蝦前，要先將龍蝦綁起來？

水煮時，龍蝦往往會蜷曲成一團，如此一來，會使背部拉伸而腹部收縮，熱度便無法以同樣的速度滲透兩側，造成烹煮不均勻，而且也會更難切開。所以如果先將龍蝦綁起來，便可避免龍蝦蜷曲，烹煮也更均勻。

為什麼應該先煮螯，再把整隻龍蝦放進鍋裡？

這是因為將螯煮熟的時間比身體久，不過 4～5 分鐘便足以達到均衡的烹煮。所以烹煮時，建議從胸部抓住龍蝦，將螯浸入魚高湯或蔬菜白酒湯中；而為了避免你被蒸氣燙傷，請抓著龍蝦靠在鍋邊，讓胸部在鍋外。

為什麼藍龍蝦在烹煮時會變紅？

龍蝦的殼含有紅色色素，即蝦青素。這就是蝦子、螃蟹、小龍蝦，甚至是紅鶴羽毛都含有的著名色素。在龍蝦殼裡，蝦青素的分子會和蛋白質，即甲殼藍蛋白結合並隱藏起來。但在烹煮時，蛋白質會崩解，因此龍蝦就會呈現漂亮的紅色。

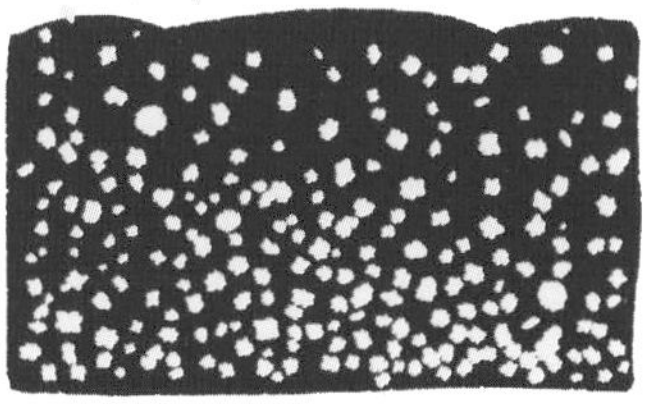

龍蝦殼在接觸到熱時會變紅。

為什麼要用魚高湯或蔬菜白酒高湯來煮龍蝦，而不是清水？

我們已經遇到類似的問題好幾次，但讓我再說明一次。滲透作用讓味道從濃度高的地方轉移至濃度低的地方。如果你用水煮龍蝦，味道就會流失到水中；但若是用高湯或魚高湯煮龍蝦，由於高湯已經有味道，便難以再接收其他的分子，你的龍蝦就會更加美味！

是真是假

為什麼龍蝦在水煮時會尖叫？

不要再相信別人跟你說的，龍蝦浸入沸水中時並不會尖叫。牠雖然會發出尖銳的微小聲音，但這和尖叫一點關係都沒有：這只是龍蝦殼裡的氣囊，在熱的作用下膨脹並裂開的聲音，並不是「龍蝦正在尖叫」。呃……不過我們還是應該發揮更多的想像力！

螃蟹與蜘蛛蟹

儘管螃蟹和蜘蛛蟹很容易分辨，
但牠們還是藏有一些小祕密，如果能揭露這些真相，
我們將更能充分享受牠們的美味。

麵包蟹

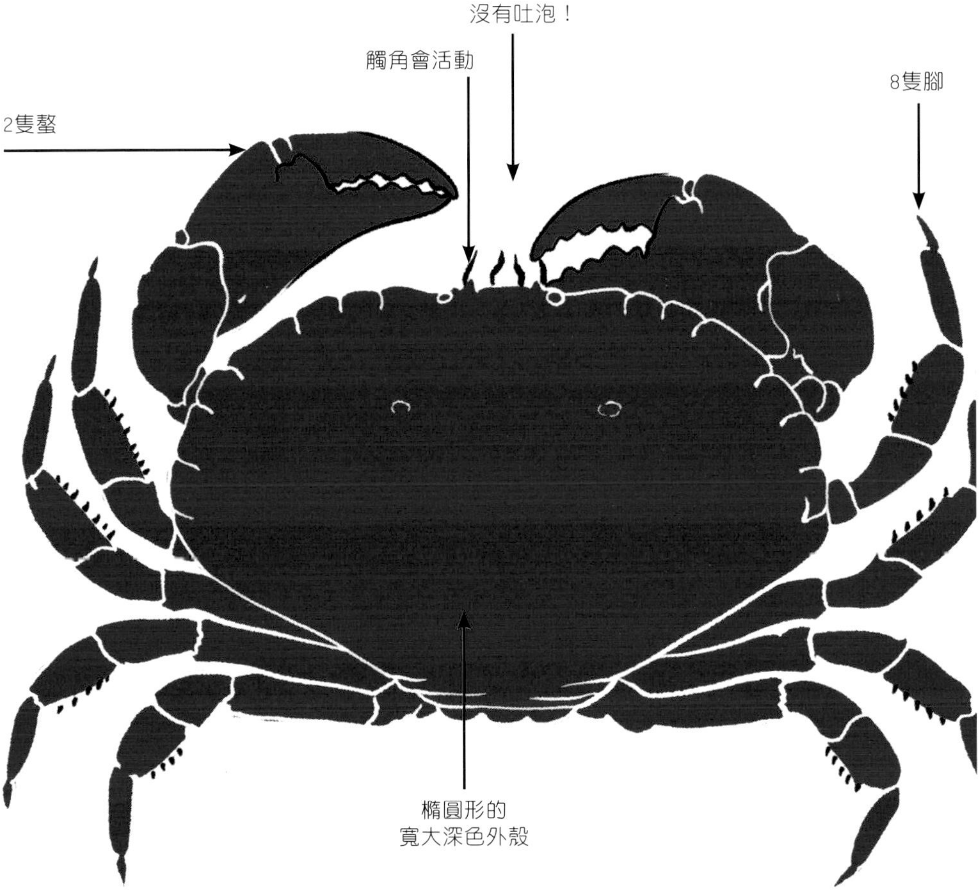

精挑細選

為什麼要購買活的螃蟹和蜘蛛蟹？

螃蟹死後肉會乾得很快，而且味道會變質。所以挑選時，請檢查麵包蟹的觸角仍在活動，並且請避開吐泡的螃蟹：這是牠們讓某些重要器官保持濕潤的最後辦法，但也意味著牠們快脫水了，而且已經瀕臨死亡。再者，也要檢查這些甲殼動物有完整的 2 隻螯和 8 隻腳。最好選擇雄性的麵包蟹和雌性的蜘蛛蟹，這可藉由觀察泄殖腔來分辨。雌性蜘蛛蟹為了產卵，泄殖腔通常大而圓；而雄蟹的泄殖腔則是薄且呈三角形。最後，無論如何都請選擇份量夠重的甲殼類，這可說是肉質飽滿的重要指標。

蜘蛛蟹

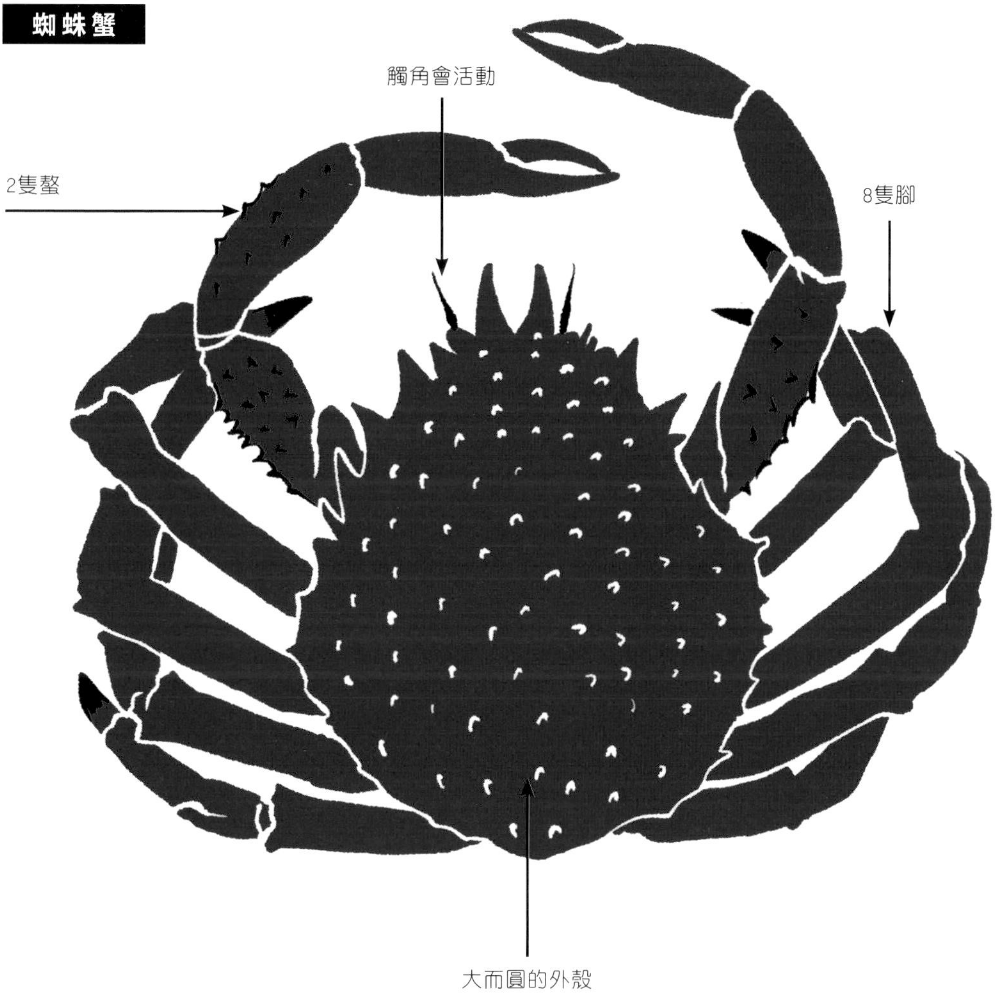

螃蟹與蜘蛛蟹

聚焦

為什麼籠捕的麵包蟹肉質較優質？

以網子捕撈的螃蟹在被捕獲、以網子拖拉的過程中，以及拉起水面時，都會呈現非常緊張的狀態，使得牠們的肉質因而變乾、帶有顆粒，一點也不美味。而籠捕的蟹因為會在籠子裡存活幾小時至數日，待適應環境後才被拉起，而無須持續被拖拉幾公里的距離，所以肉質會較網捕者佳。

驚人！

為什麼冬天找不到蜘蛛蟹？

春夏時，蜘蛛蟹會停留在岸邊產卵；但在最寒冷的月份裡，牠們會跑到深度達 70 公尺的深處交配。而且蜘蛛蟹非常能走（你有看到牠們的腳與身體的長度比例嗎？）冬天時，牠們會進行真正的遷徙，長途跋涉達 500 公里！一旦抵達交配場所，蜘蛛蟹就相當水性楊花，而且相互之間也不會吃醋。母蟹不但可以儲存 10 幾隻公蟹的精液，而且這些精液在數個月後仍然有效。

為什麼蟹殼顏色是判斷麵包蟹品質的指標？

脫殼時，麵包蟹不再進食，會讓自己變瘦後再脫殼，所以這時的肉質淡而無味。而且在脫殼後，新殼呈淺米色，之後顏色才會隨著時間逐漸變深，轉為棕色。所以挑選時應避開淺色殼的麵包蟹，這表示接近脫殼期，而且肉質較不鮮美。

不可不知

為什麼雄性麵包蟹肉質優於雌性麵包蟹……

雄蟹和雌蟹並不住在同一個地方。雄蟹偏好住在有岩石的海底，而雌蟹則住在泥濘處。很明顯，雄蟹棲息地的飲食通常比較好，例如會有更多的貝類、軟體動物和甲殼類，而且雄蟹的螯也較大，比雌蟹厚重。

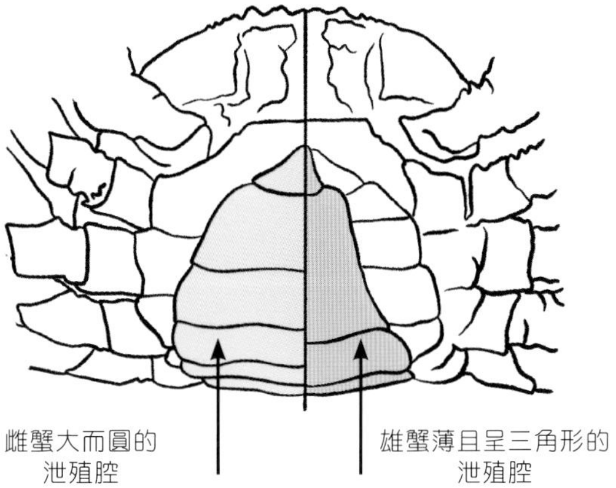

……而雌性蜘蛛蟹優於雄性？

雌蜘蛛蟹的肉質較雄蟹細緻且美味，但雄蟹的味道較濃郁。理由是？我們不知道。嘿，我們也是會有不知道的事，好嗎？牠們的飲食和居住地都一樣，但是卻有這樣的差別。

煮蟹的4大疑問

❶ 為什麼麵包蟹和蜘蛛蟹建議蒸煮？

水煮甲殼類時，即使是用很鹹的水，部分的味道還是會不告而別地流失到水裡。但是如果用蒸的，便能保留所有的味道。不過，如果你還是想選擇水煮，那麼最好一開始就用冷水煮，讓熱緩慢地滲透，如此可避免肉質變乾。

❷ 為什麼公蟹和母蟹必須分開烹調？

我們已經知道雌性的蜘蛛蟹較雄蟹更細緻美味。因此，我們不會將公蟹和母蟹一起烹煮，以免牠們的味道混在一起。

❸ 為什麼水煮初期應該讓螃蟹保持沒入水中？

甲殼內含有空氣，為了避免螃蟹浮起導致烹煮不均勻，應該要壓住螃蟹，使其持續沉在鍋底 2～3 分鐘，之後你便能夠放開。因為這時水已經跑進甲殼內，螃蟹不會再浮起了。

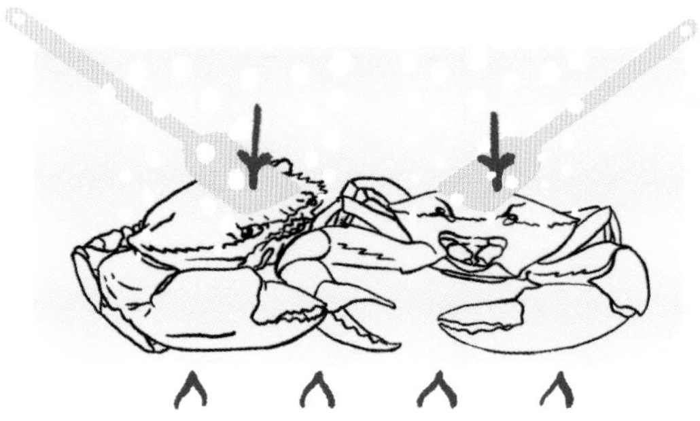

❹ 又為什麼螃蟹最好在前一天先煮好？

夜裡，煮好的蟹肉因為所含的少許水分蒸發，肉質會變得稍微緊實；但更重要的是，蟹肉會有時間發展風味，讓味道變得更加細緻，並形成更長的餘味，有點像是我們忘在冰箱裡放了 2～3 天的法式陶罐派，打開後會讓人忍不住狼吞虎嚥地大口品嘗。

章魚、魷魚和墨魚

不要被頭足類動物的觸手、多顆心臟、大凸眼和其他的嘴或墨囊給嚇到了。
牠們最終還是會成為你盤中的佳餚，就是這樣。

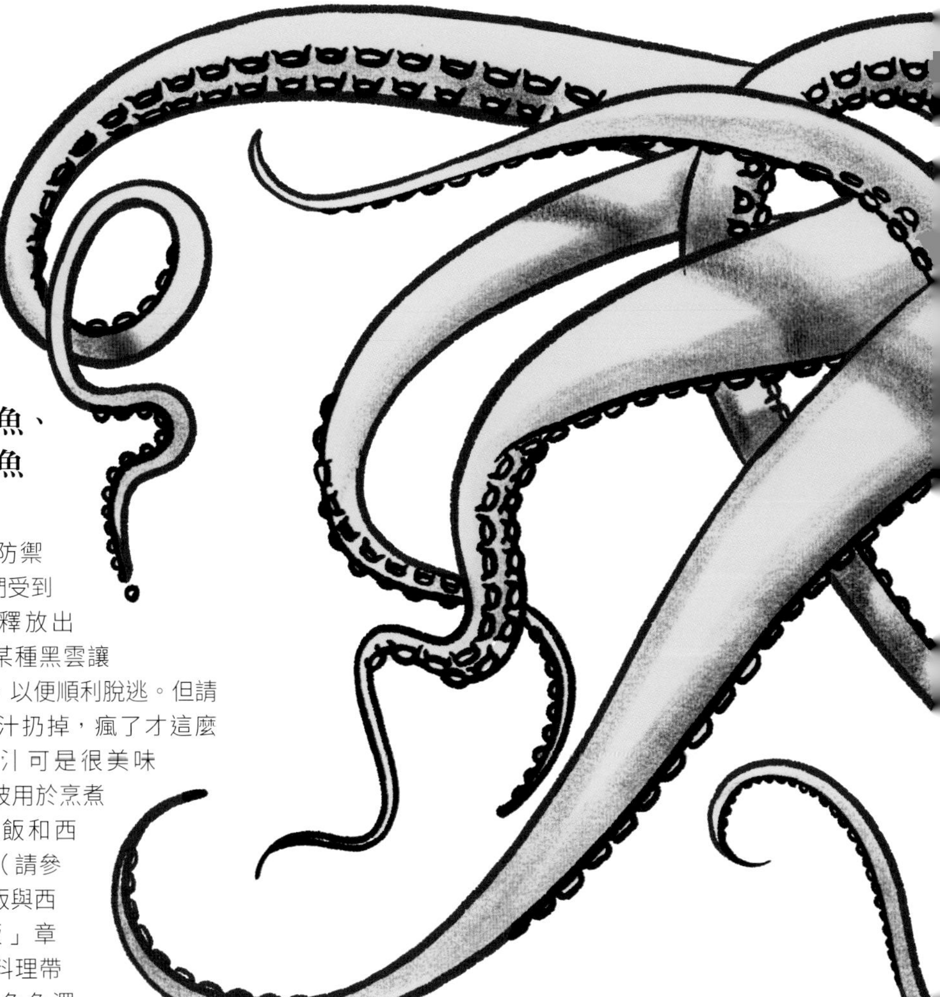

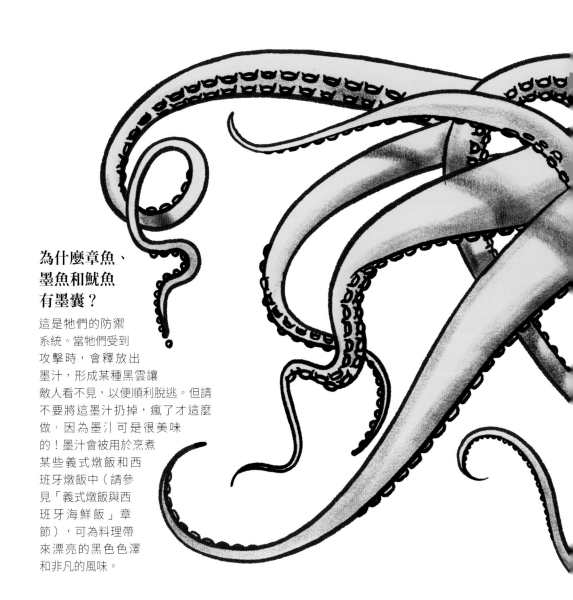

為什麼章魚、墨魚和魷魚有墨囊？

這是牠們的防禦系統。當牠們受到攻擊時，會釋放出墨汁，形成某種黑雲讓敵人看不見，以便順利脫逃。但請不要將這墨汁扔掉，瘋了才這麼做，因為墨汁可是很美味的！墨汁會被用於烹煮某些義式燉飯和西班牙燉飯中（請參見「義式燉飯與西班牙海鮮飯」章節），可為料理帶來漂亮的黑色色澤和非凡的風味。

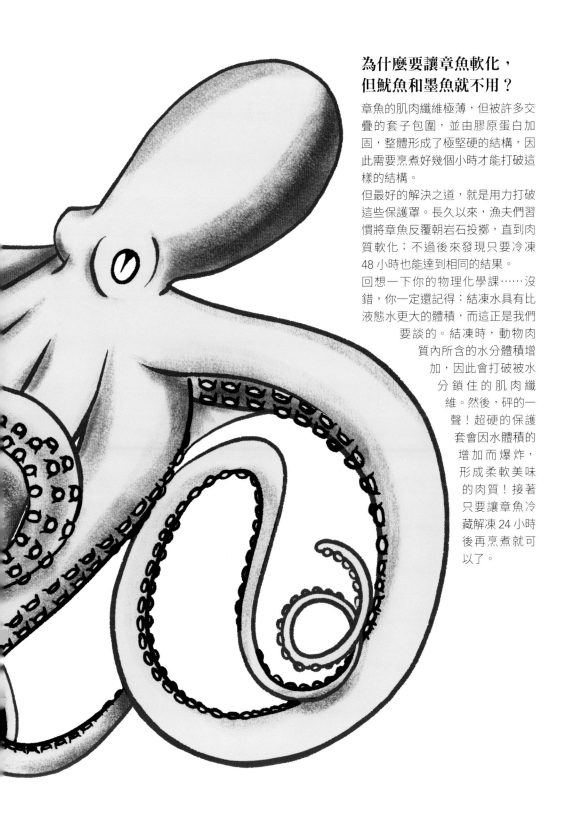

為什麼要讓章魚軟化，但魷魚和墨魚就不用？

章魚的肌肉纖維極薄，但被許多交疊的套子包圍，並由膠原蛋白加固，整體形成了極堅硬的結構，因此需要烹煮好幾個小時才能打破這樣的結構。

但最好的解決之道，就是用力打破這些保護罩。長久以來，漁夫們習慣將章魚反覆朝岩石投擲，直到肉質軟化；不過後來發現只要冷凍48 小時也能達到相同的結果。

回想一下你的物理化學課⋯⋯沒錯，你一定還記得：結凍水具有比液態水更大的體積，而這正是我們要談的。結凍時，動物肉質內所含的水分體積增加，因此會打破被水分鎖住的肌肉纖維。然後，砰的一聲！超硬的保護套會因水體積的增加而爆炸，形成柔軟美味的肉質！接著只要讓章魚冷藏解凍 24 小時後再烹煮就可以了。

章魚、魷魚和墨魚

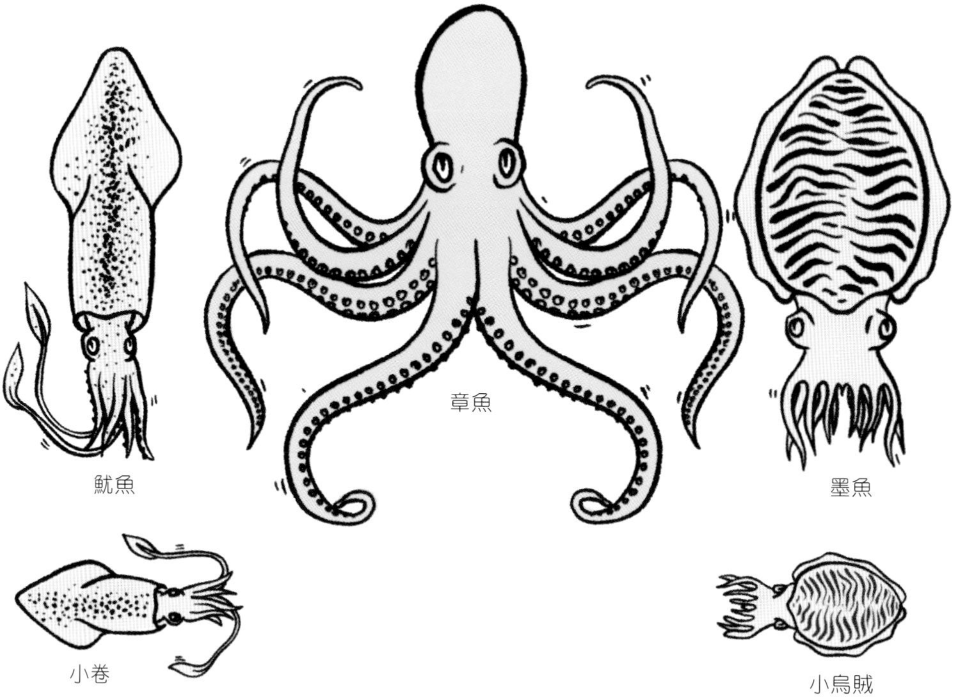

細微差別！

為什麼不該將小卷和小烏賊弄混？

小卷是很小的魷魚。小烏賊則完全不同，是很小的墨魚。牠的名稱來自奧克語的「Supi」，意思是「墨魚」。

為什麼白魷魚和紅魷魚有所不同？

沿海的魷魚是白色的，而在離岸的深海裡捕捉到的外洋魷魚則是石榴紅色。後者的體型龐大許多，甚至可達數公斤。牠們的味道也非常不同：白魷魚的肉質較為結實且美味。

為什麼要在墨魚和大魷魚身上劃格紋再烹煮？

這兩種海鮮都需要快速烹煮，就能避免變得像橡膠一樣硬。如果在牠們的身上劃出格紋小切口，就能讓熱更快地傳導到內部，而避免只有表面過熟。

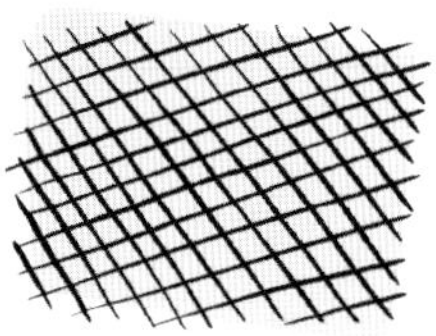

為什麼用沸水煮章魚是一種褻瀆？

天啊，這是因為沸水對於我們的章魚來說太燙了！拜託請更加小心並懷著敬意！章魚必須以較低的溫度烹煮，只要稍微超過微滾的溫度即可，以免肉質變得太硬且淡而無味。像這樣的生物其實是很脆弱的，我們應該好好愛護⋯⋯

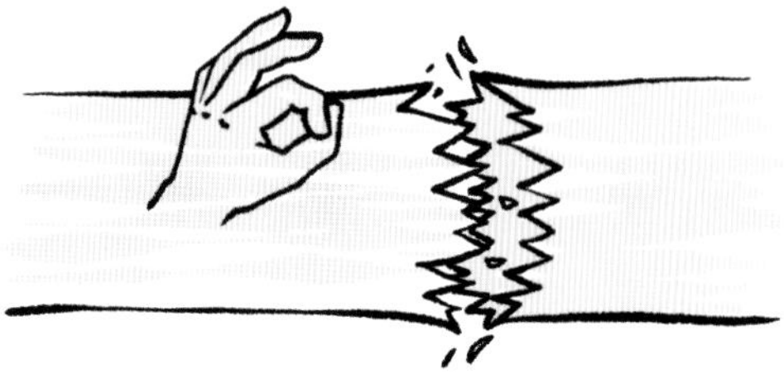

為什麼急速冷凍的章魚並非劣質的指標？

我們剛剛知道，章魚必須冷凍才能打破牠們的肌肉纖維。如果章魚已經過急速冷凍，我們在家處理起來就輕鬆得多。所以遇到冷凍章魚時無須猶豫；這已經處理得很完善了！

正確作法

為什麼章魚應該用燙的？

這道程序是為了讓熱緩慢地傳導至章魚內部，好讓肉能均勻收縮。為了達到此目的，你只需將觸手浸入高湯中 10 秒後取出，然後靜置 1 分鐘，好讓熱滲透至內部，並讓外部冷卻。在重複同樣的步驟 3～4 次後，接著就可將章魚完全浸入高湯中，完成烹煮。

是真是假

為什麼有人說在湯裡加入軟木塞可軟化章魚？

這項傳統由來已久，但嚴格來說，它並不會帶來任何好處：過去，人們會在港口用大型的雙耳蓋鍋來烹煮章魚。為了檢查熟度並讓章魚較容易浮起，人們會把章魚掛在軟木塞上，靠軟木塞的浮力浮上水面。時間一久，人們便將這種煮法詮釋成軟木塞有助於軟化章魚。但這種說法非常愚蠢，因為軟木塞中的單寧有助於穩定膠原蛋白，並維持章魚纖維的硬度。因此，拜託請不要在湯裡放進軟木塞！

蔬菜的品質

噢，講到蔬菜！我知道有人不願意為三把豌豆去殼，
有人會提前一星期將菜都切好，
還有人向他們的孩子們發誓說馬鈴薯皮有滿滿的維生素！
只要想到這些，就讓我覺得這個世界瘋了，
我們還是腳踏實地點，先了解些有關蔬菜的常識吧……

不可不知

為什麼有些蔬菜應該冷藏保存，有些則不需要？

採集後的蔬菜會啟動「生存模式」，開始汲取儲存的養分，以便盡可能地長時間存活。但其實從被採集的這一刻起，蔬菜的味道和質地便開始逐漸變得貧乏，所以如果能將蔬菜冷藏，就可減少細胞退化和微生物攻擊的機會。而冷藏保存非常適合種植在溫帶地區、已經習慣寒涼氣候的蔬菜。但對於來自較炎熱地區的蔬菜來說，則有反效果；不但細胞壁會更快崩解，味道也會流失，因此最好將這些蔬菜保存在常溫陰涼處，例如番茄、茄子、黃瓜、櫛瓜、四季豆、南瓜、蕪菁、馬鈴薯、蒜瓣、洋蔥和紅蔥。
相反地，諸如蘆筍、胡蘿蔔、綠花椰、生菜或菇類，則需以廚房紙巾包起冷藏保存，以免表面產生多餘的水分。

為什麼過老的蔬菜會變軟？

蔬菜絕大部分由水所構成，而水分會擠壓細胞壁，蔬菜的硬度由此而來。而且蔬菜天生就會從土壤吸收水分，並透過蒸發而流失，然而採摘後便無法再補水，所含的水分會持續蒸發而無法再補充，導致細胞逐漸崩塌，這時蔬菜就會軟化……這也就是為什麼我們通常會將蔬菜保存在涼爽潮濕的地方，以減少水分蒸發。

但為什麼以塑膠袋裝的生菜，可以保存得比市場的新鮮生菜更久？

塑膠袋中有一種可減少水分蒸發的氣體，而且有助於葉菜在摘採後保存更長的時間。我們稱之為「調氣」保存。此外，塑膠盒裝的火腿片也是使用同樣的保存系統。

蔬菜的品質

驚人！

為什麼沙拉最好在主菜之後上桌，而非作為前菜？

當然，油醋醬的微酸滋味可刺激食慾並促進消化，但沙拉還具有一項鮮為人知的特性：可減少口臭。不可置信，對吧？這當然有原因：例如菇類或羅勒等沙拉具有芳香化合物（酚類），會和含有硫的有機化合物（例如大蒜和洋蔥）相結合，形成無味的分子。簡單地說，如果將沙拉和含硫的食物結合，異味就會消失。這是多麼地神奇啊！

為什麼四季豆可能會喪失它漂亮的綠色？

這是溫度和烹煮水質的問題。烹煮水溫過低，四季豆會變黃；若是水太酸，則會變成深栗色。所幸有兩種解決方法：

(1) 用大量沸水煮四季豆。

(2) 如有必要，可加入一撮小蘇打粉來去除水的酸味（請參見「蔬菜的烹煮」章節）。

為什麼菇類在烹煮後會大幅縮水？

首先，我要明確說明，菇類並不屬於蔬菜，而是……菇蕈類。它們自成一類，就像蔬菜、動物等等。但經過烹煮的菇類，我們一樣把它們當做蔬菜 ;-)

讓我們言歸正傳：不同於大多數的蔬菜，菇類的細胞較薄且脆弱。在烹煮菇類時，細胞膜會迅速撕裂，讓所含的水分流失。由於菇類是由將近 90% 的水所組成，所以經過烹煮後，菇類的體積才會縮得那麼小。

為什麼草莓和蘋果是蔬菜？

是的沒錯，草莓和蘋果是蔬菜！我知道這很令人訝異，但它們確實是蔬菜……讓我來解釋。對廚師來說，水果和蔬菜之間的區分很簡單：水果是甜的，較常作為甜點；而蔬菜則不甜，或是甜味很淡。這是就「習慣」而言，但如果我們查看字典裡的定義則會發現：

「蔬菜：蔬菜為蔬菜植物，至少有部分（根、球莖、莖、花、種子、果實）作為飲食。」

「水果：水果是植物器官，來自受精子房的生長，在開花之後長出，含有繁殖所需的種子。」

你懂了嗎？水果也是蔬菜，因為來自部分可食用（在這種情況下為果實）的植物。同樣的道理加以延伸，黃瓜、番茄和豆子都是水果（因此也都是蔬菜），但大黃就只是蔬菜，而非水果。此外也有植物學家所說的假果或「複果」，即子房的發育並非只有「單一組織的參與」，如同草莓（又是草莓）、覆盆子、無花果、鳳梨、蘋果、梨子……等等。簡單地說，所有的水果都是蔬菜，但並非所有的蔬菜都是水果！

關於豆類的4項疑問

❶ 為什麼有些豆類會讓人脹氣？

豆類比其他的蔬菜難消化。食物主要由胃和小腸進行消化，但豆類卻非如此：它們需要大腸內的菌叢，才能讓我們的身體透過發酵來加以分解和吸收。問題是發酵會產生氣體，而這些氣體唯一可能的出口就是……請不要擔心，要知道人體每天還是會排放0.5～1公升的氣體。

❷ 為什麼煮豆之前要先浸泡？

豆類是……乾的：它們不含水分，而在內部沒有水分的情況下，它們會保持硬度而無法煮熟。所以，有兩種解決方法。

選項1：預先泡水，豆子吸收水分後便更容易煮熟。

選項2：直接以水烹煮，但烹煮時間要拉長許多，而且外部和中央的熟度會不同。

以上方法任君挑選……

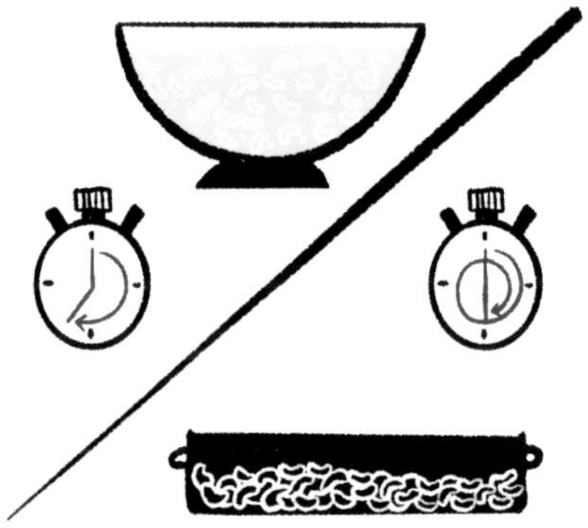

浸泡時，豆子會吸收水分，
就能讓烹煮的速度比未浸泡的豆子快。

❸ 那為什麼最好在浸泡的水中加鹽？

豆類有滿滿的澱粉，會在吸水後膨脹。但如果豆類吸收了大量水分，澱粉便會大幅膨脹，導致外皮裂開。因此若是在浸泡的水中加鹽，就可使豆子減少吸收將近三分之一的水分，進而使澱粉的吸水率降低，因此豆類的外皮較不會膨脹而減少爆裂的可能。如此一來，我們就可煮出熟透的漂亮豆子了。

❹ 為什麼應該在煮豆子的水中加入一撮小蘇打粉？

若烹煮用水為硬水（硬水含有碳酸鈣、鈣鎂化合物），便含有鈣。而鈣可強化蔬菜細胞之間的連結，因此蔬菜不會再軟化，即便烹煮數小時後也一樣，所以我們會發現豆子似乎永遠也煮不熟……但如果在水中加入一小撮小蘇打粉，便可以讓這些看不見的鈣沉澱，完美達成烹煮任務。

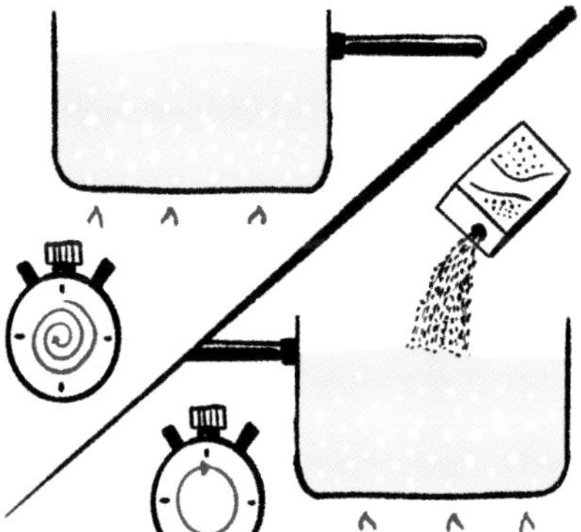

小蘇打可讓硬水中的鈣沉澱，
豆子才能煮熟。

蔬菜的處理

我們用愛挑選的美麗蔬菜一旦放進餐盤後，
外觀往往變得不是那麼吸引人。
你可能會自問：
「我的菜到底發生什麼事，為什麼會變形成這樣？」
就讓我們一起來解密。

關於蔬菜冷凍的2項疑問

❶ 為什麼在家冰箱冷凍的蔬菜在烹煮時會流失大量水分……

在家中冷凍的蔬菜會產生和香草植物（請參見「香草植物」章節）同樣的現象，也就是細胞內所含的水分體積增加，使結構破裂。因此烹煮蔬菜時，破裂的細胞結構便無法再留住水分，使水分損失慘重，導致煮出來的蔬菜走樣且喪失口感。

❷ ……但為什麼購買的冷凍蔬菜就不會？

工業用的冷凍庫比家用冷凍庫功率要強大許多，可達 –50℃，而且具備可快速冷卻的冷流。冷凍蔬菜最重要的是所有蔬菜完全達到冷凍的溫度，即 –18℃所需的時間。如果時間很短，蔬菜裡所含的水分就來不及增加體積而使細胞破裂。

好吃！

為什麼糖漬蔬菜如此美味？

噢，糖漬的胡蘿蔔和蕪菁，真的好好吃啊！讓我來提醒一下不知道的人，糖漬蔬菜是以極少量的水、奶油和糖烹煮而成的 ;-) 我們稱之為「糖漬」，是因為在烹煮後，奶油和糖的混合物賦予了蔬菜玻璃般的光澤……令人聯想到糖面，而不是甜筒冰淇淋！而糖漬蔬菜之所以能如此美味，有三個原因：

(1) 烹煮時，蔬菜中所含的糖分焦糖化。
(2) 流失大量所含的水分，讓味道濃縮，因而更加可口。
(3) 此外，烹煮奶油的油脂會形成口中的餘味，讓我們可以更長時間感受到糖漬蔬菜的味道。

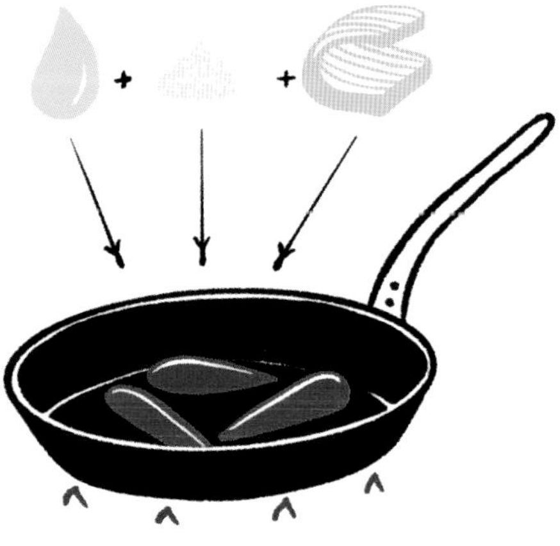

以水、糖和奶油等材料
糖漬的煮熟蔬菜。

正確作法

為什麼蔬菜永遠都該在烹煮或食用前再切？

蔬菜細胞的構造如同氣球，中央是某種稱為「液泡」的液體，周圍有酵素、酸、糖等，彼此相接觸，但沒有混在一起。當你在切蔬菜時，會切碎大量的細胞以及細胞內所含的一切，使得蔬菜細胞原本沒有混在一起的所有成分，一瞬間都融合在一起，並產生如同我們切洋蔥時會流淚的酵素反應。而之所以這麼做，是為了避免這些反應讓蔬菜的味道和口感變質，因此蔬菜永遠都要在最後一刻，也就是在烹煮或食用前再切。

為什麼將番茄的底部劃開再汆燙有利於剝皮？

沸水會軟化番茄皮，而這極微小的切口會使沸水讓外皮略微地掀開，你便能夠輕易地捏著皮剝除。但若是沒有切口，皮只是軟化而無法掀起。好吧，如果你的番茄有點硬，可使用削皮刀，效果也很好 ;-）

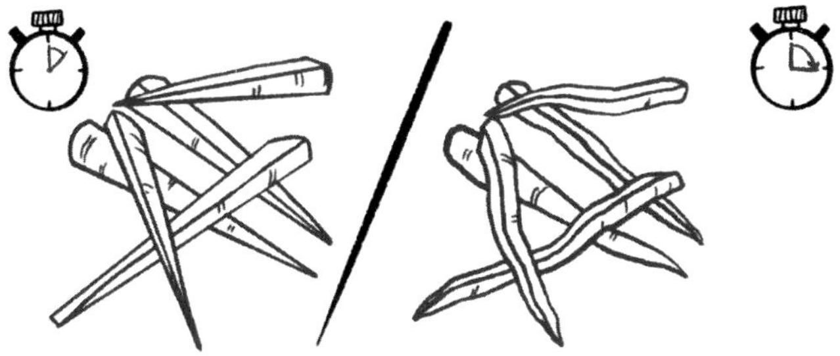

切好的蔬菜無法長時間保存結實的質地和味道。

過了 15 分鐘後，蔬菜就會軟化並喪失味道。

為什麼用油煮蔬菜前要先為蔬菜脫水？

這個動作非常重要，因為這讓蔬菜在烹煮後仍能保持清脆而且較不油膩。但要如何進行？首先，先切菜（切片或切丁），接著放入過濾盆中拌鹽，靜置 1 小時。在這段時間裡，鹽會吸收蔬菜表面所含的水分，形成硬殼，並在烹煮時阻止蔬菜吸油。這對櫛瓜和茄子來說尤其重要，因為這些蔬菜往往會吸收大量的炸油。

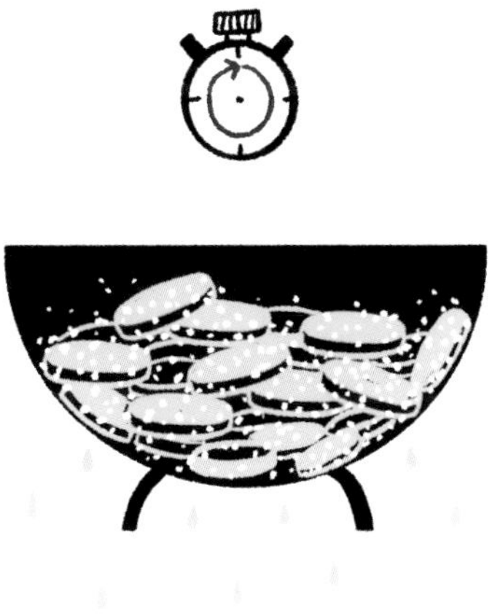

事先脫水的蔬菜較不會在烹煮時吸油。

為什麼蔬菜會在烹煮時軟化？

蔬菜細胞有點像是極為結實的布料。烹煮時，這布料的部分絲線會剝離、變得脆弱，因而讓布料喪失大部分的硬度。以更科學的語言來說，大概是這樣：細胞透過果膠、纖維素和半纖維素產生某種極硬的連結而彼此相連。而烹煮時，連結會因為喪失大部分的果膠而減弱，然後變軟。就這樣，下次有人將四季豆煮過頭時，你就可以向他解釋為什麼四季豆會變軟……

蔬菜

馬鈴薯與紅蘿蔔

這都是基本食材！
只要善用胡蘿蔔和馬鈴薯，就能煮出多日的餐點，而不需要將同一道菜加熱兩次。
所以就讓我們好好了解它們的烹調方式，以從中汲取最佳美味吧！

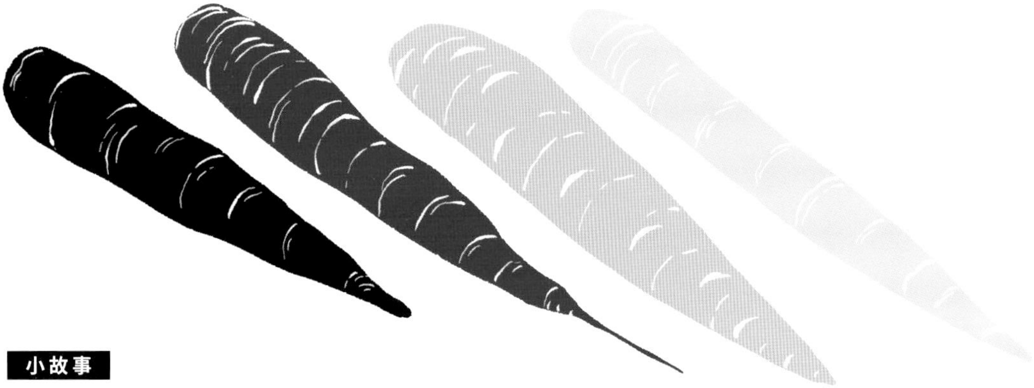

小故事

為什麼胡蘿蔔是橘色的？

胡蘿蔔從很久以前便為人所知，但過去的味道較為辛辣刺激，因此人們較常將它做為藥用。但從 19 世紀起，荷蘭將胡蘿蔔培育成較為適合食用的品種，並讓顏色統一為橘色。橘色從以前到現在，一直是代表荷蘭的顏色，所以你明白胡蘿蔔是橘色的原因了嗎？但到了現在，因為人們熱衷於重新探索古老品種的蔬菜，因而再度發現胡蘿蔔的原始品種，包括白色、黃色、紅色或紫色的胡蘿蔔。

為什麼保存胡蘿蔔時不要連葉子一起保存？

沒錯，我知道菜園裡帶著葉子的胡蘿蔔很美，但問題是，胡蘿蔔一經採收，就會窮盡所有的資源為葉子提供營養，以免葉子乾掉。而胡蘿蔔越是窮盡資源，就會變得越貧乏，並流失更多的風味。因此，快用刀把葉子切下吧！

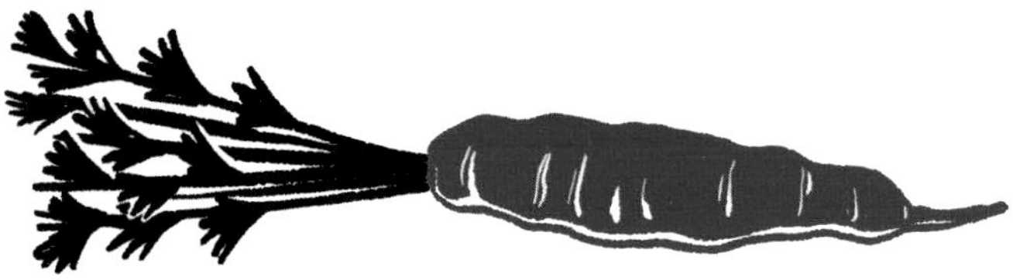

證明完畢

為什麼胡蘿蔔可以生吃，馬鈴薯卻不能生吃？

這只是因為馬鈴薯含有大量的澱粉，而胡蘿蔔幾乎不含澱粉。澱粉？沒錯，可以用來使醬汁稠化的正是麵粉和植物澱粉！簡言之，生的澱粉是無法消化的，但煮熟的澱粉會因吸收蔬菜細胞所含的部分水分而變得柔軟。因此，含有極微量澱粉的胡蘿蔔可以生吃，但馬鈴薯不行。

關於馬鈴薯皮的3項疑問

❶ 為什麼馬鈴薯有時會變成綠色？

當馬鈴薯儲存時受到光照，葉綠素會產生光合作用，讓不適合食用的有毒物質——茄鹼的濃度升高。因此絕對要去除綠色的部分，因為它會帶來苦澀味；而且如果食用過量，還會引發嘔吐、頭暈、幻覺等症狀。

❷ 為什麼在烹煮時最好保留馬鈴薯皮……

蔬菜的外皮可保護蔬菜免受外界傷害，也讓蔬菜得以保留所有的維生素和水溶性礦物質（也就是說可溶於水）。當你在烹煮馬鈴薯時保留皮，便可保存比削皮馬鈴薯多4倍以上的維生素和礦物質……不過在烹煮後必須立刻去皮，以免殘留土味。

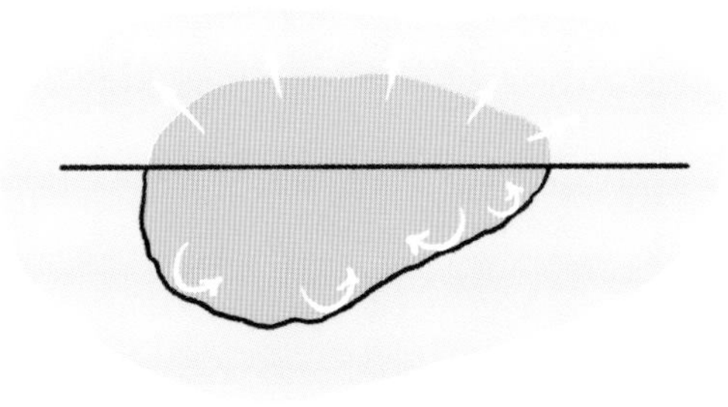

烹煮期間，馬鈴薯皮可留住維生素和礦物鹽。

❸ ……而且絕對不要吃皮，不論是水煮還是油炸？

關於這點，引發問題的還是茄鹼。
馬鈴薯會用茄鹼來抵抗昆蟲，但對人類來說卻是真正的毒藥，因為過量食用可能會致命！所以，我們絕對要避免食用所有速食店的帶皮薯條……

為什麼春季至夏初可找到「新」馬鈴薯？

噢……我們在這裡談的是最優質的馬鈴薯。這種被稱為「新」或「時鮮」的馬鈴薯，是在尚未成熟時採收的早收品種。它們含有較少的澱粉和較多的水分，而且跟奶油一樣入口即化。而由於這些馬鈴薯未成熟，所以幾乎不含茄鹼，你可以放心食用它們的皮。

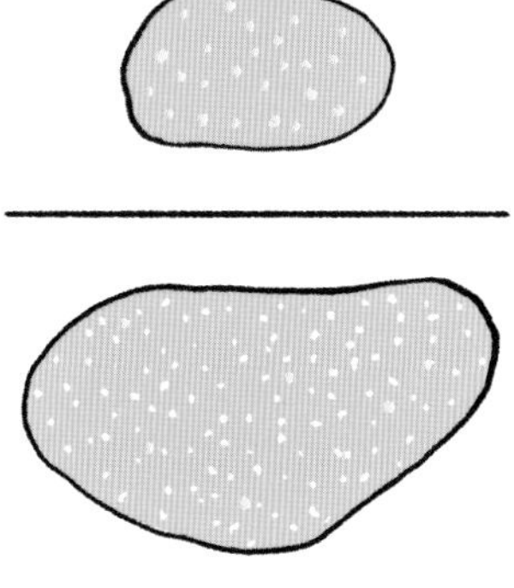

新馬鈴薯比「成熟」馬鈴薯含有較多的水分，以及較少的澱粉和茄鹼。

那為什麼我們不能用這些新馬鈴薯來製作馬鈴薯泥？

當然是可以的，你可以用這些馬鈴薯來製作馬鈴薯泥！而且甚至能做出品質更優良的馬鈴薯泥。但它們還是比其他「非新」品種含有更多的水分，再加上因為澱粉含量少，也讓它們較不結實。

馬鈴薯與紅蘿蔔

注意，這是技巧！

為什麼生馬鈴薯是硬的，但烹煮後就變軟了？

這有點技術性，但既然你有一點時間，而我也有（我太太正在和她的雙胞胎姐妹講電話，而且總會講上好幾小時），就讓我來為你解釋。
生馬鈴薯的澱粉顆粒很硬，而且細胞邊緣緊密貼合。不過在加熱時，馬鈴薯的細胞膜會軟化然後破裂，同時澱粉會因吸收塊莖的部分水分而膨脹，並轉化成膠質。最後，我們就會獲得入口即化的馬鈴薯。但要注意的是，如果馬鈴薯越「年輕」，肉質就越柔軟；馬鈴薯越老，肉質就越粉。

為什麼有時馬鈴薯會爆裂？

當然是因為煮過頭！又是那該死澱粉的錯……烹煮時，澱粉粒會膨脹至原來體積 50 倍。而當內部體積的大幅增加時，就會導致馬鈴薯爆裂，這真是災難！

為什麼用來製作沙拉的馬鈴薯必須用60℃以下的水烹煮？

噢！用已經粉碎的馬鈴薯泥攪拌而成的沙拉，沒有比這更糟的了！但有一種解決方法：如果你用不到 60℃的水溫煮馬鈴薯，雖然塊莖的烹煮時間會更長，但卻能保有一定的硬度，你的沙拉也會因此較為美觀，也更可口。

為什麼煎馬鈴薯會比水煮更花時間？

煎馬鈴薯時通常會切塊，而這比水煮大塊馬鈴薯更花時間……這很正常：每塊切丁的馬鈴薯應該有 6 個面和煎鍋接觸，以便進行加熱和烹煮。我再次提醒，在平底煎鍋中，只有直接和熱源接觸的表面才會被加熱。而在水中，同一個馬鈴薯丁的 6 面都能接觸到熱的液體並進行烹煮，因此煮熟的速度會快上許多。噢，我聽到你說：「那切片的馬鈴薯只有 2 面可以煮！」沒錯，這是真的。但也不是所有的馬鈴薯片都能同時平放在你的平底煎鍋中，有些會交疊，因此無法被加熱到，所以會比水煮更久。此外，煎的時候能若加入少許的鴨油，也會更加美味 ;-）

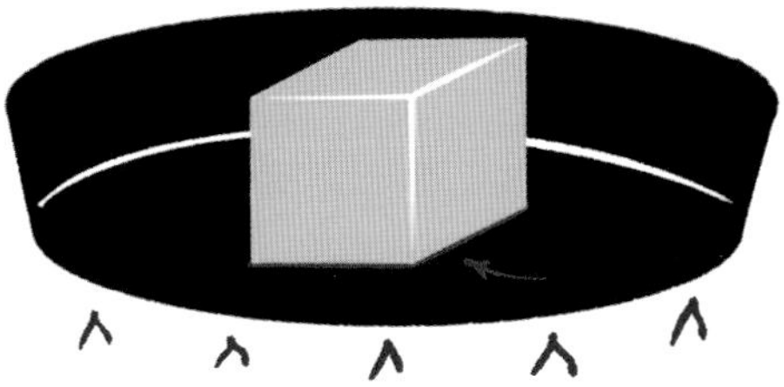

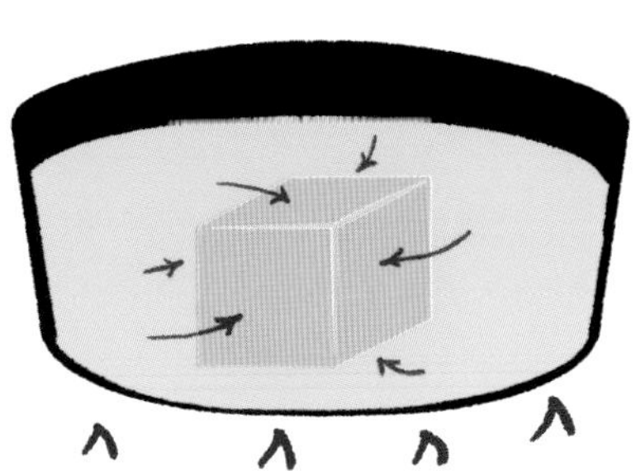

在平底煎鍋中，
馬鈴薯塊只有一面接觸到烹煮表面，
而在水中，每一面都同時被加熱。

正確作法

為什麼應該用冷水煮馬鈴薯，而非沸水……

噢，沒錯，這是真的！我們必須一再強調，馬鈴薯要用冷水煮，而且絕對不能用熱水；此外還應該讓水溫緩慢上升。老實說，這很麻煩不是嗎？沒錯，但理由很簡單：馬鈴薯非常難傳熱，你甚至可以拿著薯條的一端，另一端放入 180℃的油鍋中油炸，手也不會被燙到。所以，如果將馬鈴薯直接放入沸水中，那麼外部會先煮熟，但熱卻還無法傳達到中央。而在中央等待煮熟的過程中，外部又會過熱，甚至爆裂。因此，我們要將水慢慢加熱，讓熱也能逐步地滲透至馬鈴薯中央，馬鈴薯便能均勻地煮熟。

……但為什麼煮胡蘿蔔要用沸水，而不是冷水？

這非常不同：胡蘿蔔因為含有蛋白質，所以逐漸加熱至 70℃時，蛋白質會強化細胞的連結，讓細胞壁變硬。而當細胞壁一旦變硬，便無法再軟化，胡蘿蔔就會維持這樣的硬度。因此為了避免這個問題，應該直接將胡蘿蔔浸入沸水中，以超過 70℃的水來烹煮。

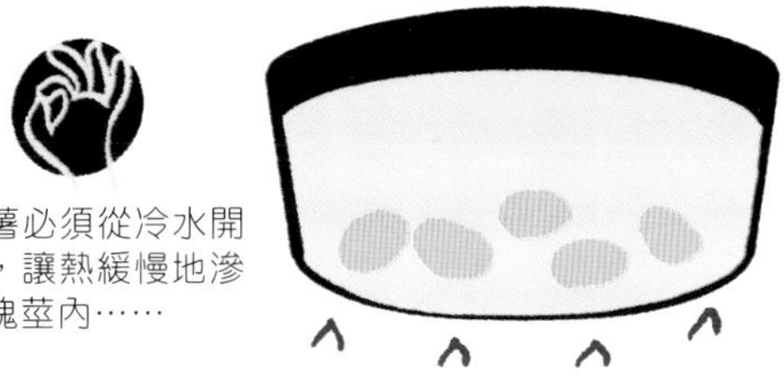

馬鈴薯必須從冷水開始煮，讓熱緩慢地滲透至塊莖內……

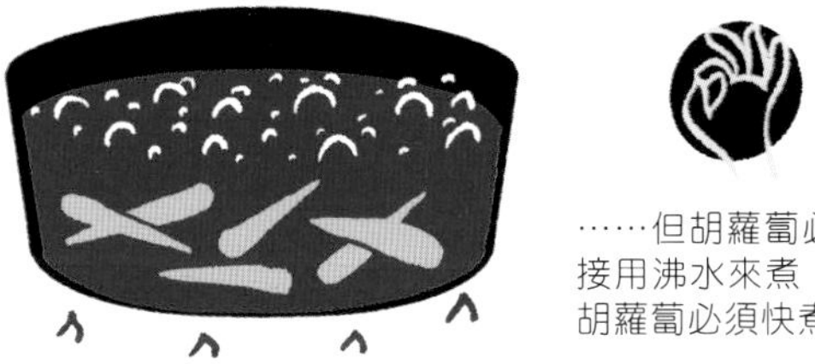

……但胡蘿蔔必須直接用沸水來煮，因為胡蘿蔔必須快煮。

好吃！

為什麼喬爾·侯布雄（Joël Robuchon）的馬鈴薯泥，是全世界最美味的？

他的配方已傳遍全世界。老實說，這是我吃過最好吃的馬鈴薯泥！沒錯，裡面是加了奶油，他在每 1 公斤的去皮馬鈴薯中加入 250 公克的奶油；而且他選擇了小顆的哈特馬鈴薯（Ratte）而不是其他品種；並且，他加入了冷奶油和熱牛乳。但並不只是因為這些理由，而使它成為全世界最好吃的馬鈴薯泥。別人絕不會告訴你真正的原因，就是他的馬鈴薯泥會用極細的雙層篩網過濾，讓質地更為細緻；接著還會用打蛋器攪打至少半小時以混入空氣，如此一來就能做出膨鬆且絕對細緻的馬鈴薯泥！

證明完畢

為什麼馬鈴薯片會膨脹？

當你將馬鈴薯片放入 140℃的油炸鍋進行第一次油炸時，馬鈴薯片的外皮會因熱而乾燥，並形成薄薄一層防水殼。在第二次以 180℃進行油炸時，內部仍保留的水分會變成蒸氣推動外殼，使薯片膨脹。但請容我提醒一下，這和蒸氣的體積比原本的水大 1700 倍有關。

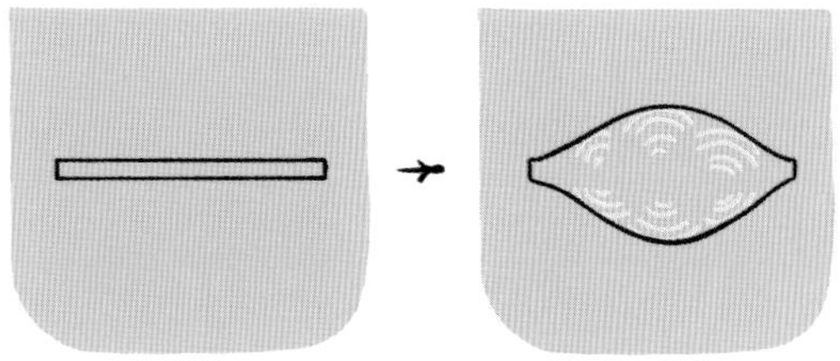

第一次油炸時，馬鈴薯片表面形成硬殼。　第二次油炸時，內部蒸氣使硬殼膨脹。

熟成

你當然聽說過肉的熟成。不過，大家都在談論熟成肉，
但卻沒有區分出只是放得久和細心熟成之間的差別。而你知道有些魚肉也能熟成嗎？

注意，這是技巧！

為什麼熟成可以提升肉質？

動物經宰殺後，身體會出現屍僵（屍體僵直），細胞會產生乳酸，接著肌肉酵素會打破肌肉的僵化，讓身體再度變軟。在這第二個階段中，破裂的蛋白質會產生美味的胺基酸，有些碳水化合物會轉化成糖，為肉帶來更強烈的風味。但不僅是如此！肉也會在這個過程中變嫩：最硬的膠原蛋白轉化為結締組織，較容易在烹煮過程中形成膠質，這讓肉在烹煮過程中比較不會收縮，因而減少肉汁的流失。

為什麼我們最常對牛肉進行熟成？

雖然牛肉能從熟成中獲益，但並非所有的肉都是如此：雞、羔羊和豬可熟成 1 星期，但超過 1 星期，牠們的肉就會產生油耗味。牛肉的情況則截然不同：某些部位，例如肋排、沙朗和臀肉可熟成達 8 週；屠宰後 2 星期內，便可讓 80% 的肉變得軟嫩。但在之後，通常是再約 50 天左右，對某些肉進行熟成是為了發展它們的風味。有些肉販甚至會將熟成延長至 200 天，甚至是 300 天，但熟成 8 週和 300 天之間的風味和軟嫩度，幾乎沒有差異。

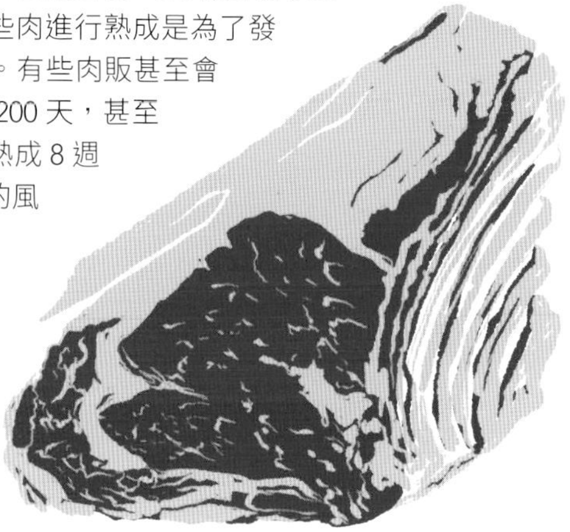

為什麼熟成肉如此美味？

熟成，或不如說是專家所說的「精製」，是在熟成室裡透過對溫度、濕度值和空氣排放的控制，讓肉發展出內在的味道和質地。熟成室的溫度通常會控制在 1～3℃，濕度 70～80 %，並依動物的品種和年齡、油脂的含量和品質、肉類的品質和肌理而定，可能會再修改某些參數，這就是品質精製的所有程序。精製期間，肉的部分水分蒸發（達原重量的 40 %）、糖分濃縮、脂肪氧化，部分味道濃縮，部分味道演化。我們在經過完善精製的牛肉中，發現一系列在傳統肉品中不會發現的味道，例如：乳酪、焦糖、奶油、堅果、紅莓果等。

細微差別！

為什麼熟成肉不同於久放的肉？

許多所謂的「熟成」肉其實只是在冷藏室放上 4～6 星期。當然，這樣的確也能獲得味道和軟嫩度，但和熟成肉完全無法相提並論。

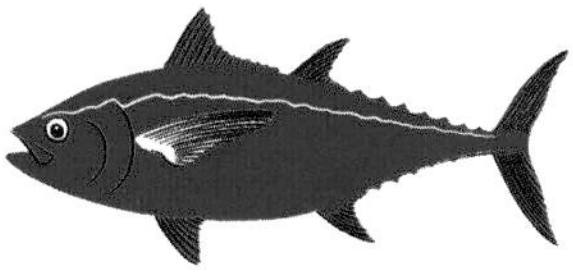

為什麼我們也要讓魚肉熟成？

你不懂嗎？沒錯，我們會讓魚肉熟成，即使「熟成」一詞並不是那麼恰當。不像牛肉的熟成是強化味道和軟嫩度，魚的熟成是讓肉降解，這是很受歡迎的處理法，可為魚肉提供全新的味道和口感，並釋放出非常美味的胺基酸。

為什麼要這麼做

為什麼讓魚肉「熟成」如此特別？

在讓魚肉「熟成」之前，殺魚必須在特殊的條件下進行，以免過快且過度屍僵。經捕獲的魚會被放進岸上的常溫大水槽裡。返回岸上期間，魚會放鬆，並恢復因被捕壓力而流失的部分肝醣儲存。身體若缺乏肝醣，會較快產生明顯的屍僵，並對肉質造成無法挽回的傷害。

恢復肝醣儲存後，每條魚就會在最佳狀態下以活締法（請參見「日本魚」章節）進行個別宰殺，不會有痛苦，也不會有壓力。接著進行放血，用很大的針取出脊髓，最後再去除魚皮，同時要極度小心，不要讓魚皮上的黏液接觸到魚肉，以免細菌污染。這項技術相當要求精準度和衛生，所以每一道程序都會對刀子進行徹底的清潔並更換砧板。之後，魚肉接下來已準備好進行「熟成」或者說「醞釀」。

知名的日本料理專家增井千尋所提到的「時間料理術」，就是為了喚醒這些肉所需經歷的轉化，除了時間的流逝以外，別無其他技巧。

為什麼日本以外的地區不會對魚肉進行熟成？

還是有的，只是極為少見。首先必須挑選優質的魚，接著以活締處理法宰殺，最後還需要掌握製作的技巧。熟成時間依魚種和保存條件而定。如果是鮪魚或鱈魚，至少要1週；但如果是由經驗豐富者處理的大菱鮃，則可熟成達2週，並發展出獨特非凡的風味。

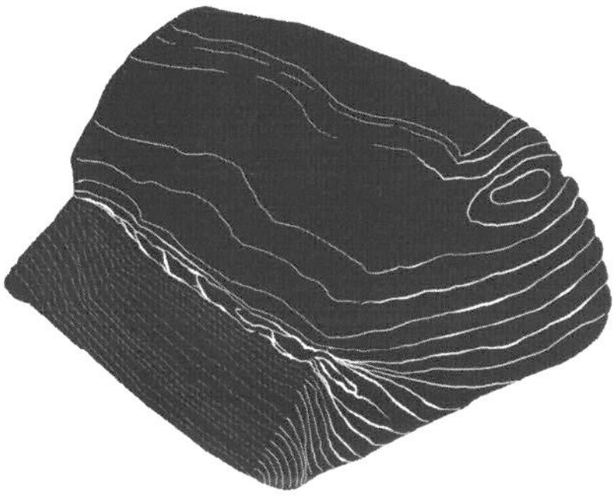

好吃！

為什麼這些熟成魚肉主要提供給壽司餐廳？

壽司會以最簡單的器皿來呈現魚的滋味，沒有任何花招。因此魚肉必須很完美，只要完美就好。知名壽司店會自行對魚肉進行熟成，並在適當的時節挑選每一條魚，以確保質地柔軟，並迎合客人的口感。例如必須脆口並且入口即化，或是要較有咬勁並帶有優質的鮮味。

醃漬

沒錯，醃料可用來保存食物和調味，但無法軟化食物。
讓我們一起深入探究它的原因。

小故事

為什麼中世紀會醃肉？

這有兩個很好的理由：
(1) 可讓肉類保存得更久。用液體淹浸過，肉就不會直接與空氣接觸，因此可延緩氧化和腐敗的速度。
(2) 可掩蓋肉質的狀況。讓肉的顏色變深，就無法分辨肉是腐壞還是新鮮。而且醃料的味道也可以掩蓋肉類變質的臭味。

驚人！

為什麼醃料無法讓肉變軟？

很簡單，因為醃料幾乎無法滲進肉裡，醃料的分子太大，無法擠進肉的纖維中。科學家已測出醃料對牛肉的滲透率：醃浸 4 天時，醃料滲入肉裡的深度還不到 5 公釐。

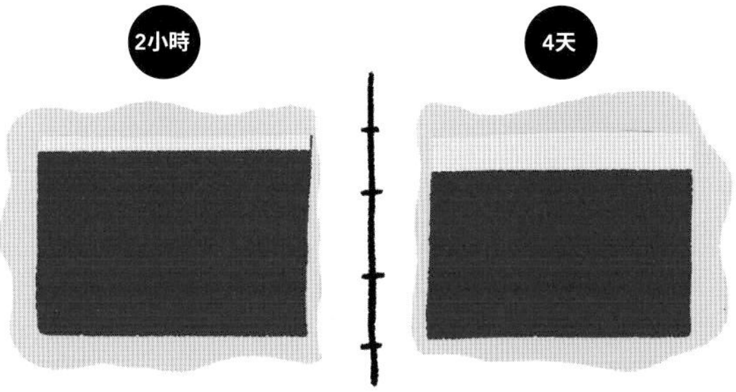

為什麼醃料就可以滲透到魚肉之中？

魚肉的纖維和其他動物的肌肉纖肉很不一樣，而且膠原蛋白的含量極少，因此使得醃料較容易滲進魚肉裡。但請不要讓魚肉醃上好幾小時，以免遮蓋了魚肉原有的風味。如果你要這麼做的話，我只能說實在是太令人遺憾了！

為什麼應該先將肉切成小塊後再醃？

我們已經知道，醃料可滲進肉裡的範圍極小，正常情況下最多只有 2～3 公釐的深度。若要醃製野豬腿肉，醃料的效用將不到整體重量的 1%。但如果將腿肉切成 3 公分小塊，滲透的深度便可達到 2～3 公釐，佔重量的 30% 以上。如此一來，我們美味的醃料便能帶來更豐富的味道！

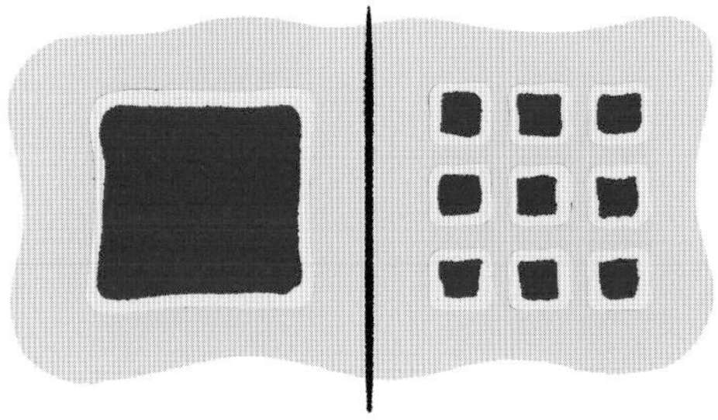

不論肉塊大小，醃料僅能滲透至2～3公釐的深度。

為什麼我們經常會在醃料中加油……

油就像味道和香氣的吸墨紙：大部分的芳香化合物都會溶解在油中。因此，油可加速將味道和香氣吸附到醃漬的食材上。

……以及酒、檸檬、醋等酸性材料？

過去在醃料中加入酸的好處是，酸會殺死某些微生物，因此可以保存得更久；再加上酸會吸水，使肉乾燥，讓肉可保存較長的時間。但是現在已經大幅減少酸的用量，原因是酸雖然可以稍微提味並帶來清爽感，但無論在什麼情況下，都無法像我們經常在書中讀到的「使肉變得軟嫩」。

為什麼要這麼做

為什麼有些肉應該先煮至上色後再進行醃漬？

醃料含有如紅酒或醋等酸性食材，會改變肉塊表面蛋白質的性質。一旦變性，這些蛋白質就會讓肉無法漂亮地上色，因此應該先上色後再醃漬。

那為什麼醃料對於已經上色的肉，更能有效發揮作用？

在我們烹煮肉時，會使肉塊出現微小的裂縫，大幅增加表面積，而由於與醃料接觸的表面更多，味道就更容易滲進肉裡，結果也使得醃料的效率大幅提升，好上加好！

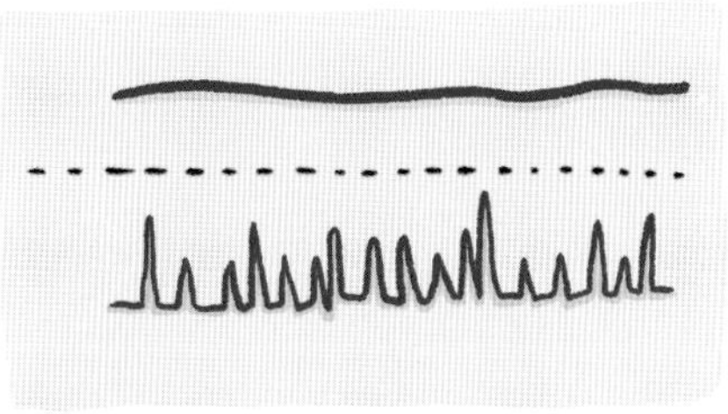

當肉已經上色時，會形成凹凸表面，
讓肉和醃料的交流表面更大。

但為什麼我們烤肉時還是會醃漬食物？

不要相信食譜所說的：「醃肉 1～4 小時」，這是沒有用的！這麼短的時間裡，醃料連小小的 1 釐米都無法滲透！烤肉時有趣的是，醃料會滴到木炭上導致冒煙，而煙燻會為食物帶來更豐富的味道和香氣（編注：在此指的是煙燻的作用，而不是使烤肉燒焦）。有些廚師甚至會噴幾滴調味油來製造燻煙，以產生更多的風味。

油醋醬

嗯……在確定油醋醬達到理想平衡時，它的微酸味可喚醒味蕾……
你發現每個家庭都會有一位專門負責製作油醋醬的成員嗎？這一頁就是獻給他們的……

證明完畢！

為什麼製作油醋醬時，要先從鹽和醋開始？

我6歲的兒子說：「這超級無敵簡單！」因為鹽會溶解在水裡（醋中的水分），但不會溶於油。如果你將鹽放進油裡，鹽仍會保持結晶狀態而不會溶解。噢噢噢……但我想你會回答：「如果我們之後再加醋，鹽也一樣會溶解，結果不變。」好吧，但如果這麼做，其實一切都已改變，因為事情的發展不完全如你所想像：一旦加進油裡，鹽結晶就會被極薄的一層油脂所包覆，讓鹽無法和醋接觸，因此鹽會很難溶解。但你還是可以試試 ;-)

為什麼油醋醬的油和醋無法混合在一起？

它們可以混合，但乳化無法持久，因為油醋醬中所含的油分子和水分子無法附著在一起。你大可像瘋了一樣攪打幾個小時，但它們還是不可避免地會分離。我們也無計可施，畢竟本質決定了一切……

隔夜的美味

為什麼我們可以使用肉的烹煮油脂來製作油醋醬？

我們在「油與其他油脂」章節中已經提過，但我要再重述一遍：烤雞或羊腿湯汁的油脂，可取代某些沙拉或烤蔬菜裡油醋醬的油，其出色的風味，有助於提味並帶來些許令人驚豔的滋味。那該怎麼做呢？將湯汁冷藏一晚後，讓油脂凝固，接著只要收集表面的油脂，加進油醋醬的醋中溶解即可。

關於油醋醬濃稠度的2項疑問

❶ 為什麼加入少許芥末，可增加油醋醬的穩定度？

芥末可改變一切，因為這項食材能連結油和醋兩種成分，而讓油醋醬變濃稠。從 2 項格格不入的食材，到三種食材和平共處，這就是美味的幸福。就像我們的人生……

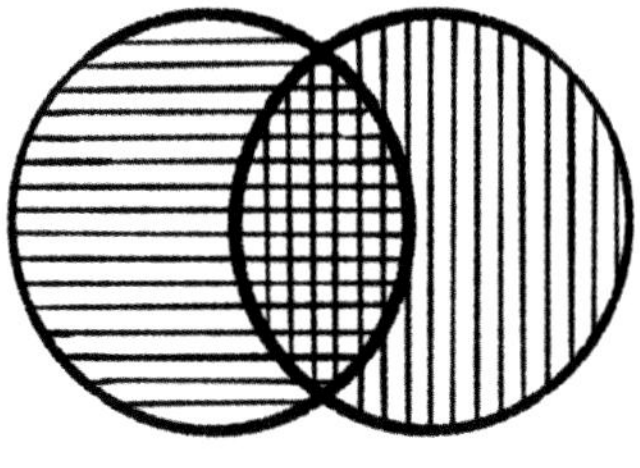

芥末結合了油和水（醋）的分子，為油醋醬形成美好的質地。

❷ 為什麼油醋醬最好略為濃稠？

如果油醋醬很稀，醬汁會迅速從生菜葉片上流下，沉在沙拉碗底部。但醬汁越是濃稠，就越能附著在葉片上，沙拉便能獲得更適當的調味。而為了讓油醋醬變得濃稠，你也能加入蛋黃來取代芥末，以形成乳霜狀的質地；或者加入蜂蜜來增添些許甜味。

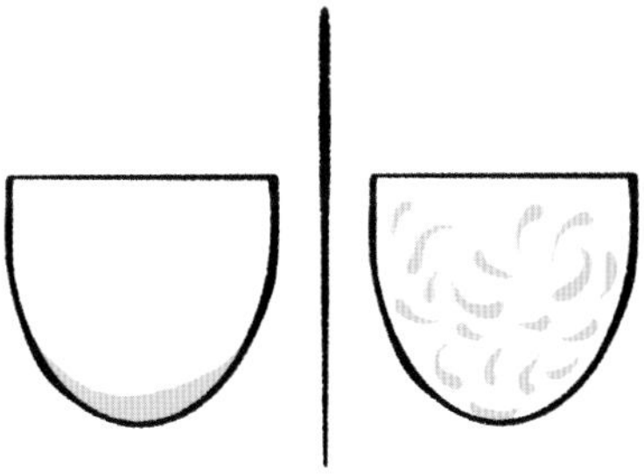

液狀油醋醬會沉在沙拉碗底部，而較濃稠的油醋醬則會附著在生菜上。

是真是假

生菜枯萎是因為太早淋油醋醬嗎？

人們常說「醋會將生菜葉煮熟」，因為醋是酸的。但將生菜煮熟的根本不是醋！讓我來說明：生菜葉其實是被一層極薄的保護油膜所覆蓋，而且由於油和醋無法融合，所以醋會在油膜上流動！反倒是油醋醬的油仍會停留在葉片上，並且穿透保護層，最終使葉片受傷。看起來難以置信，不是嗎？

為什麼加了芥末的油醋醬會讓葉片較慢變黑？

我們剛才已經知道，停留在葉片上的油會破壞葉片。如果你在油醋混合物中加入少許芥末，並以正確的方式攪拌，便能獲得結構緊密的漂亮乳化物。那麼被「鎖」在這乳化物中的油，便無法停留在漂亮的生菜葉上，也不會讓葉片這麼快變黑。

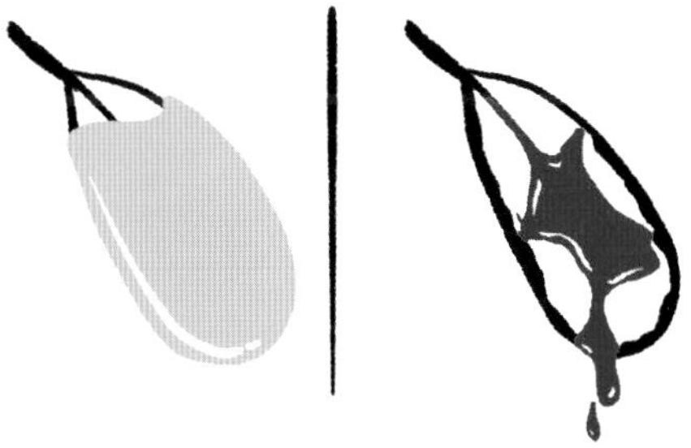

停留在葉片上的油會使葉片枯萎……

……而醋只會從葉片上滑落。

醬汁

蛋黃醬、法式伯那西醬和荷蘭醬都是以油和蛋為基底的醬汁。
此外，製作醬汁還要懂得乳化……

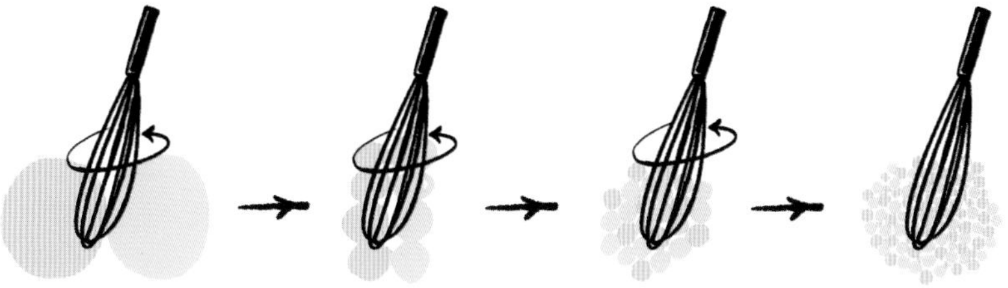

正確作法

為什麼製作蛋黃醬時應該從少量加油開始？

當我們將少許的油和蛋黃一起攪打時，會將水滴（蛋黃中所含的水分）和小的油滴分開。當我們攪打越久，小水滴和小油滴的體積就會越迷你。這就是神奇的地方：迷你的蛋黃分子一邊附著在迷你的水分子，一邊附著在迷你的油分子上，整體因此變得濃稠結實。但如果一開始就加入過多的油，便無法將大量的油打散成迷你的小油滴，而蛋黃醬便無法凝固。因此，一開始請少量地加油，等到開始凝固時，便可更果斷地倒油。

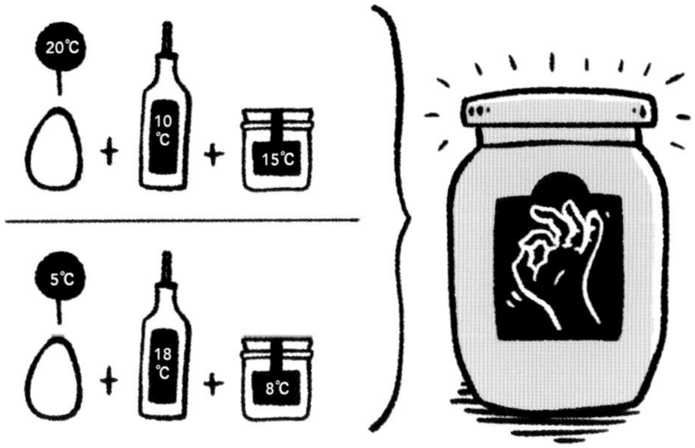

為什麼蛋黃醬食材的溫度一點也不重要？

除非你將油冷藏保存，這會讓油凝固且無法分散成迷你小滴，否則食材的溫度嚴格來說並不重要：蛋黃和／或芥末（如果有添加的話）的水分並不會因冷藏而凝結。所以千萬不必用另一個時代的信仰來煩死自己！

那為什麼蛋黃醬會變質？

當我們一下子加入太多的油，而水和油的小滴無法再彼此附著時，就會發生這樣的情況。
要如何補救？
方法 1：將浮起的油倒入碗中，用力攪打蛋黃醬直到再度變稠，接著再逐量補上你取出的油。
方法 2：加入半小匙水，再度攪拌至蛋黃醬變稠。

為什麼製作法式伯那西醬時，一開始要用醋煮龍蒿，接著將龍蒿撈出，最後再放回？

一開始煮龍蒿葉是為了盡可能地收集龍蒿的味道，因為這麼做能帶出醬汁的基調。接著將龍蒿撈出，則是因為烹煮時葉片會軟化，變成一堆不成形且不美觀的碎葉，像是過度烹煮的菠菜一樣。而在最後放入新鮮的龍蒿，才能引出新鮮迷人的風味，並保有外觀美麗的醬汁。

專業技術

為什麼荷蘭醬和法式伯那西醬會「分層」？

當荷蘭醬或法式伯那西醬加熱過久或過熱時，烹煮初期加入的水或醋和蛋黃裡的水分會蒸發。當水分不足以讓乳化保持穩定時，醬汁就會「油水分離」：就像水煮蛋裡的蛋黃過熟且變硬，並因結塊而和醬汁分離。在製作這些醬汁時，永遠都要保有足夠的水分，而且溫度要夠高，才能讓蛋黃變得濃稠，但又不至於讓蛋黃變硬。

為什麼要補救失敗的醬汁很容易？

❶取四分之三的醬汁放入碗中，並將在鍋裡剩餘的醬汁中加入 1～2 小匙的水，用力攪打。

❷當發現再度乳化時，就倒入少許保留的醬汁，持續攪打。

❸逐次少量加入剩餘的醬汁，並一邊持續攪打至醬汁回到正常的濃稠度。

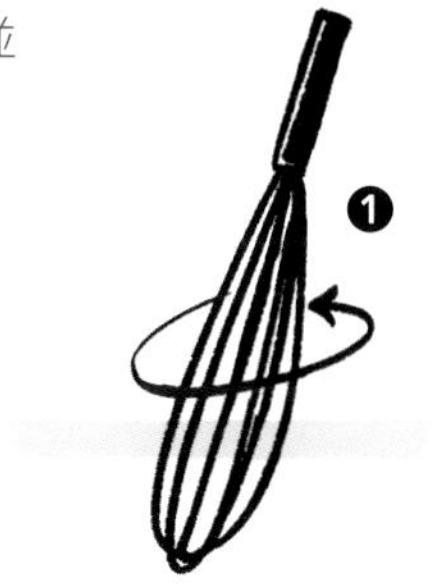

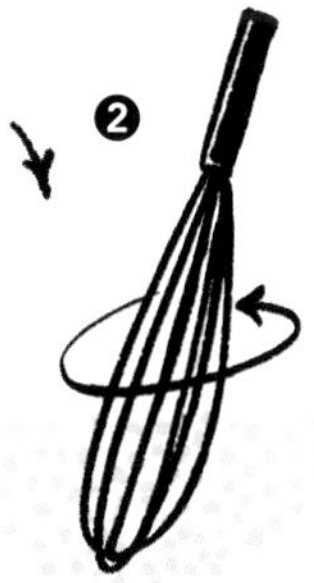

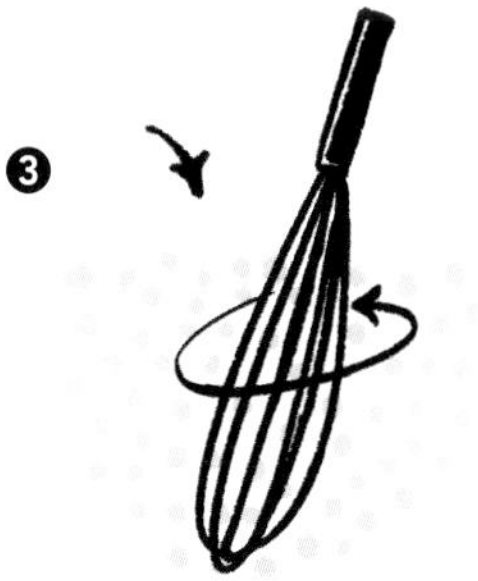

為什麼荷蘭醬和法式伯那西醬會變濃稠？

想一想水煮蛋。當我們將蛋放入沸水中，液態蛋黃會在 3 分鐘後變成半熟蛋，即略為濃稠的狀態；接著會變成溏心蛋或膏狀，最後是全熟，變成硬的固態。而在烹煮荷蘭醬和法式伯那西醬時也是同樣的道理：蛋黃因受熱而變得濃稠，若可以同時摻入奶油，便能做出美味的醬汁。

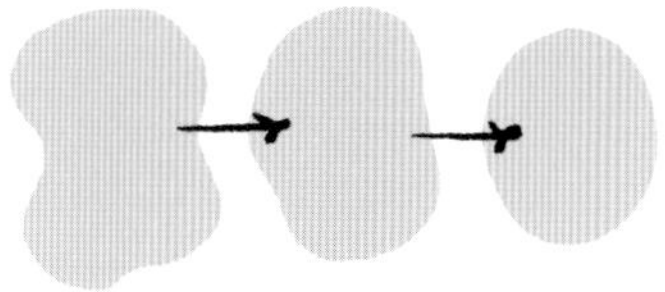

蛋黃加熱時間越久，
就會越濃稠。

是真是假

為什麼以8字形攪拌是沒有用的？

請忘了這個古老的規則，這只會讓廚房裡的年輕夥計感到厭煩！重要的是要攪拌到鍋子的每一個角落。分子根本不在乎它們是以 8 字形還是 4 字形攪拌。嚴格來說，這不會改變什麼！

湯底和高湯

不，不，不，製作湯底或高湯
不只是丟一個高湯塊到一鍋沸水裡而已。
美味的高湯是需要細心熬煮的……

好吃！

為什麼有些湯底和高湯就是比較美味？

當我們在製作高湯、湯底或魚高湯時，概念是盡可能將固體食材（肉、蔬菜、香料等）的味道釋放到液體（水）裡，原理完全就跟用乾燥的茶葉泡茶或製作浸泡液一樣。當我們製作高湯或湯底時，其實就是在製作肉的浸泡液。

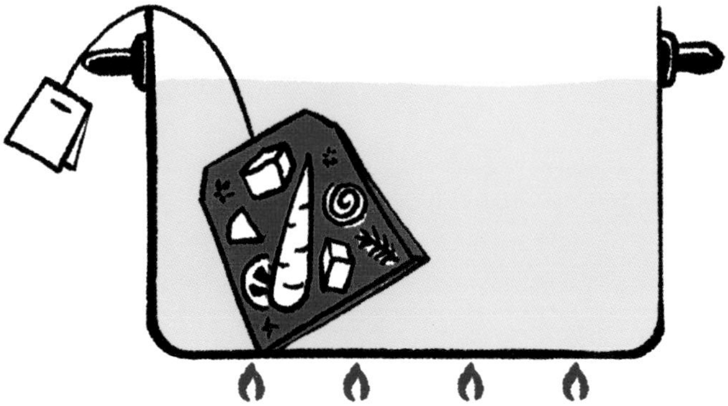

湯底和高湯就是浸泡液的概念。

關於高湯水的2大疑問

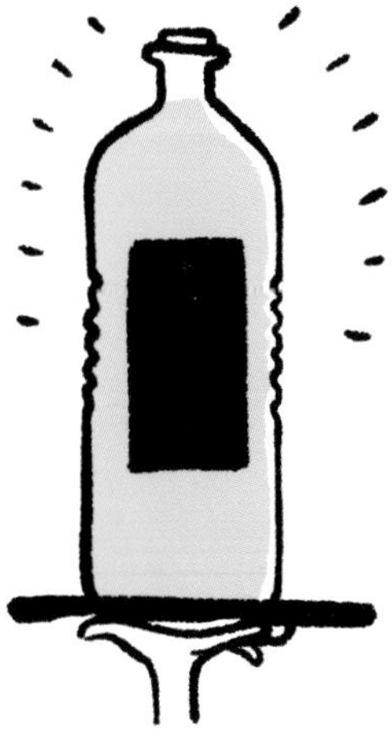

❶ 為什麼烹煮的水質至關重要？

水不只是用來煮熟高湯食材而已，水也是高湯的主要食材之一：高湯、湯底和魚高湯，絕人部分都是由水所構成（之後才為水增添風味）。如果水一開始就有味道（漂白劑或其他味道），烹煮結束後也會在高湯中發現這些味道。因此，應盡可能使用中性的水，以免水的味道造成干擾，或是蓋過其他食材的味道。

❷ 為什麼不該使用水龍頭的熱水？

熱水在從水龍頭流出之前，熱度會溶解一些附著在管道內部的礦物質，為水帶來不好的味道。所以作為湯底或高湯以及所有其他料理備料的基礎，應使用冷水，絕對不要使用熱水。熱水只是用來洗碗的。

為什麼不該提前或在烹煮過程中為高湯加鹽？

一切可能會阻礙肉的風味釋放到液體中的行為，都應該避免。如果在烹煮初期就加鹽，會增加液體的密度；而當液體的密度越高，就越難吸收新的味道。因此，我們絕不會在煮高湯的初期就加鹽。

未加鹽的高湯

加鹽的高湯

那為什麼也不該加胡椒？

在過去，由於肉不是絕對地潔淨，所以人們添加胡椒是為了利用它抗菌的特性來殺死微生物。但所幸今日已不再需要靠胡椒來殺菌，而且胡椒就如同茶葉或馬鞭草，在液體中加熱就會釋放味道，浸泡過久還會變得苦澀嗆辣。除非你希望在湯裡添加苦澀嗆辣的滋味，否則絕不要在烹煮一開始或中途加入胡椒。

證明完畢！

為什麼水量很重要……

從某個時間點開始，水吸收味道的能力會達到飽和而無法再吸收新的味道，即使再多煮幾小時也一樣。基本上，這就像是手提箱，滿了就是滿了，你無法再塞進任何東西。訣竅是在一開始就備好大量的水，讓水盡可能地吸收肉的風味。

……烹煮用具的材質也會對煮湯造成影響？

某些材質的鍋具（例如鑄鐵）會先將熱能蓄積在厚實的鍋身，之後再釋放到整個鍋子表面。因此，液體會以同樣的方式受熱，即從底部或側邊受熱，最後各處都能得到均勻的烹煮。

而其他例如鐵或不鏽鋼等材質，因為無法蓄熱，只會將熱直接釋放至受熱處，因此就算鍋具下方的火力極強，卻也加熱不到側邊。所以，食材會因為在鍋裡的位置不同，而使烹煮的狀況有所差異，結果也較不理想。

最後要說明的這點比較科學層面，鑄鐵會放射出溫和的輻射熱，而鐵和不鏽鐵放射的則是強烈的輻射熱，而我們在製作高湯和湯底時追求的就是溫和。因此，請把鐵鍋和不鏽鋼鍋收起來吧！

鐵鍋或不鏽鋼鍋

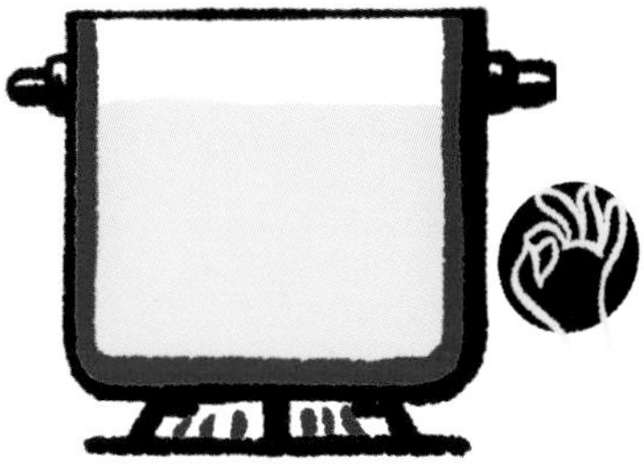

鑄鐵鍋

湯底和高湯

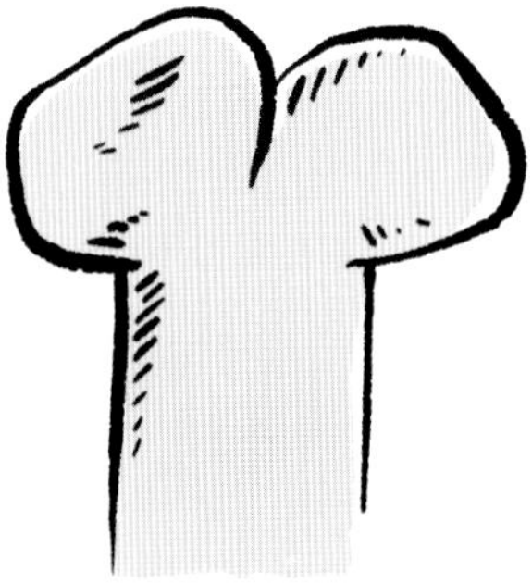

為什麼肉塊的大小很重要？

讓我們再回到製作湯底或高湯的主要目標：盡可能收集不同食材的味道。如果你加入大塊肉，肉塊中央的味道必須穿過大量的物質才能到達液體。這段距離太長，而大部分的味道根本到達不了，所以這麼做有點愚蠢。但如果將肉塊切成不要太厚的肉片，肉片中央的味道要穿越的距離就會縮短，有利於將味道釋放到液體中，而你就會獲得更加美味的高湯。

為什麼將骨頭放進水裡之前，要先煮至上色？

骨頭本身並不會釋出味道，它們主要由鈣所組成。釋出味道的是關節的軟骨、某些骨頭內部的骨髓，以及仍附著在表面的小肉塊。當你將骨頭煮至上色時，這些附著在骨頭上的小肉塊、部分軟骨和骨髓因梅納反應所產生的美味，便會大量地釋放到高湯之中。

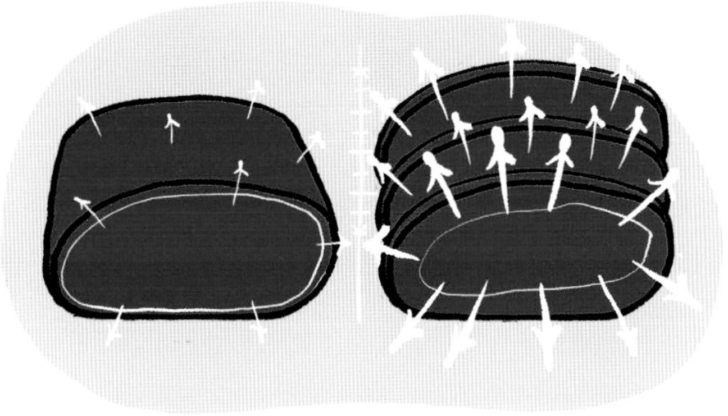

肉片越薄，味道轉移到水中的速度也越快。

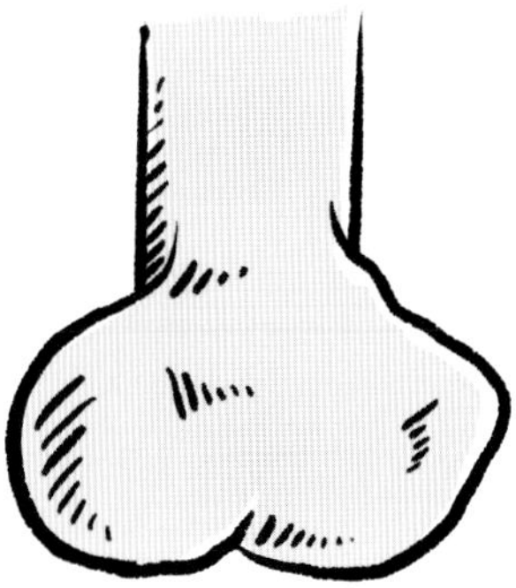

專業小撇步

為什麼應該用小火長時間熬煮高湯？

為了製作高湯和湯底，建議使用含有膠原蛋白的肉，因為在加熱時，膠原蛋白會轉化為明膠並提供豐富的風味。然而膠原蛋白必須經過長時間熬煮，而且不能以太高的溫度加熱才能變成美味的明膠，這也就是為什麼美味的高湯必須用小火（約 80℃ 左右）長時間熬煮的原因；但絕不要煮到冒小泡泡，或甚至是微滾。所以應該要如何確認溫度呢？當你看到 1～2 顆的小泡泡緩慢升起時，這就是臨界點……而最後你會發現，用這個方法熬煮出來的高湯，將和你先前做的有如天壤之別 ;-）

為什麼我們經常在食譜中讀到「撈去高湯的雜質」？

我幾乎可以立刻告訴你，這是我們在廚房裡聽過最愚蠢的話！湯裡不會有雜質，除非你的蔬菜還沾有泥土。在湯裡飄浮的微小粒子其實是散開的小肉塊，不是雜質。再者，在你準備牛肋排時，哪有辦法去除什麼雜質？所以在面對這個情況時，最好就是什麼也不用做，理由很簡單，因為根本就沒有雜質……

為什麼應該先加蓋熬煮湯底，之後再收乾？

如果不加蓋，部分的水分會蒸發，水量會逐漸減少，就像收乾湯汁一樣。高湯達到飽和後，肉便會喪失它所付出的一切，這是多麼地可惜！而且加蓋可避免蒸發，並盡可能讓肉的全部風味都釋放到高湯中。此外，應該先等味道都釋出之後再收乾湯汁，絕對不要同時進行！

為什麼我們將非常濃縮的湯底稱為「釉汁」？

湯汁蒸散的水分越多，就會越濃稠，膠質的含量也越高。就是這閃亮的膠質，為極致濃縮的湯底帶來如同鏡子般閃亮的光澤和外觀。

關於浮沫的2項疑問

❶ 為什麼我們常說的「浮沫」並非浮沫？

浮沫是液體表面的液體和雜質的混合物。但在我們的情況中（高湯）並沒有雜質，因此也沒有浮沫，結束！

❷ 那為什麼還要「撈去浮沫」，即使它不是浮沫？

我們以為是浮沫的物質，只是表面的白色泡沫，它的成分是肉類凝固的蛋白質、油脂以及空氣（因此會形成泡沫）；它會讓高湯變苦澀，因此應該撈除。如果用過大的火力來烹煮高湯，泡沫就會變多；但如果以較低的溫度加熱，就幾乎不會產生泡沫。

湯底和高湯

正確作法

為什麼應該（或不該）撈除高湯的油脂？

高湯或湯底所含的油脂會稍微包覆我們的味蕾，而根據這些油脂數量的多寡，會讓味蕾變得對味覺更敏銳，也讓味道更容易停留。一般來說，未撈去油脂的高湯具有較長的餘味，但味道較不明確，而撈除油脂的高湯味道較不會停留，但品嘗起來的風味較為清晰。你還可以只撈除部分油脂，使其同時具有悠長的餘味和明確的風味。

如果你把油脂撈出來了，請不要將這小小的美味珍品給丟棄，天啊！它可以冷藏保存 4～5 天，用來取代油醋醬中的油會非常美味（請參見「油醋醬」章節）。你也能用來淋在烤蔬菜上或煎魚等，但請記得先常溫靜置 1～2 小時，至融化為液態再使用。

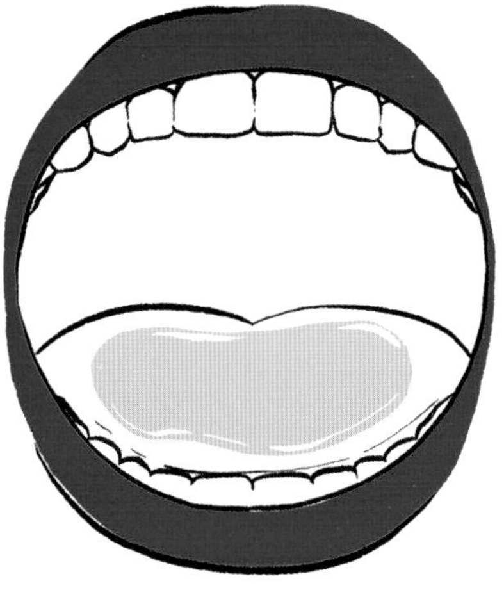

高湯的油脂會包覆味蕾，
影響我們的味覺感受，
並帶來悠長的餘味。

為什麼可以用白吐司來去除高湯上的油脂？

通常我們會將高湯冷藏靜置一晚，讓浮在表面的油脂凝固後再撈除。但如果你趕時間的話，可以趁熱將白吐司片快速平放在高湯表面。這時，麵包會吸收部分的液體和液體中的油脂，如此便可快速去除高湯中的部分油脂。

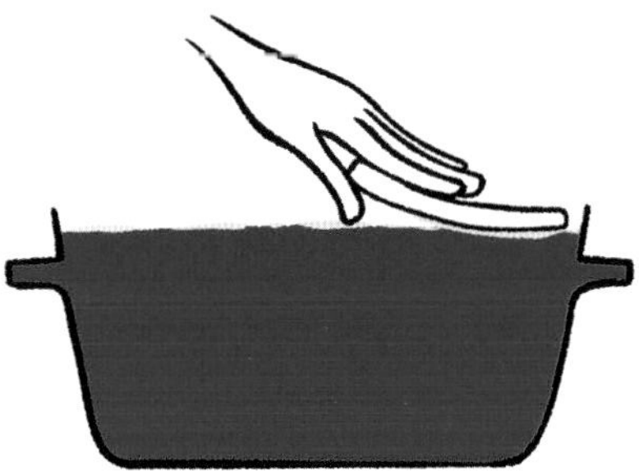

將白吐司擺在熱高湯的表面，
可吸除部分的油脂。

為什麼好的高湯會膠化？

熬煮高湯時，肉類中的膠原蛋白會轉化成美味的明膠。如果我們使用的是富含膠原蛋白的優質肉品，或是大量的家禽骨頭，高湯就會在夜晚靜置時轉化為明膠。這樣的膠化現象是讓高湯滋味豐富的品質象徵。

關於澄清高湯的2項疑問

❶ 為什麼我們要澄清高湯……

澄清的作用是盡可能地去除所有的懸浮微粒，以便獲得最清澈的高湯。作法是使用蛋黃、絞肉和切成極小塊的蔬菜等混合物來進行。第一步是將蛋白倒入高湯中，加熱時，蛋白便會吸附懸浮微粒，讓高湯變得清澈。

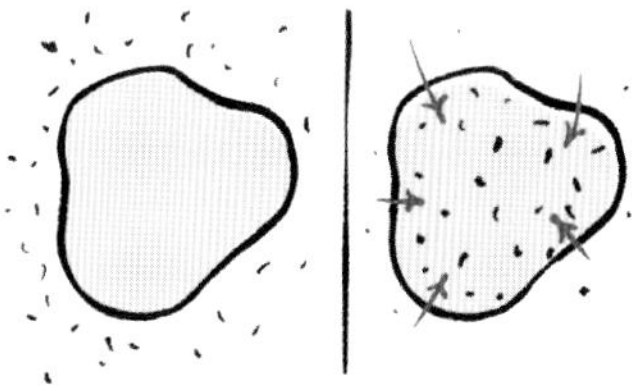

加熱時，
蛋白會吸附微粒，
使高湯變得清澈。

澄清時會去除帶有味道的微粒，
所以另一方面也會添加肉和蔬菜，來補回流失的風味。

❷ ……同時還要加入碎肉和蔬菜？

在製作澄清高湯時，我們會去除懸浮微粒。但問題是這些微粒其實為我們的高湯帶來許多風味；去除這些微粒會讓高湯變得極度乏味。因此，為了平衡這樣的味道流失，我們會在澄清時加入碎肉和蔬菜，以恢復高湯的滋味。

好吃！

為什麼在高湯中加入少許醬油是「令人愉快的」？

你聽說過鮮味嗎？還沒？有些人會將鮮味視為第五味，但這並不正確。更確切地說，它帶來了幸福感。如果你在製作高湯或湯底時加入少許醬油，或是加入一塊帕馬森乳酪皮，便可添加少許的鮮味。或許你無法分辨它們的味道，但卻能獲得愉快的感受。

備料

魚高湯

魚高湯就是魚的高湯。好吧，幫我個忙，請自行熬煮魚高湯，
然後你就會發現這和扔進鍋裡的高湯塊有多大的不同。
這不只是美味而已，而是美味至極！

強心針

為什麼水質是最重要的？

如同肉類高湯，水也是魚高湯的主要食材。使用一般品質的水，可能會形成令人不快的餘味，這麼一來，你絕對無法煮出美味的魚高湯。所以應該使用沒有味道，而且盡可能是中性水質的水來熬煮高湯！

關於用魚骨熬高湯的3項疑問

❶ 為什麼在製作魚高湯時應仔細沖洗魚骨？

魚骨在加入鍋裡之前，應盡可能洗淨所有的血跡、黏液，與所有可能接觸到魚鱗的部分，而且要仔細去除魚鰓，並注意不要留下腸子。要記得，我們只需要使用魚骨、頭部和魚肉碎屑，而且是以最乾淨的狀態，才不會影響高湯的風味。

❷ 為什麼應該將魚骨切成小塊……

如果你將魚骨切成小塊，在鍋中比較不佔空間，也只需較少的水量便能淹過。因此，比起讓味道淹沒在過量的水中，不如用適量的水，讓魚高湯更加濃郁美味。

❸ ……又為什麼要先煮5分鐘至出汁，再加入其他食材？

如果能先用奶油或橄欖油以小火加熱魚肉碎屑，你將會創造出比直接用魚骨和魚頭熬煮更豐富、多層次且更具深度的味道。因此，你可以這樣做：
❶先將魚骨塊煮 5 分鐘至出汁，加入蔬菜，再煮 5 分鐘至出汁。❷接著倒入白酒，將湯汁收乾 2 ～ 3 分鐘。❸最後再加水。

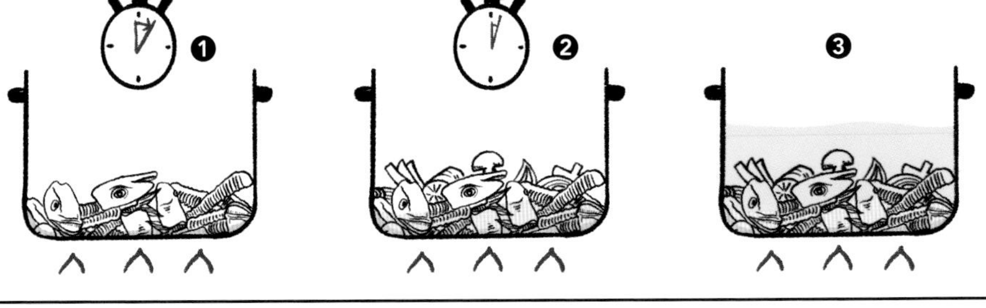

正確作法

為什麼魚高湯不能煮至沸騰？

魚高湯是魚骨和魚頭的浸泡液，不是烹煮湯汁。因此，熬煮時溫度必須夠高，讓食材的味道能釋放到水中，但溫度又不能高到將食材煮熟。所以，我們會用 80℃左右的溫度（還不到微滾的程度）來加熱，也就是說，你只能看到 1～2 個泡泡緩慢地浮到表面。溫度千萬不能再更高了！

為什麼魚高湯在冷藏一晚後會膠化？

魚骨含有膠原蛋白，在烹煮時會轉化為明膠。冷卻時，明膠會變得濃稠並形成如同果凍般的質地，就和其他的肉類高湯一樣。

為什麼煮好的魚高湯要靜置30分鐘……

熬煮時，蔬菜、魚骨或魚頭會有微小的顆粒剝落。如果可以讓魚高湯靜置 30 分鐘，便可讓這些微粒沉到鍋底，而且可避免將大部分的微粒一起倒進漏斗型過濾器中。

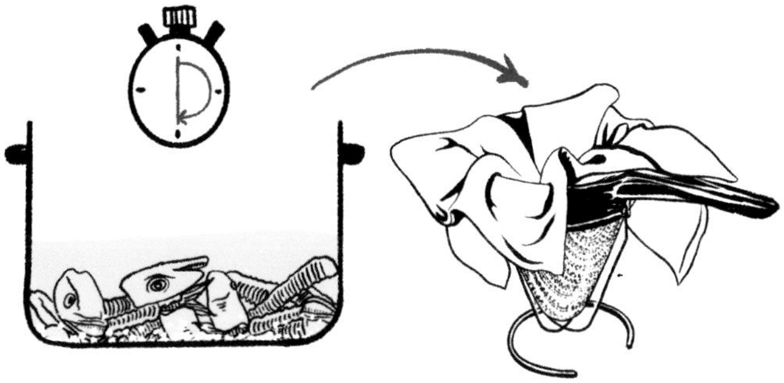

……之後再用漏斗型過濾器過濾？

美味的魚高湯必須非常清澈。為了達到這樣的清澈度，應該去除所有的固態微粒。因此，用漏斗型過濾器過濾，將能使你獲得世界冠軍等級的魚高湯！

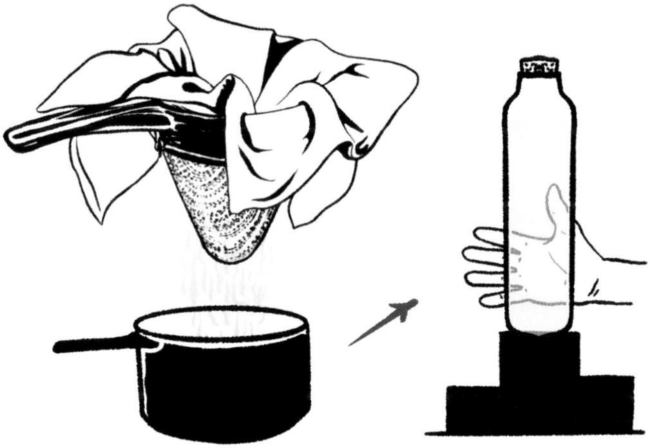

為什麼還要稍微將湯汁收乾？

為了熬煮高湯，我們會倒入足以蓋過魚頭和魚骨的水，並避免水太快吸飽味道。所以當高湯煮好，味道已達到飽和之後，再稍微濃縮將湯汁收乾剩下三分之二的量，就能形成更美味的魚高湯。

烹調技巧

肉的烹煮與溫度

誰沒聽肉販說過：
「烤肉時，應該在前1小時就把肉從冰箱拿出來，以避免熱衝擊！」
好吧，讓我們忘了這項糟糕的建議，
並且安靜地為他們提供一些關於烹調肉類方面的溫度資訊。

是真是假

為什麼說烹煮時，要提前將肉取出「以避免熱衝擊」是很愚蠢的事？

老實說，這是我聽過最愚蠢的事情之一！請試著用常溫的平底煎鍋烤牛排，你會發現沒有產生任何的熱衝擊，畢竟肉和鍋具之間必須有溫差才能烤，不是嗎？所以沒有熱衝擊，就不會產生梅納反應，也無法上色。但沒錯，有些肉必須提前取出，不過當然不是為了避免熱衝擊。

那為什麼熱衝擊會使肉變硬？

這個概念是，如果把剛從冰箱拿出的肉放在炙熱的平底煎鍋上煎，肉就會變硬；但如果預先將肉回復常溫再煮，就不會變硬了嗎？嗯，事情當然不是這樣的，讓我們繼續看下去！
冷藏溫度（5℃）和常溫（20℃）之間的溫差為 15℃。你真的以為用平底煎鍋或烤架烤肉時，有辦法控制 15℃的溫差？難道你每一次都要用雷射溫度計來調整鍋具的溫度？哈哈哈，這也太好笑了！或者你真的以為，15℃的溫差對於一開始加熱就能達到約 200℃的平底煎鍋，有如此大的影響？我甚至還沒提到燒烤的溫度有將近 400℃！
所以如果肉質變得乾硬，其實是為了使肉的中央加熱到可食用的熟度，而導致外部的烹煮時間過長，和熱衝擊一點關係都沒有。

而為了將剛從冰箱中拿出的牛排煮到三分熟，烹煮過程中，你必須歷經 5℃（冷藏溫度）到 50℃（肉三分熟的溫度），即 45℃的溫差。但如果你的肉已經是常溫，即 20℃，你只需歷經 30℃的溫差。如此一來，烹煮時間較短，就可避免在加熱肉塊中央時使外部過熟，肉也會更加軟嫩多汁，而這就是必須提前將肉取出回溫的唯一理由！

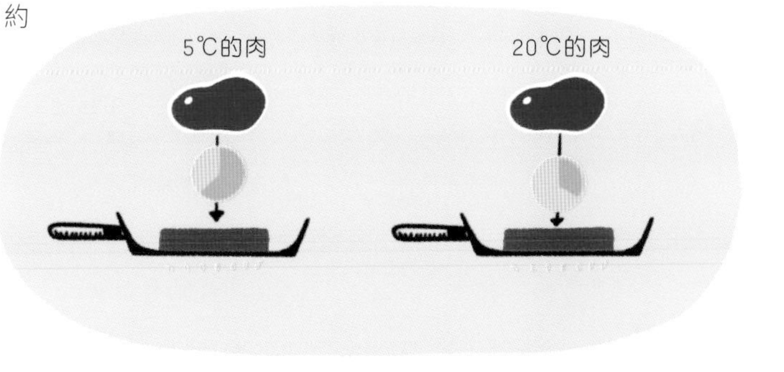

烹調之前越早將肉從冰箱中取出回溫，加熱的時間就越短。

那為什麼還是應該將肉提早取出，而且還得提前非常非常久？

有些人說：「要提早 30 分鐘將你的肉取出！」也有人說：「至少要在烹煮前 1 小時……」呃……但其實只要用溫度計檢查，就知道肉需要多久才會回溫，不是嗎？好吧，你坐好了嗎？讓我們開始說明吧。

200 公克的後腰脊翼板肉需要將近 2 小時才能讓內部回溫至 20℃，而厚約 4 公分的牛肋排幾乎要 4 個小時；如果是直徑 7 公分的烤肉，那麼 5 小時也不夠。因此，將肉提前取出回溫是很好，但如果只提前 30 分鐘根本無濟於事……

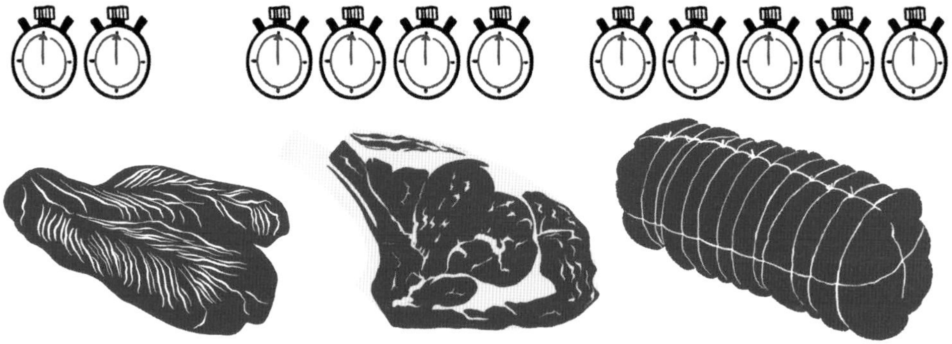

後腰脊翼板肉需要2小時　　牛肋排需要4小時　　烤牛肉得超過5小時

為什麼肉塊的厚度決定了從冰箱中取出的時間？

對於必須長時間烹煮的大型肉塊（雞肉、羊腿肉等），熱滲透至肉塊中央的速度是如此地緩慢，所以一開始 15℃ 的溫差，對於肉的軟嫩度或是否多汁根本不具影響力，除非將烹煮時間再延長幾分鐘。

無論如何，要讓雞肉或羊腿肉的中央回溫至常溫，至少需要 6～7 小時！但是這時間已久到足以讓細菌污染肉類。因此不需要在烹煮前取出。

不過，小肉塊（牛排、肉片等）則不同，畢竟烹煮時間極短。因此內部溫度一定要夠高，以免外部在內部受熱之前就已經過熱。所以應提前 2 小時將這些小肉塊從冷藏庫中取出，讓肉塊中央接近常溫，即 20℃，如此一來，在煮至三分熟時，就無須歷經 30℃以上的溫差。

專業小撇步

為什麼我好友湯瑪士的訣竅，運用在大型肉塊上也能奏效？

我的好友湯瑪士是化學系專科畢業，同時也是一位美食專家，他的烹煮方法可說是絕對瘋狂的，因為跟所有常規作法背道而馳。他會先使大型牛肉塊遭受巨大的熱衝擊，接著再緩慢的烹煮！

方法如下：

(1) 湯瑪士將他的烤肉或大肉塊直接從冰箱取出，放在炙熱的燉鍋裡。肉的表面溫度立即升高，並在瞬間上色（和回溫至常溫的肉完全一樣），但溫度只在表面升高，不過也因為肉是冰的，所以加熱速度極為緩慢。而且通常因高溫烹煮而過熟的灰色部分也將大幅減少，即不到半公釐！

(2) 接著將肉從鍋中取出，靜置幾分鐘。

(3) 這時將火調小，讓燉鍋的加熱溫度大約在 70℃，再將烤肉放回鍋中。加蓋，等待肉的中央到達適合享用的溫度。簡單地說，他用極快的速度讓肉上色，然後以低溫完成烹煮。而這樣結果非常出色！

烹調技巧

加蓋
還是不加蓋？

應該加蓋？不要加蓋？還是加蓋後再打開，或是相反，還是兩個都要？
呼，我們永遠也不知道該怎麼做……然而，有個很簡單的解釋可以回應這些問題。

為什麼要加蓋？

加蓋烹煮的好處是：第一，可以留住烹煮鍋具內食材流失的所有水分；在潮濕的環境下烹煮，食材較不容易變乾。第二，可加速烹煮。因為濕空氣比乾空氣（例如在烤箱裡）更利於傳熱。但加蓋烹煮的不便之處在於食物是「濕」的，因此難以上色。

為什麼應該選擇不加蓋？

當鍋具不加蓋時，湯汁蒸發，食物流失的水分散逸，烹煮時間會拉長。但也由於食物變乾，會較容易上色。然而通常要特別注意大肉塊，外部會快速煮熟並變乾，而內部可能還沒熟！為了克服這個問題，請勿以太高的溫度烹煮。

正確作法

為什麼應該用鋁箔紙包覆魚片？

鋁箔紙的作用如同封閉的燉鍋，讓魚片在極為濕潤的環境下烹煮，可避免肉質變乾；我們還可以加入香料、切成極小塊的蔬菜、少許橄欖油等。而在無須上色的情況下，以鋁箔紙封包的煮法也很適合用來料理全魚。

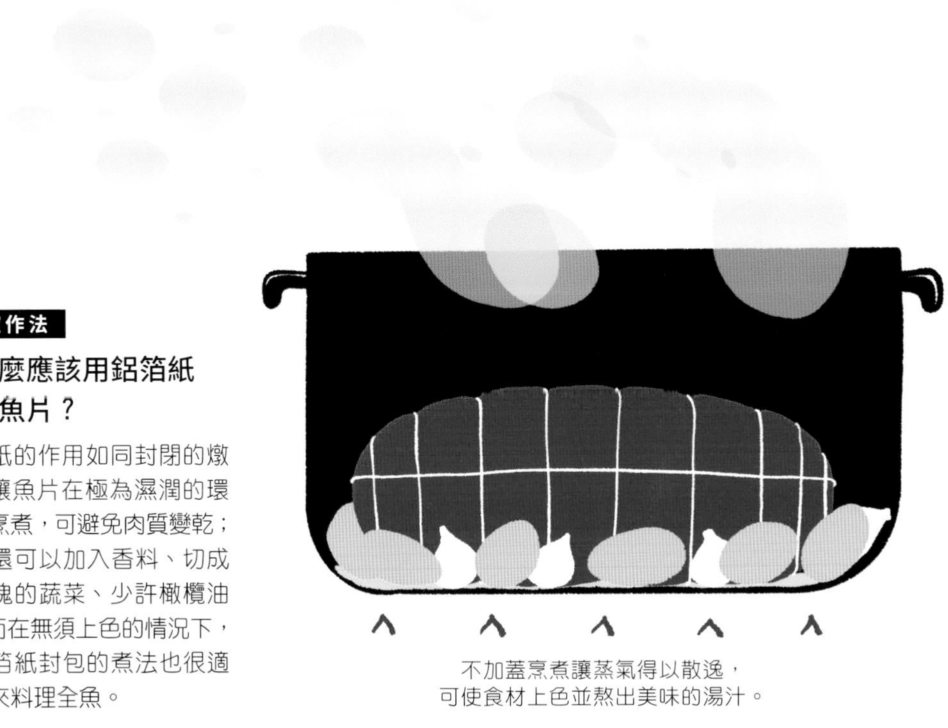

不加蓋烹煮讓蒸氣得以散逸，
可使食材上色並熬出美味的湯汁。

為什麼炒蔬菜不應加蓋……

炒蔬菜的優點在於快炒讓內部迅速煮熟，外部也同時開始上色。而為了讓這些蔬菜保持清脆，絕對必須以大火快炒，讓表面的水分蒸發。因此我們不加蓋。

……但在剛開始烤蔬菜時要加蓋？

在用烤箱烤蔬菜的初期，應該蓋上鋁箔紙，讓熱能夠深入滲透蔬菜內部，才不會變乾。一旦烹煮更加深入，就應該拿掉鋁箔紙，讓蒸氣逸出，使蔬菜在烤箱的乾熱空氣下著色。

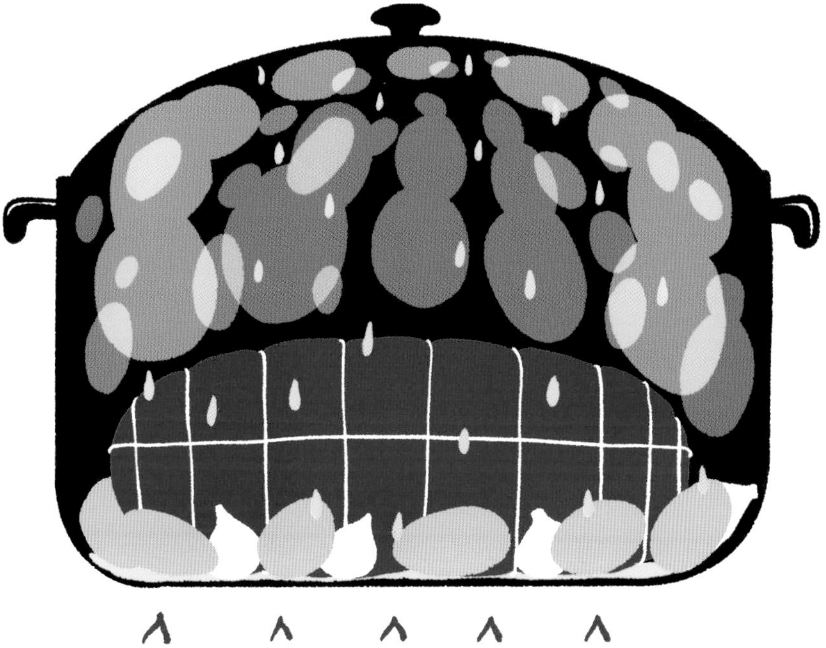

加蓋烹煮可將蒸氣留在鍋具內，
讓食物在濕空氣內緩慢烹煮。

注意，這是技巧！

為什麼有些肉應先掀蓋再加蓋烹煮……

大塊的小牛肉排需要以小火烹煮，以免變乾。因此我們一開始先將小牛肉排的每一面煎至上色，讓肉塊發展出它的風味，接著將火調小並加蓋，讓熱緩慢滲透至內部，同時還能保留水分。這樣就可以把肉煮熟，而且也不會乾柴。

……而烤肉必須先不加蓋、加蓋，再掀蓋？

在不加蓋的燉鍋中，將烤肉或漂亮的雞肉煮至上色後，就能加蓋以便將水分留在內部，避免肉質變乾。到了烹煮的最後階段則應該掀蓋，將火力調大，再度將肉的外部煮至乾燥酥脆，就能做出美味的烤肉料理。

烹調技巧

煎肉

通常炒肉是使用煎炒鍋烹調（但你也能用平底煎鍋炒肉），
而煎肉則是使用平底煎鍋。啊，這就是法式烹調的特色！
好吧，還是讓我們來看看炒肉發生了什麼事……

為什麼烹調時，應該將提前取出的肉擦乾？

當你將冰冷的肉放在流動的空氣中，空氣的濕氣會在肉的表面凝結，形成水膜。所以絕對要把這些水分擦乾，否則肉可能會因為這些水分而「煮」熟，而不是「烤」熟。

肉塊殘留的水分會積在鍋底，
讓肉無法上色。

正確作法

為什麼不應該同時將大量的肉塊煮至上色？

如果你為了上色而在平底煎鍋中鋪滿了肉塊，那是自找麻煩！讓我來解釋。

(1) 鍋中的肉塊越多，肉塊就越容易冷卻，而由於肉塊無法以足夠的熱度，將流失的水分快速轉變成水蒸氣，你會發現肉塊開始變得鬆軟，而且表面無法煎上色。

(2) 若肉塊彼此相黏，便沒有空間讓轉變成蒸氣的水分散逸。因此會變成是在「蒸」肉，而非上色。因此應該讓肉塊之間保有距離，讓蒸氣得以散出。

那為什麼煎肉時，應該為肉塊淋上湯汁？

在平底煎鍋或煎炒鍋、烤架上烹調肉品時，肉只會從下方加熱。若能為肉淋上滾燙的湯汁，便能讓肉的上半部也同時進行烹煮；如此一來，上下之間的烹煮便會更加均勻。值得留意的重點是，當我們淋上湯汁時，也會讓少許湯汁流到鍋底，結果就能煎出更加美味的肉塊！

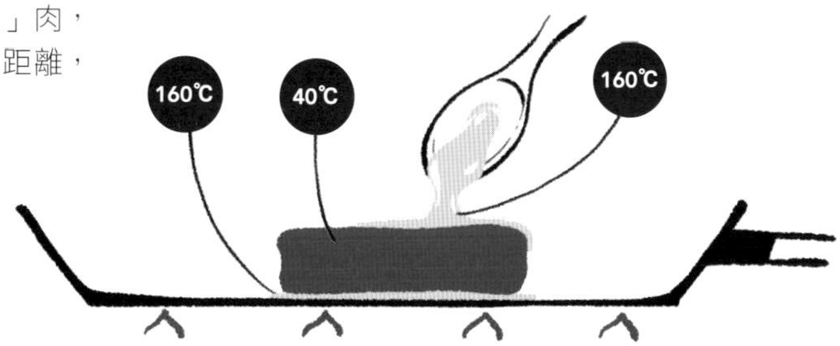

為烹煮的肉品淋上湯汁，
不但可以從上方加熱，
還能為料理帶來更多的風味。

為什麼烹煮肉料理時，肉質會變得乾硬？

烹煮時，肉裡所含的部分水分會蒸發，這是真的，但肉會變硬卻不光是因為水分蒸發而已。加熱時，有些蛋白質會凝固並相互連結，形成某種網子。如果再繼續加熱，其他的蛋白質也會凝固並形成第二張網，接著還會形成更多的網……。而這些所有的網會如此緊密地將肉中所含的水分鎖住，讓你在咀嚼時無法感受到水分。所以，煮過頭和沒煮熟的肉，它們的水分含量幾乎一樣，只是你無法感受到它的存在而已。

為什麼平底煎鍋或烤網必須先加熱到極高溫才能烤牛排？

肉類實際上含有 70% 的水分。如果你在學校有好好上課的話，你應該知道水無法加熱超過 100℃。因此，即使是在加熱至 200℃的平底煎鍋中，肉類所含的水分也會阻止牛排表面溫度升高到超過 120～130℃。因此，當你將牛排放在極熱的平底煎鍋或烤架上時，肉會使鍋具冷卻。所以，為了避免太快冷卻，鍋具在烹煮初期就必須加熱到很燙。

好吃！

為什麼煮肉時會冒白煙？

這超級簡單：肉類就和所有的食物一樣都含有大量的水分。加熱時，部分水分會轉變為蒸氣。蒸氣經常會帶走芳香化合物，而後者具有豐富的氣味。這就是為什麼在料理時冒出的煙聞起來如此誘人的原因。

證明完畢！

為什麼油脂會噴得到處都是？

如果烤盤或鍋底有油脂，肉類水分所形成的蒸氣在接觸到油脂時便會炸開，四處飛濺。

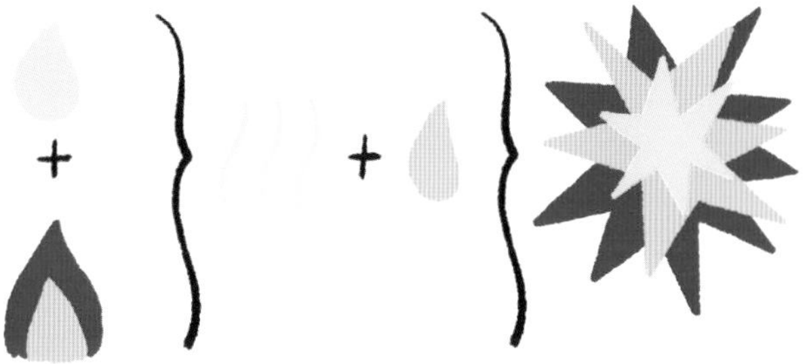

煎肉

證明完畢！

為什麼煎肉時只翻面一次是很愚蠢的行為？

我們經常看到「煎肉只能翻一次面！」的提醒，但我對這個說法存有疑慮，於是做了以下的實驗來證明：

取 1 塊 6 公分厚的菲力牛排，切成厚 3 公分 2 片，同時放入同一個平底煎鍋中。第一片每過 30 秒翻面一次，第二片過 3 分鐘後才翻面，並在菲力牛排的內部達 50℃時取出觀察。

結果發現，只翻面一次的牛排還需要 42 秒的時間，才能達到和另一塊牛排同樣的溫度；此外，為了觀察烹煮的差異，我將菲力牛排切成 2 塊。結果很明顯：若要到達同樣三分熟的熟度，即內部達同樣的溫度，只翻面一次的肉❶會過熟，每邊有 5 公釐以上的厚度會過乾（即將近總厚度的一半！）；而每 30 秒翻面一次的肉❷只有 1 小釐米會過熟。針對這個結果，我想關於煎肉只能翻面一次還是要常常翻面的討論，應該可以到此結束吧！

❶

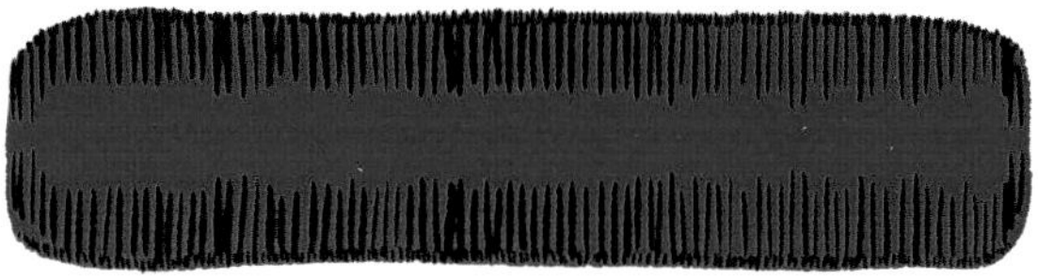

煎肉時，只翻面一次的肉大部分都煎得過熟。

❷

每30秒翻面一次的肉，
只有極小的表面部分煎得過熟。

因此，為什麼煎肉時經常翻面真的比較好？

熱能傳導至肉的內部，主要還是靠肉類所含的水分。沒有水分＝無法導熱（或幾乎沒有……）。煎肉時，與平底煎鍋接觸的表面會因蒸氣而流失水分，肉質因而變得乾柴。接觸面越乾，就越難讓熱通過，因此需要越長的時間烹煮，才能讓熱到達肉塊中央，然後肉就會過熟！但如果你在烹煮時經常替肉翻面，表面就不會變乾，熱也能較快傳導至內部。如此一來，烹煮時間因而縮短，把肉煮得過熟的比例也會跟著降低。

正確作法

為什麼讓肉在煎煮後靜置一段時間，屬於頂級的料理手法？

煎肉時，肉的表面會變乾變硬。這時如果讓肉靜置，乾燥的部分會吸收肉中央仍保有的一些水分，因而能夠重新使肉變得濕潤多汁。而且稍微放涼後，湯汁會變得濃稠，使我們在切肉時較不易流失，因而帶來更為多汁的口感。

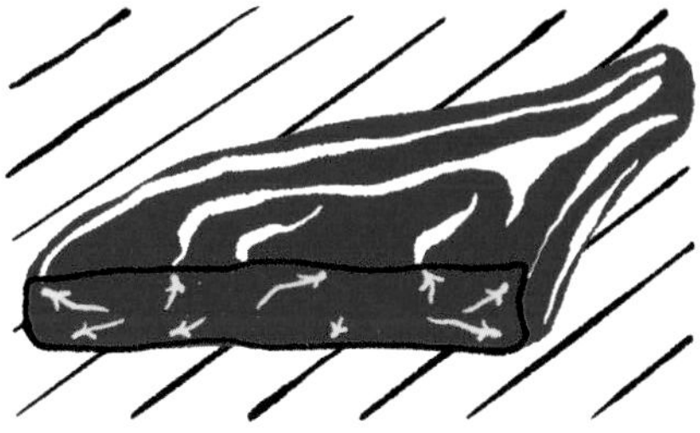

靜置時，湯汁會在肉的內部循環並變得更加濃稠。

是真是假

為什麼替肉淋上湯汁，並無法為肉帶來「滋潤」？

若要為肉帶來「滋潤」效果，用來淋在肉上的湯汁必須能滲透至肉的內部。而令人非常失望的是：你烹煮的湯汁並不會像這樣滲透至肉裡。即使是醃料，也要好幾天才能滲進 2～3 公釐（請參見「醃漬」章節），因此我想你能了解，僅僅幾分鐘是無法讓任何東西滲透到肉裡的！

為什麼用叉子插著肉翻面，並不會使肉「流失肉汁」？

「烹煮時絕對不要用叉子插肉，否則會流失所有的肉汁！」我們已經聽過這樣的蠢話多少次了？向你這麼說的人們，其實是想像肉塊充滿了水分，而一個小小的洞就會讓肉的湯汁全部流失。

他們也會想像：上色後的硬皮會將湯汁鎖在內部，若將硬皮刺穿，湯汁也會跟著流失。但如果順著他們的邏輯來看，那將肉刺穿時，應該會看到肉汁如噴泉般湧出！不過事情完全不是這樣。

肉類其實是由許多纖維所組成，就像管子一樣。當你用叉子插肉，雖然會刺穿一些纖維，但實際上只是極少的量。整體而言，被刺穿的纖維量極少，甚至少到無法衡量。所以，請依個人喜好的方式來替肉翻面，嚴格來說這並不會改變什麼！

為什麼肉類烹調時所形成的硬皮，無法鎖住湯汁？

這只是因為硬皮並非不透水，而且有許多裂縫，湯汁仍可以流出。驗證的方式其實很簡單：當你把肉靜置在鋁箔紙上時，底部仍會流出些許湯汁。這證明肉汁還是能穿透硬皮，因此並非完全不透水。

那為什麼烹調好的肉品在靜置後，需要再加熱一下？

肉在靜置時，乾燥酥脆的外皮會再度變得濕潤鬆軟，如果能再快速加熱一下，便可重新創造出可口酥脆的外皮。因此請再以炙熱的鍋具加熱肉的每一面。這可是知名主廚的祕訣……噓！

烹調技巧

燉肉

不，燉肉（Braiser）並不是用炭火（Braise）煮肉，
而是用溫和的蒸氣。以下要向不了解由來的人特別說明……

正確作法

為什麼燉肉應該使用鑄鐵鍋，而不是鐵鍋或不鏽鋼鍋？

鑄鐵是最適合小火慢燉料理的理想材質（請參見「鍋具」章節），而鐵鍋和不鏽鋼鍋則適合大火快煮的料理。為了能好好地燉煮紅燒肉，請不要在材質上吝嗇，只要選擇鑄鐵鍋，你就能獲得理想的結果。

聚焦

為什麼美味的燉肉必須長時間烹煮？

這是因為膠原蛋白需要幾個小時才能完全溶解，而且也還需要一段時間，才能釋出大量的美味胺基酸到湯汁裡（請參見「肉的軟硬度」章節）。

為什麼要這麼做

為什麼燉鍋底部必須鋪上一層蔬菜……

如果你直接將肉擺在燉鍋底部，接觸鍋子部分的烹煮速度會比其餘部分快上許多，就像煎肉一樣。但如果你先鋪上一層蔬菜，肉就不會直接接觸熱源，便能全程以蒸氣來烹煮。

法式燉肉是以蒸氣加熱的。
如果在燉鍋底部鋪一層蔬菜，就不需另外加水來煮肉，
而是以蔬菜所含水分轉變成的蒸氣來烹煮。

……而且水分不能太多？

燉肉的原理是用蔬菜下方產生的蒸氣和添加的少量液體（湯底、高湯、酒等）來煮肉。這些液體會轉變為蒸氣往上升，碰到鍋蓋後凝結，再度變成水之後，滴落在食材上。就是這樣的過程，讓燉肉得以保留所有的風味，而且在這極為潮濕的環境中，可防止流失過多的肉汁，同時也能保有因膠原蛋白組織溶解所產生的美味醬汁。

用烤箱燉肉的2項疑問

❶ 為什麼烹煮溫度必須剛好超過60℃？

膠原蛋白在55℃左右開始溶解，這可是完美的烹煮溫度。但微生物（細菌）要到達60℃才會被殺死，所以至少要加熱到60℃。然而太熱又無法烹煮出美味的肉，不過請特別注意，這裡所說的60℃是指肉的溫度，而非烤箱的溫度（通常烤箱設定在120℃就很完美）。
此外也要注意，豬肉必須以高於80℃的溫度烹煮，才能殺死所有的寄生蟲（請參見「肉的品質」章節）！所以在這種情況下，請將烤箱溫度設定在140℃。

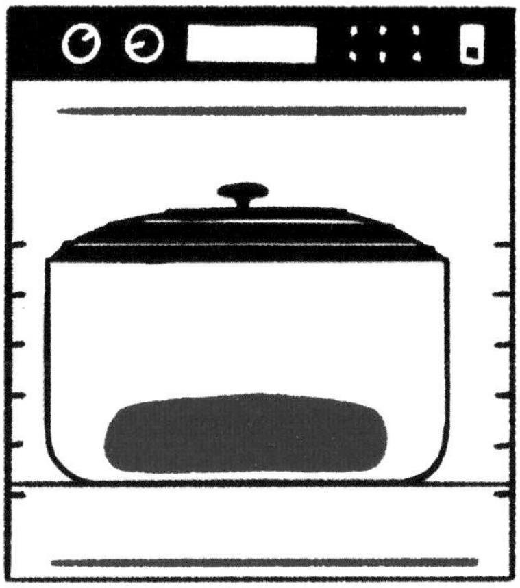
在烤箱中，
鑄鐵鍋會從上方、下方以及側邊加熱。

❷ 為什麼以烤箱燉煮可以得到更理想的結果？

為了均勻烹煮，肉必須從上下及側邊加熱。如果你將燉鍋擺在電磁爐上，只會從下方加熱；但如果放進烤箱，熱源會從四面八方傳來，甚至鍋蓋也會。如此一來，食材就能均勻地烹煮！

將燉鍋擺在電磁爐上，
只會從下方加熱。

正確作法

為什麼最好將燉鍋泥封？

如果燉鍋裡的水分流失，肉質就會變得乾柴，醬汁濃縮後還可能燒焦。如果將麵粉、蛋白和水調成麵糊來泥封燉鍋，便能阻止水分散逸，進行理想的烹煮。

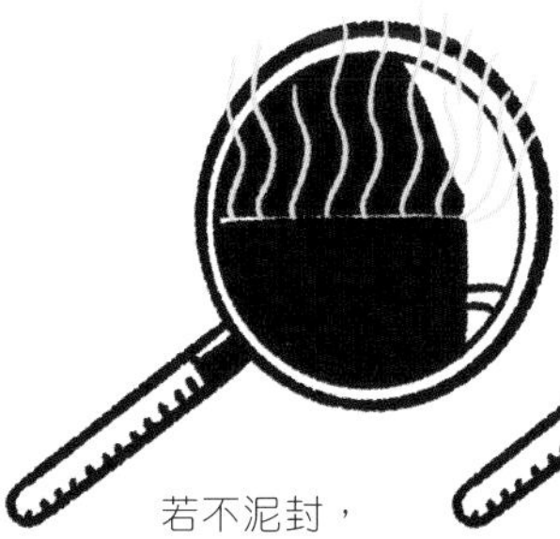
若不泥封，
部分的蒸氣會從鍋身
和鍋蓋間的縫隙散逸。

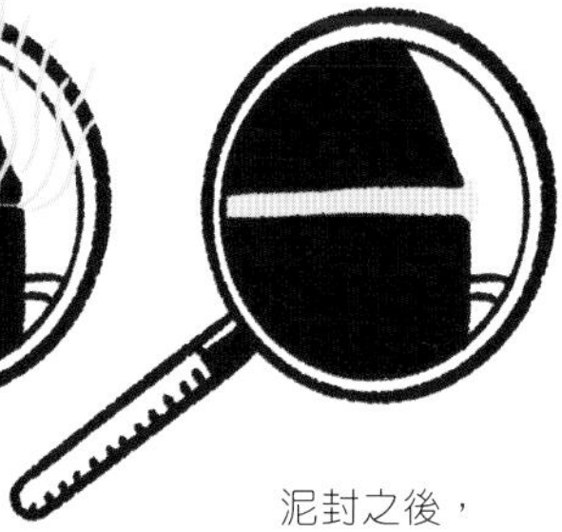
泥封之後，
蒸氣會被鎖在鍋內
而不會流失。

烹調技巧

水煮肉

水煮肉沒有淤青的眼睛，也沒有袋鼠的口袋*，
而是浸泡在湯汁裡，以小火慢燉的肉類料理。這很顯而易見，不是嗎？

為什麼先把肉燙過再水煮並沒有意義……

人們會這麼做的由來已久，因為在過去，肉類因為無法冷藏保存而經常變質，甚至腐敗。因此藉由燙煮可進行清潔殺菌，並消除可能會為肉湯帶來的不良味道。但時至今日，肉類已經能夠妥善保存，再也不需要這種烹調習慣。所以不要在水煮前汆燙你的肉了，中世紀的人才這麼做！

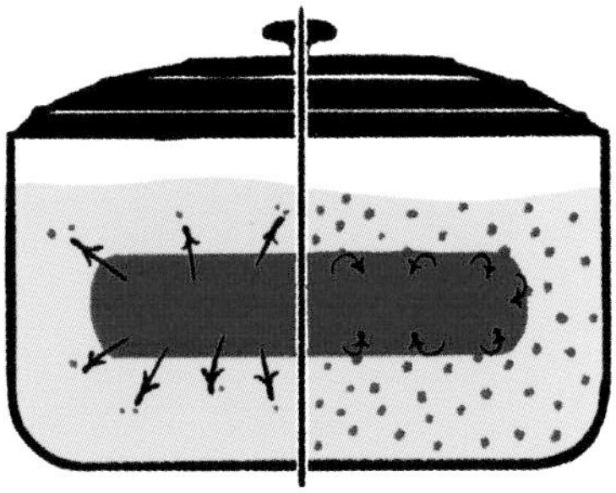

知名主廚烹調美味肉料理的祕技，
就是用高湯煮肉，而非清水。

……但讓部分的肉上色會有幫助？

為了製作蔬菜牛肉湯，有些廚師會先將肉煮到上色後再水煮。這是個好主意沒錯，因為可以為肉和高湯增添風味。另一個更好的作法是，將牛肉放進你準備用來燉煮的鍋子，先將牛肉煮到上色，接著倒入高湯淹過肉，加入蔬菜後再加蓋燉煮。此時，黏在鍋底的醬汁會逐漸剝落融解，為高湯帶來豐富的滋味。

使用預先上色的肉汁，
能為水煮料理增添風味。

正確作法

為什麼要用高湯煮肉，而絕對不用清水？

熬製肉湯湯底時，通常是先在水中放入肉和蔬菜，煮上幾小時讓味道釋出，水就變成了湯底。

但如果你用清水煮肉（即便加入了蔬菜），即使完全遵循相同的備料原則，肉還是會在水中流失大部分的味道，這簡直就是愚蠢的作法。那麼應該要怎麼做呢？

要記住的重要概念是，讓肉不會在烹煮時流失風味。而為了讓肉不會流失味道，烹煮肉品的湯汁必須已經達到味道飽和狀態，而且無法再吸收新的味道。如此一來，你的肉就能保持美味。

總之，就像蔬菜牛肉湯一樣，一定要使用高湯來煮肉，千萬千萬不要用清水！

＊譯注：水煮肉的法文為「Viandes Pochées」，而瘀青的眼睛法文為「Œil Poché」，口袋的法文為「Poche」。此處作者刻意利用幾個拼音相近的詞，跟讀者玩了一場小小的文字遊戲。

為什麼不該在水煮的湯汁中加胡椒？

我已經說過無數次了（請參見「胡椒」與「湯底和高湯」章節），但我再重複一次：浸泡在液體中的胡椒如果經長時間烹煮，會變得苦澀並帶有嗆味。
實際上，你只要在少量水中丟幾顆胡椒煮上20分鐘，便能找出答案，或是你也可遵照優質香料商的建議來使用。無論如何，不要以為胡椒的味道會滲透到肉裡，所以我們只要在烹煮結束時再加胡椒就好，絕不要在水煮的湯汁中撒胡椒！

絕對、絕對不要
在烹煮中的湯汁裡加胡椒！

為什麼燉鍋的材質如此重要……

鑄鐵鍋和鐵鍋不會以同樣方式將熱轉移到食材上（請參見「鍋具」章節）。鑄鐵會吸熱，接著以相當溫和的方式，透過鍋底和側邊將熱重新傳導到整個鍋子表面。至於鐵則無法積蓄熱能，只會讓熱傳至受熱處，傳熱方式較為直接、激烈，而且只會傳送至燉鍋的一個地方，也就是鍋底。以鑄鐵鍋還是鐵鍋進行燉煮的結果天差地遠：如果你想得到比較理想的結果，請選擇鑄鐵鍋！

鑄鐵燉鍋可將熱
傳導至整個鍋子表面。

……而大小也是？

我們已知在水煮肉時，重要的是要讓肉盡量不流失風味。而水越少，味道就能越快達到飽和狀態，因此肉就能保留越多的風味。你的燉鍋體積必須略大於要烹煮的肉，以盡可能減少添加的水分。

燉鍋越大，所需的水分就越多，肉就越容易流失味道。

燉鍋越小，所需的水分就越少，肉就越不容易流失味道。

水煮肉

關於水煮的專業作法之3大疑問

❶ 為什麼嚴格來說，一開始用冷水或熱水來煮，並無法改變什麼？

有些人會向你解釋，他們用熱湯煮肉是因為「肉會收縮，因而能保留更多的風味」，這根本是在說蠢話。他們的推理依據根本是錯的，因為如果肉收縮就會爆出湯汁，味道也跟著流失。呵，沒錯…… ;-）科學家也檢驗了這兩者之間是否有差異：他們將肉切成兩塊，一塊放入沸水中，另一塊放入冷水中，就這麼煮上 20 小時，每 15 分鐘拿出來秤重並觀察。結果非常明顯：在烹煮的前 15 小時，兩塊肉流失的重量完全一樣，而從第 15 小時到第 20 小時，以熱水煮的肉流失較多的重量。因此嚴格來說，一開始以冷水或熱水煮肉，在肉質、風味以及肉汁多寡上並無差異。

❷ 為什麼要用還沒滾沸，甚至是不到微滾的水來煮肉？

你一定看過一鍋煮沸的水：大氣泡不斷升起，並朝向四面八方翻滾。如果你用已經滾沸的水來煮肉，這些浮起的氣泡會讓微小的肉塊逐漸從肉上剝離，並浮在表面，和融化的油脂混在一起，而氣泡中含有的少量空氣會形成白色的泡沫，也就是被人誤稱的「浮沫」（請參見「湯底和高湯」章節）。但如果以沸點以下，甚至還不到微滾的溫度來煮，便能減少水的運動，較不會有肉塊剝離，表面的泡沫也會較少，烹煮狀況也更良好。另一個很好的理由是，在滾沸溫度下烹煮的肉，會比以較低溫烹煮的肉更容易變硬。

❸ 為什麼燉鍋應該加蓋？

當燉鍋加蓋，轉變為蒸氣的水分會留在鍋內，並恢復成液態滴落在肉上。但如果燉鍋不加蓋，蒸氣就會散逸，水量減少，大部分的肉也會暴露在空氣中而變乾。或者，你不得不在鍋裡補充水分，但這麼一來肉汁就會流失到湯裡，因為高湯＋水的味道還不夠飽和。因此，加蓋吧！

是真是假

為什麼表面形成的泡沫並非浮沫？

為了達成共識，我們應該先了解「浮沫」一詞的定義：在攪動、加熱或發酵液體表面所形成，外觀白色且多少帶有雜質的泡沫。因此，要形成浮沫，就必須有雜質。除非你的蔬菜還有泥土殘留，或是將肉放在非常不乾淨的地方，否則不會有雜質。既然沒有雜質，就不會有浮沫。順帶一提，你在製作胡蘿蔔泥或煮牛肋排時要如何處理雜質？什麼也不用做對嗎？因為並沒有雜質！既然沒有雜質，就不會有浮沫，而是泡沫。

但為什麼要去除這些泡沫？

如果已經出現泡沫，這是因為你用過高的溫度來煮肉。但如果產生泡沫，還是應該要撈除，因為這會帶來苦澀和嗆辣的味道，而且會擴散至肉湯中。

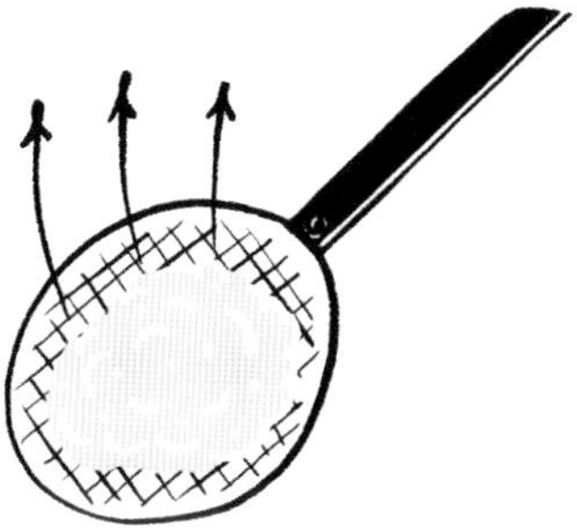

強心針

為什麼我們會用蛋白、蔬菜和絞肉來澄清高湯？

我們已經在「湯底和高湯」章節中提過，但在此我要再度強調：蛋白已足以有效地澄清高湯。但在澄清時，我們也會一併帶走湯裡的許多味道。而為了避免高湯變得乏味，我們會加入切得細碎的蔬菜和碎肉，來平衡流失的味道。

為什麼蛋白澄清法已經過時？

我們澄清高湯是為了去除那些讓高湯混濁的微小肉塊，以得到半透明的成品。如今我們有了極精細的漏斗型網篩，可以完全攔截所有的細微肉末，並讓高湯徹底達到半透明狀態。所以與其麻煩地進行澄清，不如買一個好的漏斗型網篩吧！

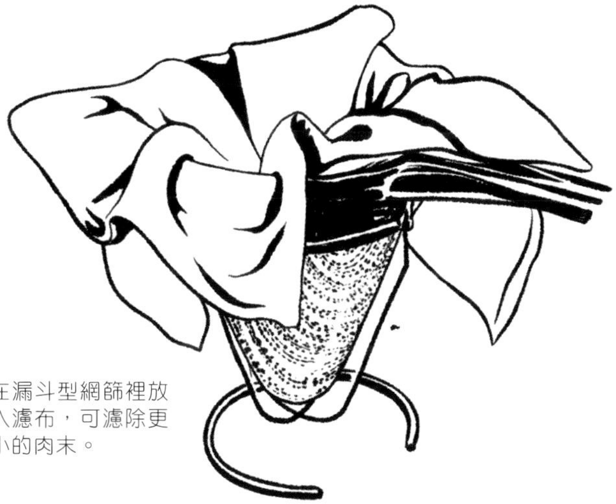

在漏斗型網篩裡放入濾布，可濾除更小的肉末。

好吃！

為什麼水煮肉最好在食用的前一天再烹煮？

烹煮時，肉類所含的膠原蛋白會轉化為明膠，而明膠的特性就是會吸收其重量數倍以上的液體。讓肉靜置一晚，它將持續吸收少量高湯並變得更加多汁。這就是為什麼蔬菜牛肉湯最好都在前一天準備的原因。

雞肉的烹煮

我們已反覆看過烘烤或炙烤的雞肉無數次，自以為我們也懂得怎麼烹煮……
但小小的提醒仍是必要的！

強心針

為什麼我們絕不能在烤雞之前先撒胡椒？

皮膚是一種防水保護層，可讓動物免受外來的傷害。烹煮時，胡椒（鹽也一樣）無法穿透雞皮，只會停留在表面。而如我們所知，胡椒加熱到了 140℃就會燒焦（請參見「胡椒」章節），並讓這美妙的雞皮變得嗆辣，所以我們不會在烤雞之前加胡椒。報告完畢。

為什麼烤雞時先烤大腿，再烤其他部位是愚蠢的？

如果你用鑄鐵燉鍋烹煮，這招是行得通的，因為雞腿實際上是以直接接觸熱源的方式來加熱，但雞胸肉可不能這麼做。相反地，如果是用烤箱烘烤，這麼做一點用也沒有，因為雞腿和雞胸肉會承受同樣的熱度，雞胸肉最後會因為過熱而變得又乾又柴！會提供這種建議給你的人，根本沒思考自己在說些什麼……

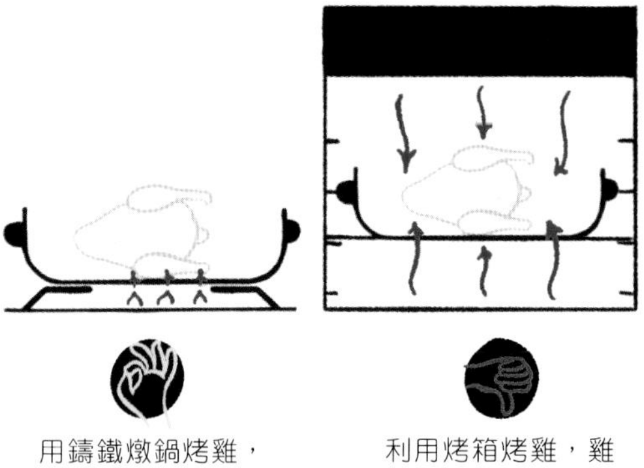

用鑄鐵燉鍋烤雞，會先從雞腿開始加熱，只會更酥脆。

利用烤箱烤雞，雞胸和雞腿會同時開始加熱。

為什麼餡料也無法使烤雞更入味？

醃料已經必須花上約 10 小時才能滲透至雞肉內部 2～3 公釐（請參見「醃漬」章節），而你希望餡料可以用更少的時間就滲進雞肉裡？
這真是非常幽默！尤其餡料和雞肉之間還有胸腔的骨頭阻隔，你還想讓餡料的味道能穿透骨頭？呃，老實說這真是天方夜譚……

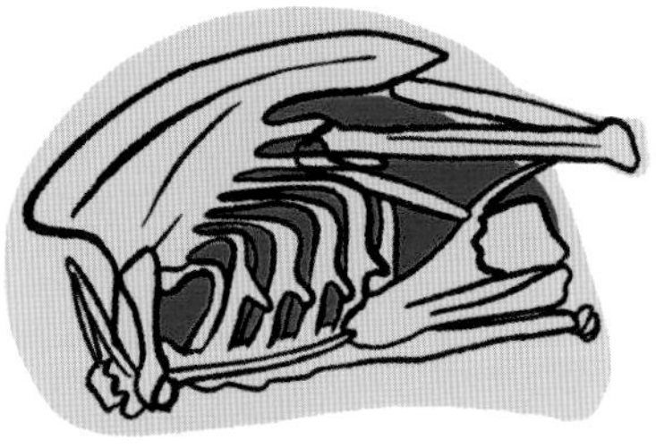

為什麼烤全雞並非萬靈丹？

旋轉燒烤就是我們看到肉店玻璃櫥窗裡不停轉動的美味烤雞料理法。但雞胸肉無可避免會因過熱而變得乾柴，因為儘管燒烤叉會轉動，但油脂貧乏的雞胸肉仍然跟雞腿肉、雞翅承受一樣的熱度，但卻熟得更快。為了烤出美味的雞肉，大部分時間應該停止轉動，並且讓雞的後背面向熱源，以這種方式慢烤雞胸肉，雞胸肉便能維持軟嫩多汁。

為什麼要這麼做

為什麼雞胸肉經常很柴？

因為雞胸肉是瘦肉，所以熟得很快。反之，雞肉其他部位的油脂含量較高，而且含有膠原蛋白，因此需要更長的時間烹煮。粗略估計，雞胸肉所需的烹煮時間幾乎少於其他部位 20 分鐘。顯然，要達到均勻烹煮是需要技巧的…… ;-）

那為什麼用烤箱烤雞時，要讓雞胸肉朝下而非朝上？

當雞胸肉朝上時，會直接承受烤箱的熱，而側面的雞腿因為較慢烤熟（編注：烤箱的熱源來自上方和下方），因此快熟的雞胸肉就會烤得過乾，而本來就慢熟的雞腿和雞翅則要更慢才能烤熟，這種作法真的很愚蠢！解決方法是將雞盡可能擺在烤架的高處，並讓雞胸肉朝下。這種方式就是將需要最長時間烹煮的部分直接受熱，而雞胸肉則以最小的火力加熱。

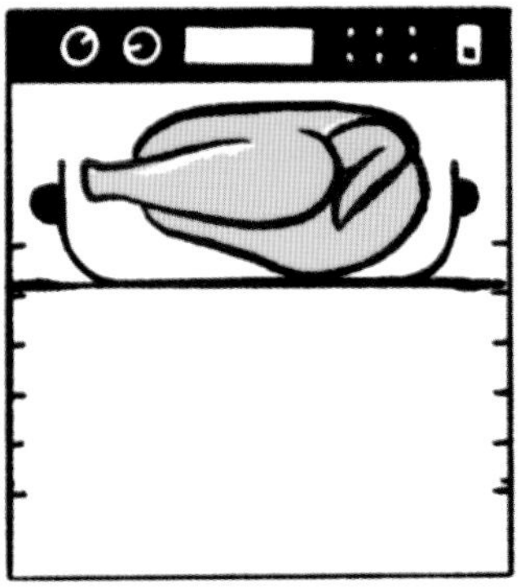

將烤雞擺在烤架高處，
並且讓雞胸肉朝下。

為什麼絕不要在烘烤結束後靜置烤雞？

如果你在烘烤結束後靜置烤雞，就會走向悲劇（而且最終會與你的婆婆為敵），因為湯汁會在雞肉中擴散，雞皮會吸收部分的湯汁而變得軟爛，美麗的酥皮掰掰（而且歡迎洽詢婚姻諮商師）！品嘗的理想時機是在烘烤結束前，讓烤雞靜置 15 分鐘❶，接著再放回高溫的烤箱完成烘烤，讓雞皮恢復酥脆❷。

為什麼不該在雞皮上淋任何東西？

雞皮在乾燥時會變得酥脆。如果烹煮時添加水或高湯，就會提供水分。而水分就等於……老實說，這還需要解釋嗎？你的烤雞唯一需要淋上的就是不含水分的油脂，因為油脂會讓雞皮變得酥脆無比！

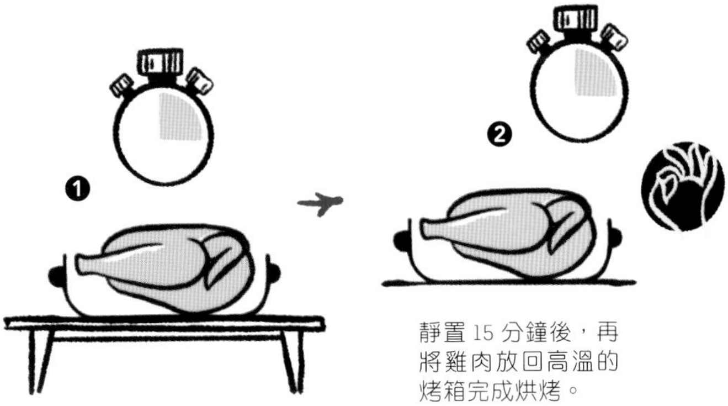

靜置 15 分鐘後，再將雞肉放回高溫的烤箱完成烘烤。

法式陶罐派與肉醬餡餅

大家經常將這些東西搞混。且聽我說……
不論是用家禽或野味製作的，還是在星期天享用的鵝肝醬，
千萬不要把法式陶罐派和肉醬餡餅混為一談！

細微差別！

為什麼法式陶罐派和肉醬餡餅不同？

我們可以讀到各種關於肉醬餡餅和法式陶罐派之間的差異：包括絞肉的顆粒大小、肉的品質、烹煮的時間和／或類型……等不勝枚舉。然而，我們只要了解這兩個詞的詞源學即可：肉醬餡餅（Pâté）是將備料放在麵團（Pâte）裡烹煮（Pâte > Pâté）；而同樣的肉餡備料，沒有麵團，改放在陶罐（Terrine）裡烘烤，便稱為……「陶罐派」（Terrine）。

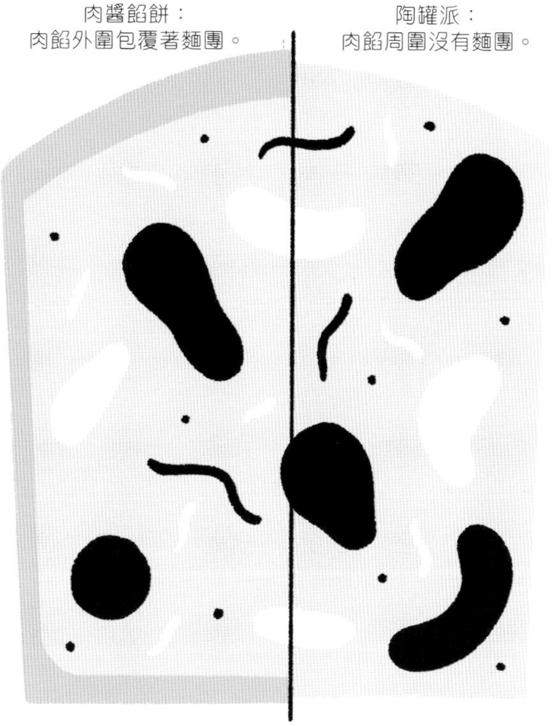
肉醬餡餅：
肉餡外圍包覆著麵團。
陶罐派：
肉餡周圍沒有麵團。

小故事

為什麼人們會在烤陶罐派時加入麵團？

一開始使用的麵團就是最單純的麵包麵團，主要用來包覆陶罐派的餡料。它的好處也包括讓肉餡在烘烤後仍能保持多汁的口感。後來的糕點師利用這樣的概念，將麵包麵團換成了更精緻的奶油麵團，例如千層或布里歐派皮。而如今我們還能看到人們利用餡餅派皮做成各種藝術造型。

正確作法

為什麼應該「在絞肉裡加鹽」？

「在絞肉裡加鹽」的意思是「將肉鹽漬 24 小時後再烹煮」。這是非常古老的作法，過去人們並不了解它的運作機制，但的確可以讓肉餡較不容易變乾。現在我們已經知道其中發生了什麼事：在 24 小時內，鹽有時間深入滲入肉的內部，並改變所含的蛋白質結構。因此在烹煮過程中，蛋白質不再扭曲而排出湯汁，肉餡因而可以更為可口多汁。

為什麼在烘烤法式陶罐派時應避免使用橢圓形烤模？

橢圓形烤模中央與兩端的寬度不同。而由於法式陶罐派中央有一大團的餡料，我們經常會發現中央和兩端的熟度不一，所以最好選擇整個陶罐寬度完全一致的長方形烤模。

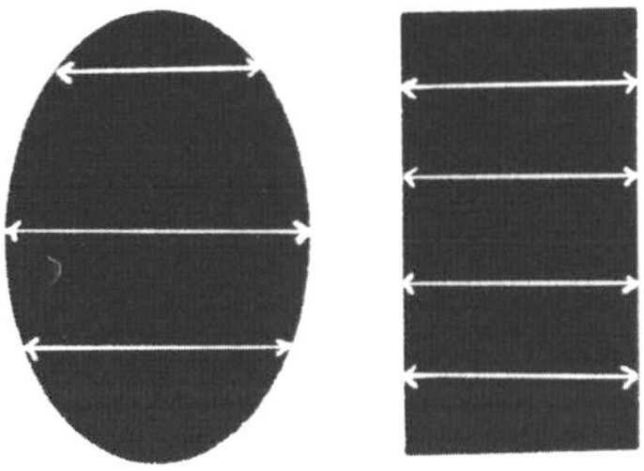

在橢圓形烤模中，中央與邊緣的寬度不一，而長方形烤盤的各處寬度均一致。

為什麼用烤箱以160℃隔水加熱陶罐派是沒有用的？

最早的陶罐派是用窯燒的。由於無法精確地調整溫度，人們會將陶罐派隔水加熱，因為他們知道即使烤箱溫度升至 400℃，水也不會加熱超過 100℃。但用烤箱以 160℃隔水加熱陶罐派並沒有意義，因為底部只有 100℃，但表面會達到 160℃。不要用隔水預熱來自找麻煩，只要直接將陶罐放入加熱至 120～140℃的烤箱中，這樣反而更好！

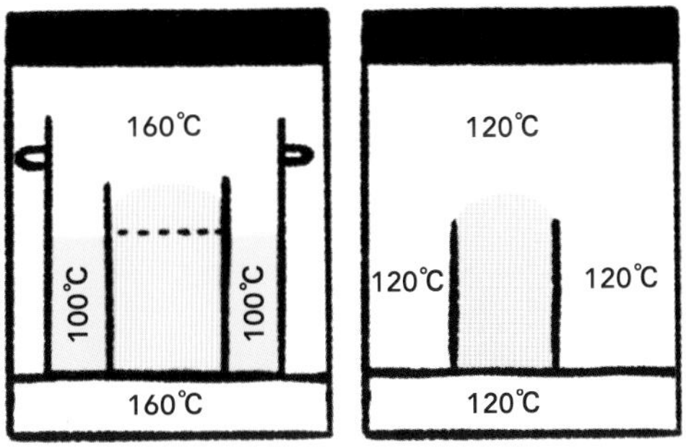

陶罐派無須隔水加熱便能均勻烹煮。

關於專業餡餅的3項疑問

❶

為什麼肉醬餡餅派皮應該留通風開口……

烘烤時，餡料會流失少許湯汁並變成蒸氣。如果蒸氣被燜在派皮裡，水氣就會使派皮變得濕軟。做出 1 個或多個通風開口讓蒸氣得以散逸，派皮就能保持酥脆。

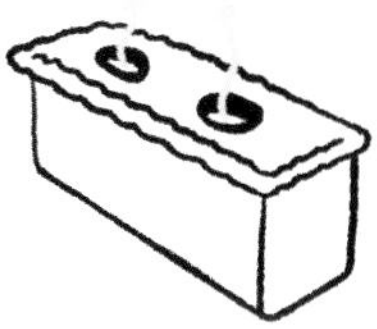

❷

……而且最好使用扣環模具？

由於餡餅周圍的派皮往往很酥脆，建議你最好使用可拆卸模具，以免在脫模時把餡餅弄壞。

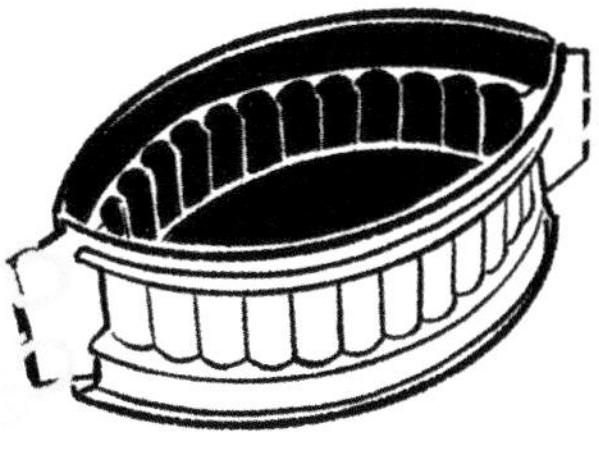

❸

為什麼我們會在餡餅裡放肉凍？

餡料在烘烤時會膨脹，接著在冷卻時收縮，造成難看的空洞。所以我們通常會在餡餅剛烤好時，透過通風口在派皮和餡料之間放入少許肉凍，以避免餡料變乾。等餡料定型並回到常溫後，我們會再加入少許的肉凍。

烹調技巧

魚的烹煮

蒸的、煎的、炸的……魚的烹煮無法即興演出的。
而且魚肉很脆弱，我們必須特別留意這一點，
並以溫柔且細心呵護的方式來烹煮。

正確作法

為什麼應該提前將冷藏的魚從冰箱中取出回溫？

和肉類一樣，魚也應該提前從冰箱中取出，蓋上一塊布，待稍微回溫後再烹煮。魚片估計要 15～20 分鐘才能回溫，全魚則要 30～45 分鐘。
這可避免在魚塊內部還不夠熱時，外部已經過熱而流失水分。但請注意，這和所謂的「熱衝擊」（請參見「肉的烹煮與溫度」章節）一點關係也沒有！

在烹煮前15～20分鐘將魚片自冰箱取出回溫。

在烹煮前30～45分鐘將全魚自冰箱取出回溫。

是真是假

為什麼檸檬汁不會將魚「煮熟」？

請注意，檸檬汁不會像我們經常讀到的那樣將魚「煮熟」；烹煮只能在熱的作用下進行！但檸檬汁產生的影響確實和加熱非常相似：在酸的作用下，肉的 pH 值會改變、顏色變白且肉質變得結實，但並不是因為熱。因此，肉沒有被煮熟，仍然是生的。酸和熱的目的差不多一致，但過程卻大不相同。

為什麼魚應該以比煮肉更低的溫度來烹調？

受熱時，魚的肌肉蛋白會在比肉更低的溫度下變性，而結締組織中所含的微量膠原蛋白也會轉變成明膠。肉加熱到 60℃時，會開始流失大量湯汁，到了 70℃時會開始變乾，而魚肉則會從 45℃就開始收縮， 50℃開始變乾。因此，絕對要避免魚肉用過高的溫度來烹煮。

魚肉vs.其他肉類的3項疑問

❶ 為什麼魚不像某些肉類需要長時間烹煮？

魚生活在水中，就是這點改變了一切。陸地上的動物具有龐大的骨骼、強健的肌肉和厚實的結締組織，以便承載牠們的體重並移動。在海洋中，水的密度承載著魚，牠們不需要結實的肌肉和厚重的結締組織。而既然牠們沒有結實的肌肉和厚重的結締組織，烹煮速度自然也就快多了。

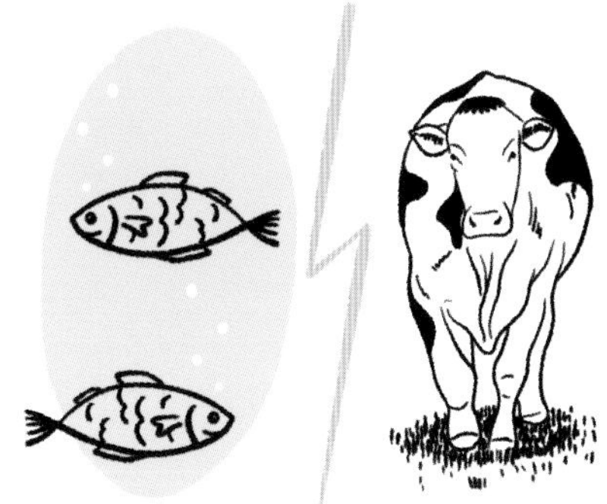

魚受到水的「承載」，
而在陸地上則是肌肉承載著動物。

❷ 為什麼煮熟的魚肉很容易剝落？

魚的肌肉由被膠原蛋白包圍的肌肉纖維所組成，但不像陸生動物一樣是方形的，這些彼此嵌合的肌肉形成 W 形。問題是魚的膠原蛋白溶解的溫度比陸生動物低上許多，約為 50℃。一旦加熱到達這個溫度，膠原蛋白便無法再支撐肌肉，並且開始一片片剝落。

魚肉中的膠原蛋白一旦溶解，
肌肉就會以片狀剝離。

❸ 為什麼讓魚肉在烹煮後靜置，無法跟其他肉類一樣具有一些好處？

我們讓肉在烹煮後靜置，是為了使接近表面而變乾的部分，可重新吸收中央部位的少許湯汁，而當肉冷卻時，這些湯汁會變得更濃稠。對魚肉來說則完全不是這樣，因為魚肉所含的結締組織極少，停止加熱後溫度會急劇下降，而魚肉也變得更加脆弱。讓魚靜置的話，你很有可能得享用冷魚料理 ;-)

聚焦

為什麼鮪魚在烹煮時，會比其他魚類更快變得乾硬？

諸如鮪魚這類擅長游泳的魚，牠們的肌肉細胞含有大量會在高溫凝結的蛋白質，而且有部分會在其他蛋白質收縮時排出湯汁，因此肉質就會快速變乾。此外，其餘不會排出湯汁的蛋白質會在肌肉纖維之間凝固，將肌肉纖維彼此黏合，因此會讓魚肉變硬。

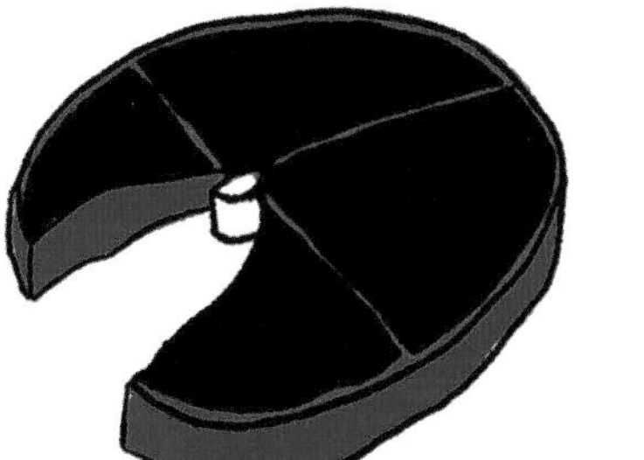

烹調技巧

魚的烹煮

蒸煮

為什麼蒸煮如此快速？

很簡單，因為蒸煮鍋中氣體的水分會加速烹煮的速度。這種烹煮法特別適合薄的魚片，以免在中間還沒有完全熟時，外部已經過熟。如果你無論如何還是想蒸一整條肉，就應該用相當低的溫度（約 70℃），讓裡外的肉都能均勻熟透。

為什麼要避免將魚肉疊放在蒸鍋中？

蒸氣必須能夠通過每片魚肉的四周，才能將魚煮熟。如果魚肉疊放，蒸氣無法通過魚片的接觸面，便無法均勻烹煮。

為什麼魚皮蒸過之後會變成有黏性的膠質？

魚皮含有保護性黏液以及極大量的膠原蛋白。黏液通常要在烹煮前洗淨，但留下的膠原蛋白會在蒸煮時變成明膠，讓魚皮變得黏黏。

若魚片交疊，
蒸氣便無法加熱交疊的部分。

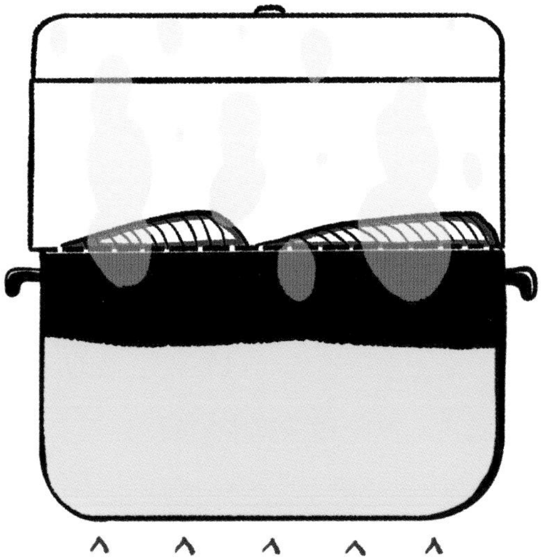

如果魚片平放，
蒸氣便能均勻進行加熱。

為什麼要用魚高湯煮魚，而非清水？

如果你嘗過水煮魚的清湯，即使已預先加入蔬菜和香料，還是會有魚的味道。這是魚在烹煮時所流失的味道，因此魚會變得較不鮮美，這是很可惜的。為了避免讓這樣的美味流失到湯裡，就應該使用味道已經達到飽和的湯汁來煮魚。因此，你應該用魚高湯來煮魚，千萬不要用清水，即使清水的烹煮速度較快……

正確作法

為什麼要避免將大魚放在過熱的湯汁中烹煮……

當你將大魚放入極熱的湯汁中，魚的外部會迅速加熱而煮熟，而在熱能尚未傳到內部時，外部就已經過熱。但如果你用中火煮魚，熱的轉移就會比較緩慢，而不會使外部過熱，烹煮也能更加均勻。你只須觀察，如果有小氣泡不時浮起，這就是最適當的溫度，即 80℃左右。

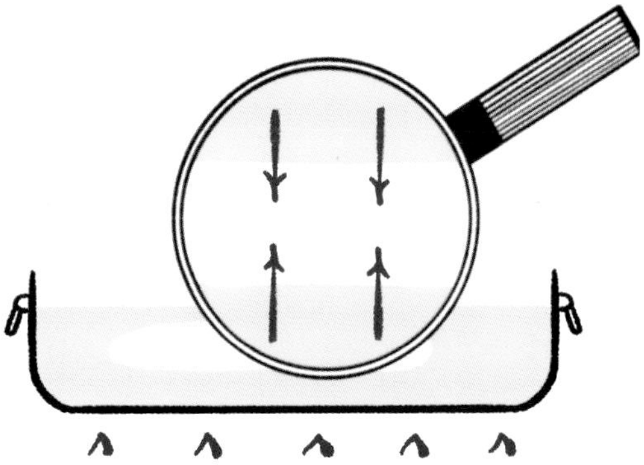

魚肉越厚，熱就會越慢傳導到中央。

……但小魚的情況則不同？

呃，是這樣沒錯，我們可以用很熱的水來煮，那是因為牠們的體積小！烹煮溫度不需要太高，熱能就可穿透魚肉到達中央，因此，外部根本不會煮到過熱。水煮小魚是非常快速的。

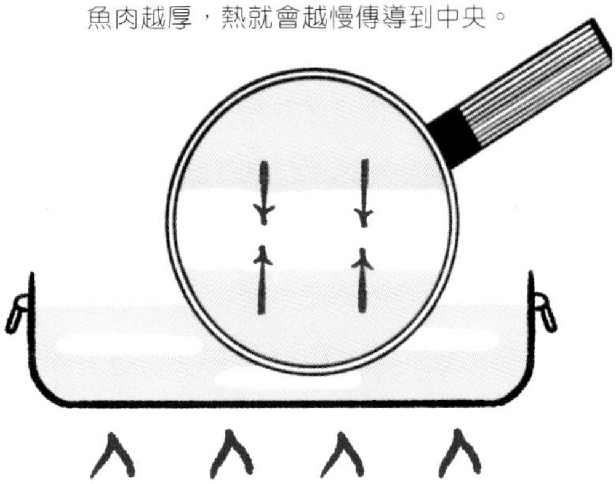

魚肉越薄，熱到達中央的速度就越快。

專業小撇步

為什麼用烤箱水煮可以帶來絕佳的成果？

這項技術由瑞士廚師弗雷迪．吉拉德（Freddy Girardet）所發明，他在 1986 年獲選為世界最佳主廚，接著在 1989 年被法國高特米魯《Gault-Millau》美食評鑑指南選為世紀廚師。他的技術非常高明，結合了水煮與烘烤，以獲得軟嫩至極、入口即化，同時外皮酥脆的魚肉。他的作法是：將魚片擺在鋪有一層香料的平底煎鍋，加入白酒至到達魚皮的高度，但不要淹過，然後連同煎鍋一起放在烤箱炙熱的烤架下方約 15 公分處。烤架的熱度會讓魚皮乾燥，同時加熱白酒，以水煮方式將魚煮熟。幾分鐘後，我們便可得到外皮極其酥脆的水煮魚肉。這是多麼瘋狂的技巧啊！

魚的烹煮

煎煮

為什麼魚身厚的魚種不適合煎煮？

用平底煎鍋煎煮時，通常是以極高的溫度快煮。但如果魚肉太厚，會發生外部已經煮得太乾，而中央卻還不夠熟的情況。因此這是比較適合魚片和一般全魚的煮法，而不適合魚身較厚的魚種。

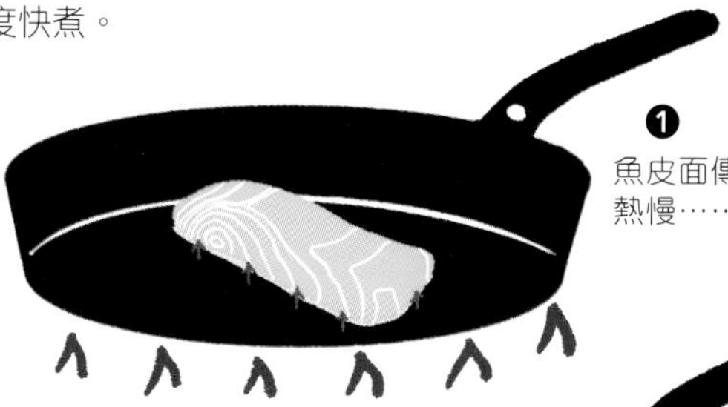

為什麼魚皮很重要？

魚皮可在烹煮時保護魚肉：魚皮越是乾燥上色，傳熱速度就越緩慢；而緩慢加熱就等於烹煮越均勻。帶皮的魚片一開始永遠都是先以大火煎魚皮面❶，接著續以小火煎煮，然後再將魚翻面，完成魚肉面的煎煮，一樣都是小火❷。

烘烤

為什麼要在大型烤魚的較厚部位劃出切口？

魚各部位的厚度不盡相同：中央較厚，而邊緣和兩端偏薄，因此所需的烘烤時間也不同。為使烘烤均勻，最簡單的解決方法是劃出長 4～5 公釐，且深約 2 公分的切口，熱就能更容易且快速地傳送到較厚的中央部位。

切口可縮短熱到達魚肉中央的距離，使全魚能均勻受熱。

鹽烤

為什麼鹽焗可帶來美味的結果……

當我們用鹽焗方式烤魚時，鹽形成的硬殼和魚之間並沒有空隙，魚肉所產生的水蒸氣會被鎖在鹽殼裡，既能保留所有的風味，同時也使魚肉不會變乾。

……又不會變成鹽漬而使魚太鹹？

在進行鹽焗時，我們會使用混合麵粉、蛋白和新鮮香草及／或香料的粗鹽來製作鹽焗敷料。這層敷料會在烘烤時變乾，讓鹽無法溶解，因此也不會對魚肉產生鹽漬的效果。

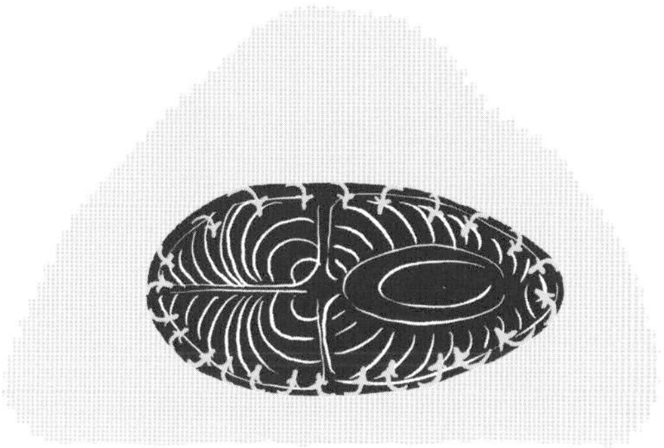

鹽殼可鎖住魚的水分，
避免魚在烘烤時變乾。

紙包

為什麼紙包烹煮可發展出如此豐富的滋味？

這種料理法可將水分鎖在有限的環境中，讓魚肉在自己的湯汁中煮熟。你也能加入新鮮香草、香料、少許橄欖油等，醃浸後有助於產生新的風味。但請避免用鋁箔紙包裹，或者你也可使用 2 層烤焙紙來包（請參見「不可或缺的工具」章節）。

油炸

為什麼酥炸魚如此美味？

酥炸麵衣在油炸時外層會變乾，並且很快變得酥脆，這層麵衣因而形成一道屏障，能延緩熱度傳到魚肉內部的速度，同時阻止魚肉的水分蒸發。因此從頭到尾，魚肉都是在自己的水分中烹煮，並發展出新的風味，而且在酥脆麵衣的包裹下，魚肉也能保持軟嫩。

好吃！

為什麼炸過的魚骨可以吃？

這真的非常美味！當然並非所有的魚骨都能吃；大型魚的魚骨不行，但例如鰈魚的魚骨就可以。魚骨的鈣含量低於一般的動物骨頭，而膠原蛋白也沒有陸生動物的硬。坦白說，炸魚骨真的是值得立即嘗試的美味！

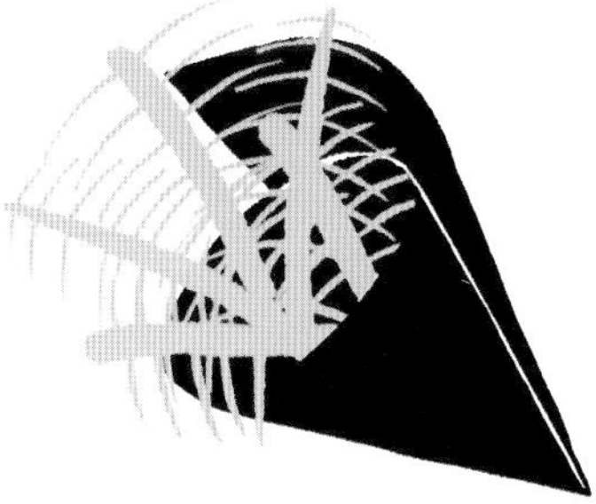

蔬菜的切法

你知道切菜的方式會影響蔬菜的味道、硬度和烹煮時間，
但你知道這也會使在同一鍋中烹煮的其他食材味道受到影響嗎？
不知道？那讓我們拿一根胡蘿蔔來切切看……

為什麼交流表面至關重要？

我們很少談到交流表面，但這對於料理上是非常重要的關鍵。但什麼是「交流表面」？

我們知道，如果食材切成小塊，會比大塊的更快熟。但鮮為人知的是，食材越小塊，就會形成越大的表面；表面積越大，烹煮時食材與環境之間的交流也越多。這就是我們所謂的「交流表面」，即味道與香氣交流的表面。

讓我們以胡蘿蔔為例！整根胡蘿蔔是立體的，而將體積的表面展開攤平，就變成平面。如果將胡蘿蔔削皮，將這些皮並排擺放：這就是體積的表面。接著如果將胡蘿蔔切片，胡蘿蔔的總體積維持不變，但交流表面增加了；如果再將胡蘿蔔切丁，交流表面還會繼續增加。到這裡都了解嗎？那我繼續說明。

胡蘿蔔切得越小，交流表面會越大，依烹煮方式的不同，就越容易流失或吸收味道。例如，當我們水煮小蘿蔔丁，就會流失大量的味道；但如果我們以極少量的水烹煮，並加入奶油和糖，胡蘿蔔反而會大量吸收奶油和糖的風味。

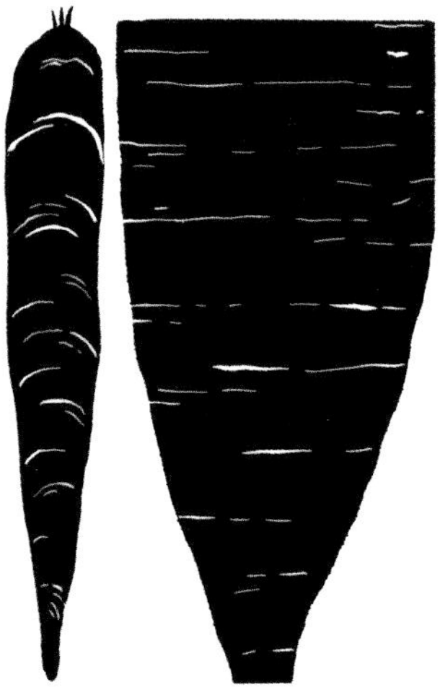

將胡蘿蔔的表皮展開攤平，
這就是所謂的交流表面。
是不是很驚人？

注意，這是技巧！

為什麼交流表面對於烹煮和最終結果的影響如此重大？

烹煮時間依交流表面和切菜方式而定：胡蘿蔔切得越大塊，烹煮時間就越長；切得越小，烹煮時間就越短。以上非常合理！事情就是從這裡開始變得稍微複雜，但也更有趣。

如果你花上很長的時間烹煮整根胡蘿蔔，胡蘿蔔不太容易被煮碎，因為它是圓形的，而且沒有縫隙。

如果你快煮切丁的胡蘿蔔，胡蘿蔔丁仍能保持完整無缺；但如果是長時間烹煮，這些胡蘿蔔丁的邊緣會迅速被煮熟並化成泥，並使湯汁變得混濁。如果是在製作湯底或高湯，這就有點可惜；但如果是製作醬汁，這些小碎塊則能增加質地、濃稠度，並增添風味，而這就是來自食材本身的純粹美味！

不同切法所獲得的交流表面

厚 2 公釐的長條

流失或吸收味道的速度：快速，但仍保有良好的口感（硬度）。適合 2～4 小時的烹煮：禽類高湯（雞、鴨、鵝）、燉肉……

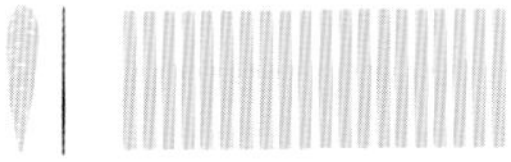

厚 4 公釐的長條

流失或吸收味道的速度：快速，但仍保有極佳的口感（硬度）。適合 3 小時以上的烹煮：高湯、湯底、蔬菜牛肉湯……

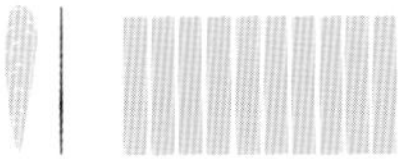

邊長不到 1 公釐的碎末

流失或吸收味道的速度：極快速。適合 10～30 分鐘的快速烹煮：濃稠的醬汁湯底。

邊長 2～3 公釐的小碎丁

流失或吸收味道的速度：非常快速。適合 15 分鐘～1 小時的中快速烹煮：濃稠的醬汁湯底。

邊長 4～5 公釐的小丁

流失或吸收味道的速度：快速。適合 30 分鐘～2 小時的中長時間烹煮：醬汁湯底。

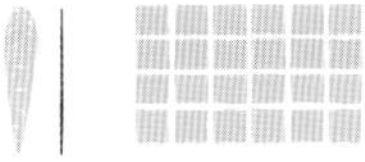

邊長 1～1.5 公分的碎塊

流失或吸收味道的速度：中快速。
適合 2～4 小時的長時間烹煮：醬汁湯底。

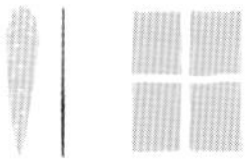

厚 0.1、長 4～5 公分的細絲

流失味道的速度：非常非常快速。
適合超快煮：配菜或醬汁湯底。

厚 0.3、長 4～5 公分的長條

流失味道的速度：快速。
適合快煮：配菜。

邊長 7～8 公釐的粗條

流失味道的速度：中快速。
適合中快速烹煮：配菜。

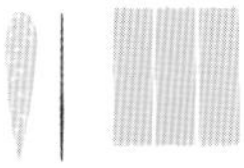

烹調技巧

蔬菜的烹煮

我可以馬上告訴你，蔬菜的烹煮嚴格來說，和肉或魚的烹煮完全不同。
我們可以將蔬菜全部攤平來加熱，而你再也不會煮出淡而無味或沒熟的料理。

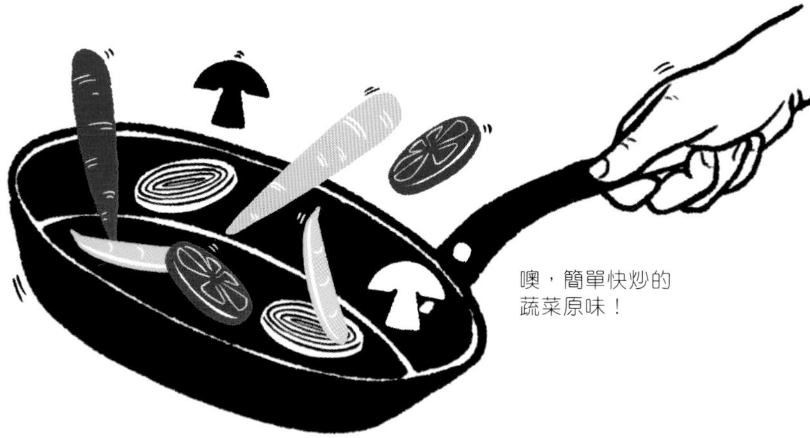

為什麼蔬菜的烹煮跟肉或魚不同？

蔬菜烹煮的目的，是為了破壞細胞膜和彼此間的連結，讓蔬菜軟化。肉和魚是「軟」的食材，我們並不想讓它們變得更軟（除了要藉由烹煮來軟化較硬的肉），而是希望讓它們所含的蛋白質凝固而加以轉化。這兩種情況我們都會利用熱的作用，但影響卻極為不同。

為什麼要將含有大量澱粉的蔬菜與其他蔬菜區分開來？

澱粉構成某些植物的儲備熱量，例如馬鈴薯、豆類或穀類；人們將這些蔬菜重新分類並稱為「澱粉植物」。澱粉的特性是在未煮熟的情況下難以消化：可試著食用馬鈴薯來加以驗證！澱粉當然需要熱還有水才能煮熟。水可能來自蔬菜本身（例如生煎馬鈴薯），或是烹煮用的水（例如水煮馬鈴薯）。不論是哪一種，澱粉都需要一定的時間才能煮熟並變得可消化。不含澱粉的蔬菜則可以在不同的烹煮階段食用，因為重點在於組織口感：例如胡蘿蔔可生食，也可在極熟時食用，而四季豆則是剛好彈牙……等等。

為什麼可提前燙煮蔬菜？

汆燙的作法是先預煮 1～3 分鐘（時間長短依蔬菜的尺寸大小而定），並在後續完成最後的烹煮。有趣的是，蔬菜完全不會因為兩階段烹煮而受損，因此我們可以提前汆燙某些蔬菜備著，最後再快速燙煮至完成。這項技巧對於要將蔬菜加入已經燉煮幾小時的料理中搭配，或是訪客到來時快速上菜都很實用。

為什麼要在汆燙蔬菜的水中加鹽……

鹽水會加速蔬菜軟化而減少烹煮時間，並可避免細胞流失過多水分。這對不耐久煮的細緻蔬菜來說非常有利，因為外部可快速煮熟，同時又能保有中央的清脆多汁。

……還是不要加鹽比較好？

相反地，在水中加鹽的煮法絕對不要用在需要較長時間烹煮的蔬菜，例如馬鈴薯，因為在中央煮熟之前，外部就會軟化煮成泥了。

為什麼蔬菜最好用高湯烹煮，而不是清水？

蔬菜煮沸時，部分的味道會流失到烹煮的水中。但如果用高湯烹煮，因為滲透壓原理，蔬菜流失味道的速度就不會那麼快。訣竅是用洗淨的蔬菜外皮快速製作高湯。將上述蔬菜皮放入水中煮約 10 分鐘❶，接著撈出蔬菜渣❷，再用這鍋「高湯」來烹煮你的美麗蔬菜❸。

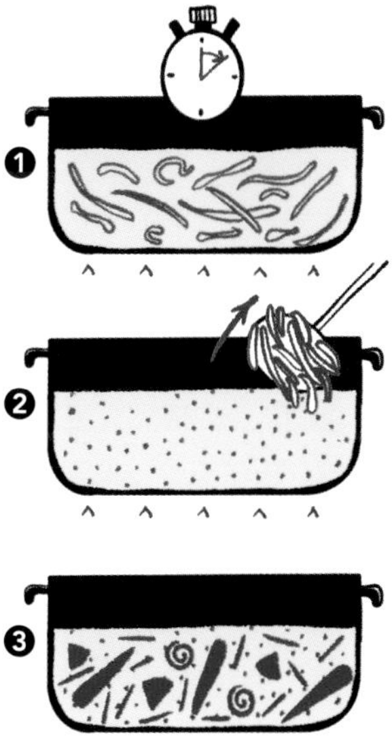

注意，這是技巧！

為什麼應該要用大量沸水來汆燙綠色蔬菜……

汆燙綠色蔬菜的問題在於，如果烹調方式不當，蔬菜會很快就變黃。為了避免這個問題，首先應該了解為什麼蔬菜會變色。

有兩個理由，這是科學理論，但應該不難理解。

(1) 綠色蔬菜的細胞含有小氣囊，會在接觸熱水時開始溶解。當裡面的氣體離開植物時，會釋出葉綠素酶，使葉綠素的綠色變質。這種酶（酵素）在 60～80℃時超級活躍，但一旦到達沸點 100℃就會死亡。如果你將綠色蔬菜浸泡在微量的沸水中，水溫會先下降；隨著水溫的再度升高，葉綠素酶會變得活躍並破壞葉綠素。但如果你將綠色蔬菜浸泡在極大量的沸水中，水溫幾乎不會下降；葉綠素酶不活躍，綠色蔬菜也能保持鮮綠的顏色。

(2) 烹煮時，綠色蔬菜會流失部分的酸並溶解到水裡，讓水變得微酸。問題是酸性水會讓綠色蔬菜變成褐色。如果你以大量的水煮綠色蔬菜，酸會受到稀釋，蔬菜幾乎不會變成褐色。你也能加入半小匙的小蘇打粉，便可中和酸性，但記得不要過量，否則會使蔬菜變軟。

……接著立刻浸泡冰水？

如果要立即享用，便無須以冰水浸泡；如果需要再加熱，或是想做成沙拉，那這個步驟必不可少。如果將煮好的綠色蔬菜留在過濾器中，由於過濾器會長時間保持熱度而持續進行加熱，之後品嘗時，蔬菜就會過熱。但如果浸泡在冰水中，蔬菜便會立即冷卻並停止加熱。噢！別忘了在蔬菜冷卻後要立即將水分擠乾，以免蔬菜吸收水分而變得像海綿一樣軟爛 ;-)

蔬菜的烹煮

蒸煮

為什麼蒸蔬菜往往比水煮蔬菜來得結實有口感？

水煮時，蔬菜會吸收部分水分，有時會變得像海綿一樣多孔隙。蒸煮時，蔬菜可吸附的水分較少（蒸氣所含的水分不如整鍋水），吸收的水分自然也較少，因此可以保持較為結實的質地與口感。

為什麼不同的蔬菜塊之間經常熟度不一？

蒸氣加熱的缺點，是在接觸到蔬菜時會快速冷卻。此外，蔬菜是靜態的（在沸水中則會翻滾），蒸蔬菜時某些部位會較難受熱；因此我們往往會發現有些蔬菜比其他部分更熟。唯一的解決方法，是用個大蒸籠將蔬菜分散攤平，而且不要鋪得太厚。

正確作法

為什麼在即將變成蒸氣的水中添加食材，會有所幫助？

如同水煮，蒸氣會帶走蔬菜部分的味道。為了平衡這樣的消耗（儘管不多，但仍是消耗），可在用來蒸蔬菜的水中加入蔬菜碎塊，甚至是香料。蒸氣帶有越多的香氣，蔬菜就能保留越多風味。有些廚師將這項技術運用到淋漓盡致——他們甚至會用胡蘿蔔汁來蒸胡蘿蔔，這樣便能蒸出味道極為豐富濃郁的胡蘿蔔。是不是很不錯？

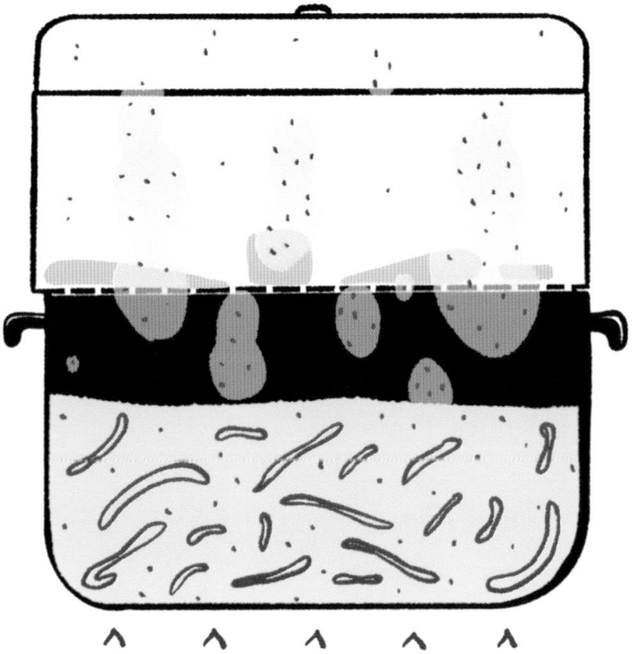

不要猶豫，請立即將洗淨的蔬菜外皮和香料加入蒸鍋的水中，讓蒸氣的味道變得更豐富。

為什麼水分很重要？

蒸烤必須要有水分，但我們不是在煮粥，所以只需要能在蒸鍋中產生足夠蒸氣的量即可。而為了在鍋具內產生足夠的蒸氣，一般認為湯汁不應超過蔬菜高度的四分之一。你可以用水來蒸烤，但用蔬菜高湯或肉高湯又更好。由於加熱時間長，蔬菜和水分之間會互相影響，並因滲透壓原理而產生味道交換作用；如果你使用蔬菜高湯，獲得的結果會不盡相同，例如胡蘿蔔、菇類或芹菜的味道便會壓過其他食材。請依照希望的結果來選擇你的高湯。

為什麼使用大型煎炒鍋才能獲得理想的結果？

這個概念是為了避免過多蔬菜交疊，以便讓所有的蔬菜都能接收同樣的蒸氣量，烹煮才會均勻。煎炒鍋越大，越能避免蔬菜堆疊在一起。

證明完畢！

為什麼最好用85℃以上、沸點以下的溫度慢燉蔬菜？

我們已經知道蔬菜細胞會因果膠而黏在一起，以保持蔬菜的硬度避免分解。85℃是果膠開始融化的溫度，而 100℃則是水沸騰並快速蒸發的溫度，會使蔬菜往四面八方翻滾。如果我們將溫度維持在正好 85℃以上，便可使蔬菜軟化，但又不會讓蔬菜煮成泥。

專業小撇步

為什麼在蒸烤初期加入香草等香料蔬菜和奶油會有好處？

在你翻炒香料等具有特殊香味的蔬菜（洋蔥、大蒜、菇類、百里香等，其實可依個人喜好酌量添加）時，產生的香氣會被高湯吸收，讓烹煮湯汁及蔬菜的味道更加豐富。奶油也會提供極微量的油脂，使烹煮湯汁乳化並帶來更長的餘味。這就是大廚的小祕密 ;-)

豐富的烹煮湯汁，讓蒸烤蔬菜更加美味。

烹調技巧

蔬菜的烹煮

燜煮

為什麼燜煮較能保留蔬菜的原味？

燜煮可為蔬菜保留最多的原味：不會因為大量的湯汁或蒸氣烹煮而流失味道，也不會上色或多了焦糖味。我們得到的是蔬菜最純粹的原始風味。

證明完畢！

為什麼用低邊的平底深煎鍋烹煮可獲得最理想的結果……

就是要避免蔬菜疊放，讓所有的蔬菜都可以直接與熱源（也就是鍋子的底部）接觸；如此一來，每塊蔬菜便能均勻受熱。而鍋具的邊越低，鍋中的蒸氣密度就越高；而空氣越是濕潤，蔬菜就越不容易流失水分。

……而且只要添加極少量的水？

這個技巧的概念是，只要使用足以創造出濕潤空氣的水分即可，讓蔬菜盡可能不流失水分。因此，我們只會加入蔬菜高度四分之一的水，並加蓋，將蒸氣鎖在平底鍋內。蔬菜除了會被這些蒸氣蒸熟，同時也會逼出自身所含的水分。

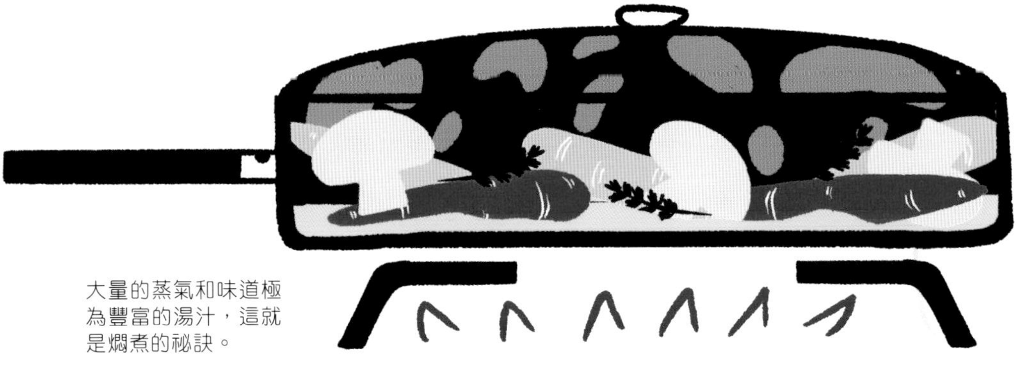

大量的蒸氣和味道極為豐富的湯汁，這就是燜煮的祕訣。

為什麼烘烤比水煮或蒸更慢？

一方面，空氣的傳熱能力不如液體（水、高湯、油）或熱鍋與蔬菜之間的接觸。另一方面，這種烹煮法會讓食物流失的部分水分轉變成蒸氣，附著在食物上，形成一層保護屏障，也減緩了烹煮速度。

那為什麼烘烤可帶來如此的美味？

比起以平底深煎鍋或平底鍋煎炒，用烤箱烘烤可獲得更大的上色面積，以及梅納反應所帶來的濃郁風味。因為烘烤不是只有與鍋具直接接觸的表面被加熱和上色，也包含食材接觸烤架的那一面。

正確作法

為什麼要在蔬菜上淋少許油再放入烤箱？

這有幾個理由：

(1) 比起只有蔬菜，油脂會更快吸收烤箱裡空氣的大量熱能，可加速烹煮並增溫。

(2) 既然蔬菜外部的溫度增加了，便能更快上色，縮短烹煮時間。

(3) 油脂有助於蔬菜內的糖分焦糖化，而焦糖化可發展出令人難以置信的極致美味。

為什麼用烤箱烘烤蔬菜時，應避免蔬菜交疊？

蔬菜如果交疊，蔬菜之間接觸的部分會難以傳熱，更重要的是，蒸氣將無法從蔬菜的下方散逸，蔬菜也會因此變軟。

為什麼切成大塊的蔬菜在一開始烹煮時必須加蓋？

為鍋具蓋上鋁箔紙，蔬菜就會在自身產生的水分中燜煮，因此可避免變乾❶。約 15 分鐘後，就要將鋁箔紙移除，淋上 2～3 大匙橄欖油❷，攪拌後再放回烤箱，將蔬菜烤至上色且焦糖化即可❸。

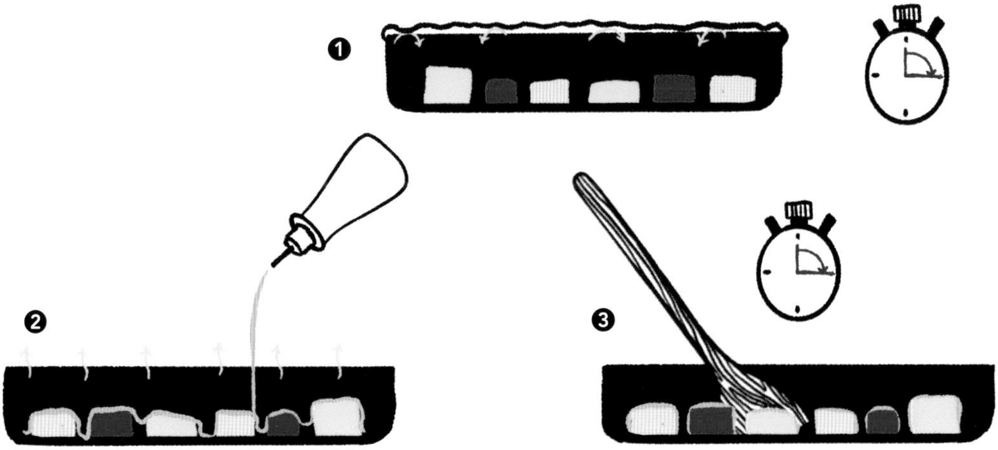

蔬菜的烹煮

快炒

為什麼炒蔬菜如此美味？

這種烹煮法是在極高溫之下進行，會產生大量的梅納反應，將蔬菜中所含的糖分焦糖化，同時保有清脆的口感。

為了使這種烹煮法成功，以下有 4 大重點：

(1) 蔬菜必須切成小塊才能快速煮熟。

(2) 高溫加熱，以便產生梅納反應。

(3) 油脂可增加梅納反應，避免蔬菜黏鍋，並集中保存揮發的香氣。

(4) 注意還要不停翻炒，以免蔬菜燒焦。

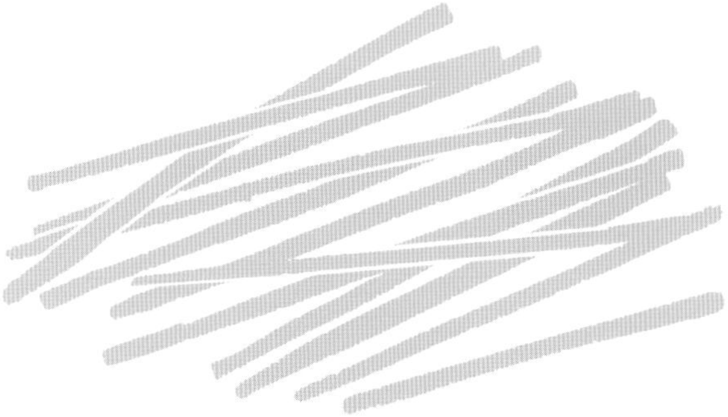

聚焦

為什麼中式炒鍋最適合這種烹煮法？

鐵製的中式炒鍋在炒菜方面具有兩大優勢：

(1) 圓形鍋底可讓蔬菜自動回到中央，持續翻炒。

(2) 可承受比平底深煎鍋或平底鍋高上許多的溫度，可輕鬆超越 400℃！

以中式炒鍋來翻炒蔬菜會快上許多，也能產生更多的梅納反應，而蔬菜在煮熟時也能保留更多的清脆口感。老實說，中式炒鍋就是最佳選擇！

健康！

為什麼快炒可保留蔬菜大量的營養？

這種煮法極為快速且不太會出水。蔬菜的本質也不會被破壞，因為營養素根本還來不及溶解，所以可保留在細胞內。

中式炒鍋的熱度可加快炒蔬菜的速度，同時保留清脆口感。

為什麼炒蔬菜時應避免使用奶油？

奶油到達 130℃就會開始燒焦，因此無法承受這種烹煮方式所需的極高溫：因為用平底深煎鍋炒蔬菜溫度約 200℃，而用中式炒鍋炒菜則會達到 300~400℃（請參見「奶油」章節）。

好吃！

為什麼應該選擇植物油以外的油脂？

噢！這是為了進行美食家所重視的小小修飾。可用少許的鵝油或鴨油取代一般的植物油，為蔬菜增添動物來源的香氣。搭配蘆筍或四季豆，絕對是人間美味……

正確作法

為什麼在炒切碎蔬菜時，直接將油倒入平底深煎鍋或中式炒鍋中更好？

我們已在「油和其他油脂」章節中看到，最好將油淋在食材上，之後再以平底煎鍋烹煮。但炒蔬菜的狀況則不同，因為切碎的蔬菜與鍋子的接觸表面極小，如果淋在蔬菜上，會有大量但無用的油附著在蔬菜上。因此，應先將鍋子加熱到開始冒煙，接著倒油，再立刻放入切碎的蔬菜然後不停地翻炒，以免燒焦。

為什麼烹煮結束時應洗鍋收汁？

烹煮過程中會形成大量美味的湯汁，如果無法收集這些黏在鍋底的菁華，真的很可惜❶。於是我們會倒入少許醬油、2～3 大匙的高湯或少量的水，讓收乾黏鍋的部分剝落❷，並取得美味的醬汁湯底❸，這時我們甚至可加入極少量的奶油。

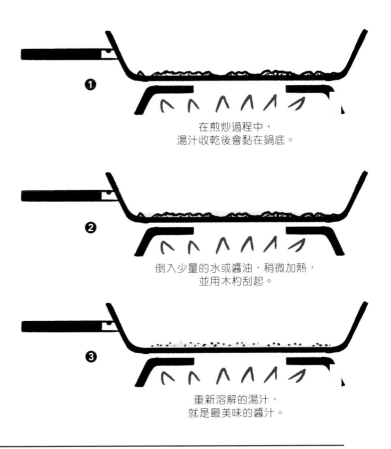

❶

在煎炒過程中，
湯汁收乾後會黏在鍋底。

❷

倒入少量的水或醬油，稍微加熱，
並用木杓刮起。

❸

重新溶解的湯汁，
就是最美味的醬汁。

烹調技巧

薯條

「薯條、薯條！」我們每週三都會聽到這樣的叫賣聲，
老實說，這非常誘人，而且讓我們得以擺脫某Mc品牌的冷凍薯條。
但不行，我們不能向便利妥協！讓我們來炸薯條，而且是真正的自製薯條。
答應我做個英雄，成為薯條之王吧！

證明完畢！

為什麼要依油炸的次數來選擇馬鈴薯？

我們將深入說明，每種薯條的炸法都會對使用的馬鈴薯帶來相當特殊的影響。二次油炸法需要的是粉質的馬鈴薯，即含有大量澱粉的馬鈴薯，而這有兩個理由。

(1) 馬鈴薯內的澱粉在油炸膨脹時，會消耗一些水分。馬鈴薯的澱粉越多，薯條所含的水分就越少。而如果薯條蒸發的水分越少，兩次油炸間會滲透到薯條裡的油也會越少。

(2) 澱粉可在極短的時間內在薯條表面形成漂亮的金黃硬皮。但如果只炸一次，則需使用含較少澱粉但較多水分的馬鈴薯，即軟質馬鈴薯。還有一個非常簡單的解釋：由於一次油炸的烹煮時間較長，蒸發會持續較長的時間。馬鈴薯所含的水分越多，才能保持柔軟的口感。

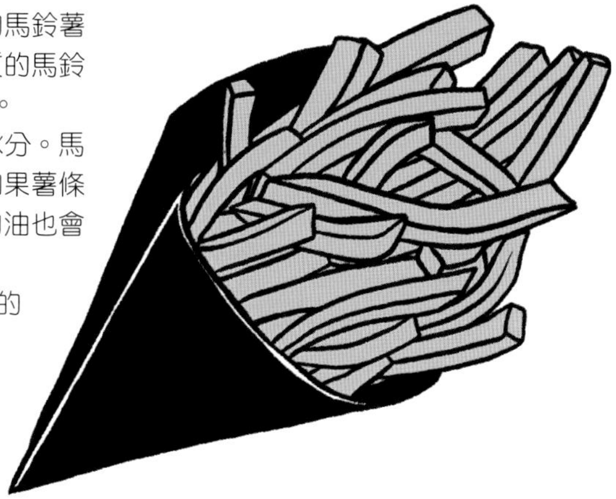

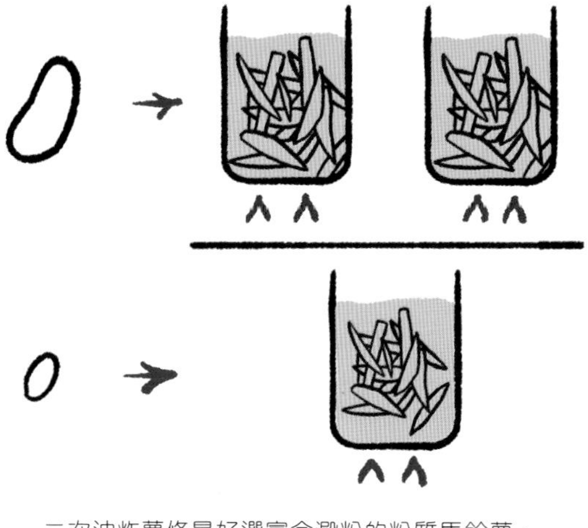

二次油炸薯條最好選富含澱粉的粉質馬鈴薯，
而一次油炸則選用水分較多的軟質馬鈴薯。

不可不知

為什麼有些餐廳會特地標榜他們的薯條是「用刀切的」？

如果光說他們採用非冷凍的優質薯條，這還不夠縝密。手切薯條表示切出的的每根薯條形狀各不相同：有些較大、較長等。但也多虧這些差異，每一根薯條都是獨一無二的，不像機器切的，每一根都大小一致，就連味道也一模一樣。所以說，刀切薯條可提供更豐富的味道和口感。

關於油炸鍋的2項疑問

為什麼薯條應該要炸兩次？

油炸薯條是將熱從外部傳至中央。問題是馬鈴薯的傳熱能力極差：將 1 根厚 8 公釐的薯條放入 180℃的油中，必須要 5 分鐘以上，薯條內部才能達到 100℃，而在這段時間外部已經過熟，甚至會變成焦炭。解決方式是第一次先用不會太熱的油，即 120～130℃的油來炸薯條，以便加熱和烹煮內部，同時也避免外部過度烹煮❶；接著再以 180℃的油炸第二次，炸 2 分鐘至薯條上色❷。最後我們便能得到外酥內軟的薯條！

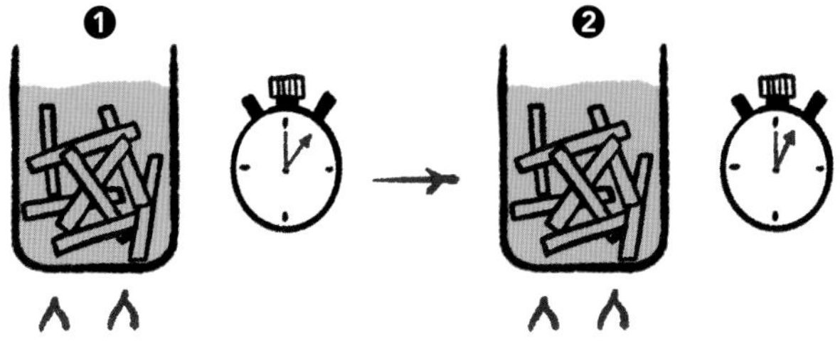

那為什麼只炸一次也能得到非常出色的結果？

沒錯，我知道我才剛說薯條需要炸兩次……這是傳統的作法。但只油炸一次可帶來令人上癮的結果！雖然油炸的時間較長，但結果也更理想。

❶將薯條放入油炸鍋中，倒滿常溫的油炸用油，以同樣的火力持續加熱 15 分鐘，切記絕對不要攪拌！溫度上升時，馬鈴薯中所含的水分會緩慢蒸發，讓內部有時間加熱至適當的熟度。

❷在薯條表面形成硬皮時加以攪拌，接著再繼續油炸 10～15 分鐘。由於我們使用的油溫低於傳統作法，薯條流失的水分較少，更能保持鬆軟的口感，同時形成非常酥脆的外皮。

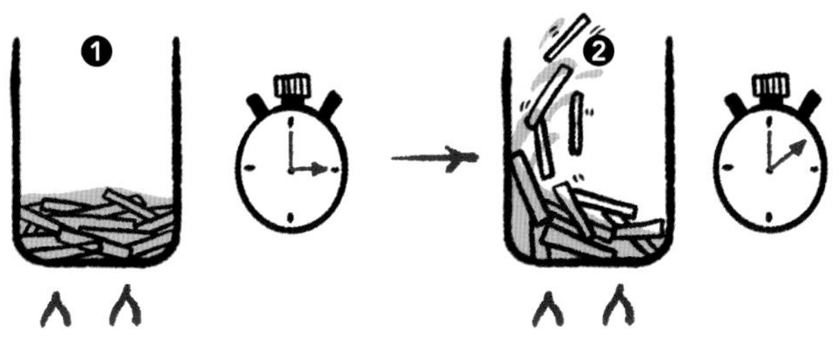

正確作法

為什麼失敗的炸薯條會很油？

第一次油炸時，馬鈴薯所含的部分水分會變成蒸氣並離開薯條，變成我們看到油裡浮起的小氣泡。只要這些氣泡離開，油便無法進入薯條中。但當我們將薯條從鍋中撈起時，薯條內部的壓力下降，蒸氣會再度凝結，而馬鈴薯會吸收表面的水分，以補償流失的水分。這就完蛋了：薯條會太油，連裡面也是……所幸有兩種解決方法：

(1) 第一次油炸起鍋時，馬上回炸第二次。

(2) 薯條一起鍋就馬上把油吸乾，讓薯條只能吸收少量的油分。

為什麼不管是哪種炸法，都應立即將薯條的油分吸乾？

如果薯條油炸的方式正確，只有表面會是油的。但即使如此，含油量還是很多：每 100 公克的薯條會有 25 公克的油，即總重的四分之一！如果一起鍋就用廚房紙巾將薯條表面的油吸乾，便可去除將近四分之三的殘油，而薯條的含油量將剩下不到 10%，而非 25%。是不是很值得一試？

烹調技巧

水波蛋

水波蛋是一門藝術，以下提供你一些成功的重要關鍵……

為什麼最好選擇特別新鮮的蛋來製作水波蛋（去殼水煮蛋）？

當蛋非常新鮮時，蛋黃周圍的蛋白會很濃稠集中，因此不太會在熱水中四散。但蛋放得越久，蛋白越容易液化，變得像水一樣稀。如果你要水煮這樣的蛋，真是損失慘重：蛋白會在鍋裡到處流散，而你也會看到蛋黃與蛋白分離。不折不扣的大失敗！

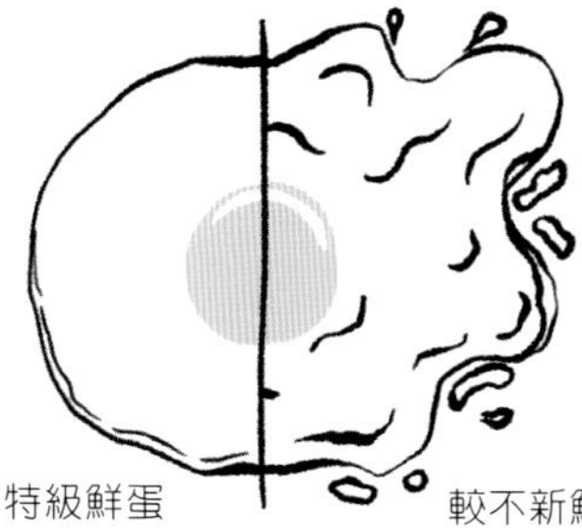

正確作法

為什麼在煮水波蛋之前應該將蛋過篩？

如果你使用的是超過 1 星期的蛋，應將蛋「打」在篩網中，以便將液狀蛋白濾除，只留下濃稠的蛋白和蛋黃。這就是大廚的祕密！

為什麼可以在煮蛋的水中加醋？

醋會使熱水變酸並加速蛋白凝固。蛋的外部能越快凝固，就越不會在鍋裡流散。但也不要加入過量的醋：3～4 大匙便足夠了；而且請使用白醋，以免使蛋白染色。你也能在煮法式水煮蛋（帶殼溏心蛋）和帶殼水煮蛋的熱水中加醋。萬一蛋殼不幸裂開，醋可立即使蛋白凝固，形成保護蓋 ;-)

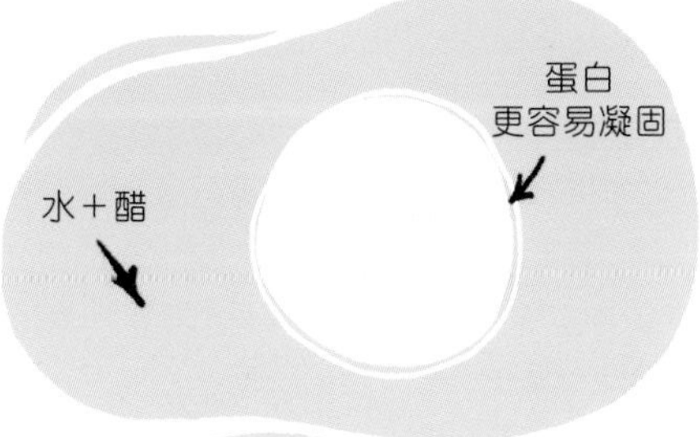

為什麼最好避免使用沸水來煮水波蛋？

我們已在「水煮肉」章節中看到，當水沸騰時，水會朝四面八方翻滾，而且會有大氣泡浮起……而你想要在幾乎是火山爆發的水中輕柔地煮蛋？呃……你可以先將水煮沸，接著將火調小，調整至正好極輕微滾動的程度。如此一來，微滾的水將不會使你的蛋猛烈地翻滾，而且也能以適當的溫度把蛋煮熟。

為什麼要這麼做

為什麼打蛋時要先將蛋打在碗裡，而不是直接打在鍋中？

為了讓蛋保持完好，應避免讓蛋在水中四散。如果你將每顆蛋都直接打在熱水裡，蛋白會散開，你的水波蛋就會失敗。但如果你將每顆蛋都打在碗裡❶，並讓蛋小心地滑進熱水中❷，蛋白也會小心地逐漸凝固，不會散開來❸，而你的水波蛋就會很完美！

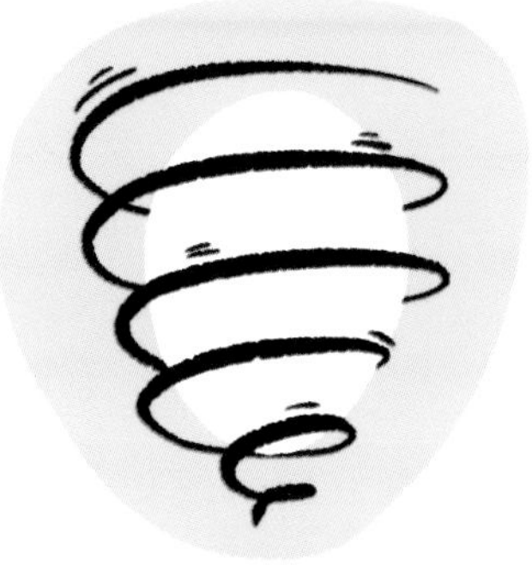

證明完畢！

為什麼預先在鍋裡製造漩渦會有幫助？

當我們在鍋裡的水中製造漩渦時（例如以刮刀順時針攪拌），剛倒入的蛋就會被卡在漩渦裡。問題是這往往會使蛋變成拉長的橢圓形，因此較不如傳統的水波蛋美麗……但味道和顏色最重要……之後才是形狀……

不可不知

為什麼我們可以提早製作水波蛋，並在之後再加熱？

要同時為很多人準備水波蛋總是相當困難。

訣竅在於可提前煮好蛋，接著浸泡在裝有冷水的沙拉碗中以中斷受熱。上桌前只要再放入假熱到剛好冒煙（但千萬不要煮至微滾或煮沸）的鍋中，加熱 2～3 分鐘即可。這樣的水溫將足以讓蛋回溫，但又不會高到過度烹煮。

帶殼水煮蛋和荷包蛋

有人叫你去煮蛋！好的，但是要帶殼水煮蛋還是荷包蛋？

為什麼要用沸點以下的溫度煮帶殼水煮蛋？

烹煮帶殼水煮蛋，為了避免不能流失過多水分，訣竅就是用沸點以下的溫度煮蛋。只要能避免蛋中的水分過度蒸發，就能獲得蛋白熟度恰到好處的水煮蛋。將烹煮時間設定在 10～11 分鐘，一切就很完美。

嘖嘖！

為什麼過熟的水煮蛋蛋白像橡膠，而蛋黃會沙沙的……

蛋煮得越熟，所含的水分就越容易透過蛋殼而蒸發（請參見「蛋」章節）。當蛋白不再含有大量水分，就會變硬、具有彈性，就像橡膠一樣。而當蛋黃流失過多水分時，就會變得沙沙的。想煮出美味的水煮蛋並不難，但同樣需要多一點用心。

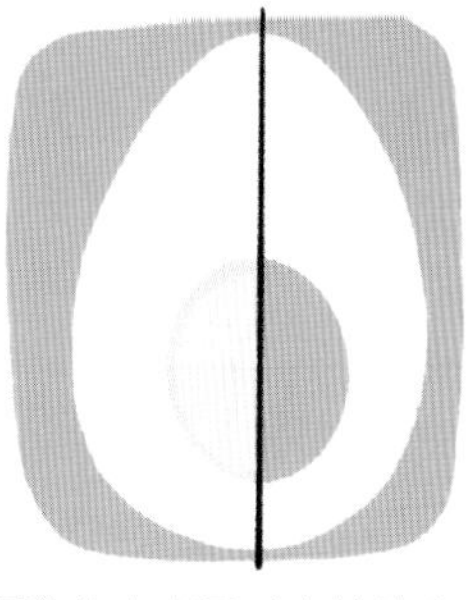

過熟的水煮蛋／完美的水煮蛋

……而且還會散發出臭雞蛋的味道？

如果在蛋白變得像橡膠且蛋黃呈現沙狀質感後，仍持續以高溫烹煮，蛋白質就會釋放出硫原子。這個硫原子將會與氫結合形成硫化氫，將蛋黃周圍染成綠色，並產生過熟蛋特有的蛋臭味。

正確作法

為什麼煮水煮蛋時應該要一邊攪拌？

確實要攪拌，但請溫柔一點！蛋黃的密度小於蛋白，儘管蛋黃以繫帶固定在蛋的兩端，但處於靜態時仍會在蛋白中上升；蛋黃會移動，而越靠近蛋殼處越快煮熟。

在煮蛋時一邊攪拌可以讓蛋黃維持在蛋的中央，並避免蛋黃過熟。我已經說過了，請溫柔一點！

有攪拌的水煮蛋

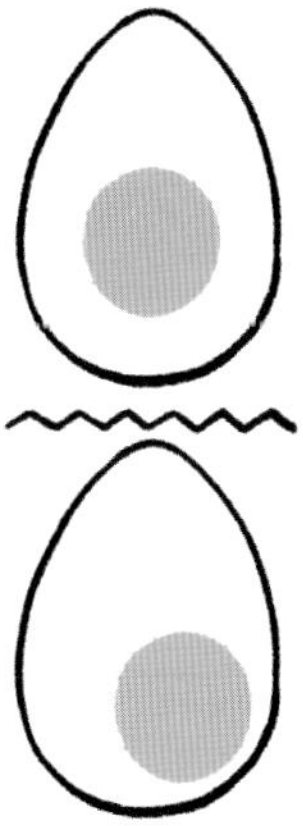

沒攪拌的水煮蛋

為什麼煎荷包蛋時最好將「濃稠蛋白」打散？

特級鮮蛋的蛋黃周圍含有大量的濃稠蛋白。我們在煎荷包蛋時，這樣的蛋白總是很難煮熟，因為它要加熱到64℃才凝固，而一般蛋白在62℃就凝固。問題是，濃稠蛋白會浮在一般蛋白的上方。在熱度將濃稠蛋白煮熟時，我們美味的流動蛋黃已經變得又乾又硬。因此煮的時候應該將濃稠蛋白劃破，用叉子的尖端將蛋白從蛋黃上挑起並打散。如此一來，我們便能讓蛋白均勻受熱，而且不會使蛋黃過熱。

為什麼要這麼做

為什麼應該避免在煎荷包蛋時加鹽？

鹽屬於親水性，這表示它會吸水。當你在蛋黃上撒鹽，每顆鹽粒都會從蛋黃中吸收一點點水分，蛋黃就會因此而變乾，而且你會發現蛋黃表面出現很多淺色的小點。如果要在煎蛋中加鹽，只能撒在蛋白上，或在烹煮結束時再加。

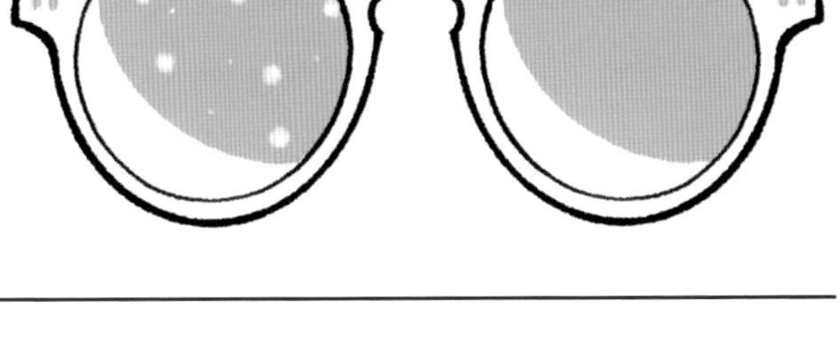

為什麼鏡面荷包蛋看不到蛋黃？

所謂的「鏡面」荷包蛋（太陽蛋）是因為包覆蛋黃的濃稠蛋白變得透明，而且會像鏡面一樣反射光線。為了煮出蛋黃不過熟的鏡面荷包蛋，應該用烤箱烤蛋，或是盡可能緊密地加蓋，讓釋出的蒸氣將沒有與熱源直接接觸的濃稠蛋白蒸熟。